软件职业技术学院"十一五"规划教材

Oracle 10g 管理及应用

王路群　主　编

谢日星　副主编

中国水利水电出版社

内 容 提 要

本书以 Oracle 10g 为基础，结合高职高专的教学特点，涵盖了软件开发人员应用到的所有最重要的 Oracle 体系结构特性，包括内存结构、Oracle 对象、事务、并发、表和索引、分区、PL/SQL 程序设计、权限管理、性能调优、数据的备份和恢复等，并充分利用具体的例子来介绍每个特性。本书内容在满足软件开发人员需求的同时，也覆盖 Oracle 系统管理员的技术知识。

本书注重实用性和技能性，实例选材来自实际项目，图文并茂，力求浅显易懂，适合高职高专的教学要求及学生特点，每章配备习题和实训内容，在加深读者对所学知识的理解的同时，提高实践技能。

本书内容翔实、叙述清晰、注重实践、习题丰富，可作为高职高专软件技术专业、计算机信息管理与信息安全专业的教材，也适合广大 Oracle 用户、初学者、Oracle 数据库技术爱好者自学使用。

本书相关资料和电子教案可以从中国水利水电出版社网站上免费下载，网址为：http://www.waterpub.com.cn/softdown/。

图书在版编目（CIP）数据

Oracle 10g 管理及应用 / 王路群主编. —北京：中国水利水电出版社，2007（2020.1 重印）

软件职业技术学院"十一五"规划教材

ISBN 978-7-5084-4863-3

Ⅰ. O… Ⅱ. 王… Ⅲ. 关系数据库—数据库管理系统，Oracle 10g—高等学校：技术学校—教材 Ⅳ. TP311.138

中国版本图书馆 CIP 数据核字（2007）第 109682 号

书　　名	软件职业技术学院"十一五"规划教材 Oracle 10g 管理及应用	
作　　者	王路群　主 编　谢日星　副主编	
出版发行	中国水利水电出版社 （北京市海淀区玉渊潭南路 1 号 D 座　100038） 网址：www.waterpub.com.cn E-mail: mchannel@263.net（万水） 　　　　sales@waterpub.com.cn 电话：（010）68367658（营销中心）、82562819（万水）	
经　　售	全国各地新华书店和相关出版物销售网点	
排　　版	北京万水电子信息有限公司	
印　　刷	三河市铭浩彩色印装有限公司	
规　　格	184mm×260mm　16 开本　17.25 印张　429 千字	
版　　次	2007 年 7 月第 1 版　2020 年 1 月第 5 次印刷	
印　　数	10001—11000 册	
定　　价	26.00 元	

序

随着信息技术的广泛应用和互联网的迅猛发展，以信息产业发展水平为主要特征的综合国力竞争日趋激烈，软件产业作为信息产业的核心和国民经济信息化的基础，越来越受到世界各国的高度重视。中国加入世贸组织后，必须以积极的姿态，在更大范围和更深程度上参与国际合作和竞争。在这种形势下，摆在我们面前的突出问题是人才短缺，计算机应用与软件技术专业领域技能型人才的缺乏尤为突出，无论是数量还是质量，都远不能适应国内软件产业的发展和信息化建设的需要。因此，深化教育教学改革，推动高等职业教育与培训的全面发展，大力提高教学质量，是迫在眉睫的重要任务。

2000 年 6 月，国务院发布《鼓励软件产业和集成电路产业发展的若干政策》，明确提出鼓励资金、人才等资源投向软件产业，并要求教育部门根据市场需求进一步扩大软件人才培养规模，依托高等学校、科研院所，建立一批软件人才培养基地。2002 年 9 月，国务院办公厅转发了国务院信息化工作办公室制定的《振兴软件产业行动纲要》，该《纲要》明确提出要改善软件人才结构，大规模培养软件初级编程人员，满足软件工业化生产的需要。教育部也于 2001 年 12 月在 35 所大学启动了示范性软件学院的建设工作，并于 2003 年 11 月启动了试办示范性软件职业技术学院的建设工作。

示范性软件职业技术学院的建设目标是：经过几年努力，建设一批能够培养大量具有竞争能力的实用型软件职业技术人才的基地，面向就业、产学结合，为我国专科层次软件职业技术人才培养起到示范作用，并以此推动高等职业技术教育人才培养体系与管理体制和运行机制的改革。要达到这个目标，建立一套适合软件职业技术学院人才培养模式的教材体系显得尤为重要。

高职高专的教材建设已经走过了几个发展阶段，由最开始本科教材的压缩到加大实践性教学环节的比重，再到强调实践性教学环节，但是学生在学习时还是反映存在理论与实践的结合问题。为此，中国水利水电出版社在经过深入调查研究后，组织了一批长期工作在高职高专教学一线的老师，编写了这套"软件职业技术学院'十一五'规划教材"，本套教材采用项目驱动的方法来编写，即全书所有章节都以实例作引导来说明各知识点，各章实例之间并不是孤立的，每个实例都可以作为最终项目的一个组成部分；每一章章末还配有实习实训（或叫实验），这些实训组合起来是一个完整的项目。

采用这种方式编写的图书与市场上同类教材相比更具优越性，学生不仅仅学到了知识点，还通过项目将这些知识点连成一条线，开拓了思路，掌握了知识，达到了面向岗位的职业教育培训目标。

本套教材的主要特点有：

（1）课程主辅分明——重点突出，教学内容实用。

（2）内容衔接合理——完全按项目运作所需的知识体系结构设置。

（3）突出实习实训——重在培养学生的专业能力和实践能力，力求缩短人才与企业间的磨合期。

（4）教材配套齐全——本套教材不仅包括教学用书，还包括实习实训材料、教学课件等，使用方便。

本套教材适用于广大计算机专业和非计算机专业的大中专院校的学生学习，也可作为有志于学习计算机软件技术与开发的工程技术人员的参考教材。

编委会

2006 年 7 月

前　　言

　　尽管可供选择的数据库管理系统有许多，但 Oracle 依然是行业内最为重要的数据库管理系统之一，是大型数据库系统的首选产品。每当 Oracle 的新版本问世，Oracle 的潜在程序员数目都在增长，这些程序员需要合适的学习 Oracle 初步管理和 PL/SQL 程序设计的指导书籍，本书能够使 Oracle 的初学者迅速掌握 Oracle 的相关知识，成长为一名具备一定能力的程序员和初级 DBA。

　　本书是全国示范性软件职业学院计算机及其相关专业指定教材，针对全国示范性软件职业学院特点，淡化理论，够用为度，强化技能，重在实际操作，在完成必要的理论阐述之后，以成熟的 Oracle 10g 数据库管理系统为实训环境，重点讲述了数据库应用、管理的技能，以及数据库程序设计技能，适合于熟悉计算机组成、掌握计算机程序设计基本技能的读者作为教材或自学用书。全书以买际项目设计贯穿全书，在每项技术讲解完成后，立即再辅以实践练习，加强学生的实践能力，最后完成一个完整的数据库设计和编程，让学生能在实践中掌握关系型数据库管理系统的应用技术、关系型数据库的设计以及数据库程序设计。

　　本书是作者在多年的教学实践、科学研究以及项目实践的基础上，参阅了大量国内外相关教材后，几经修改而成。主要特点如下：

　　1．语言严谨、精练。

　　对数据库中的基本概念和技术进行了清楚准确的解释并结合实例说明，让读者能较轻松地掌握每一个知识点。

　　2．实际项目开发与理论教学紧密结合。

　　为了使读者能快速地掌握关系型数据库的相关技能并熟练运用，本书在各个章节的重要知识点后面都根据实际项目的数据库完成相关的实训，最后一章完整地实现了数据库的设计和程序设计过程。

　　3．合理、有效的组织。

　　本书按照由浅入深的顺序，循序渐进地介绍了数据库应用、管理以及程序设计的相关知识和技能。各个章节的编写以实践应用为目标，理论的阐述主要围绕着实际应用技术组织和展开，练习的重要性得到体现，不再附属于相关理论知识。

　　4．内容充实、实用。

　　本书的练习紧紧围绕着实际项目进行，在各章完成各种技术准备和练习后，为完成数据库设计和实现建立了良好的环境，最后为完整的数据库系统设计和实现作出指导，并完成详细设计的概要内容，只要把详细设计的内容进一步细化，即可成为数据库设计的指导文件，并完成数据库的设计、实现和程序设计。

　　由于书中的项目是实际项目开发所使用的数据库系统，所以对读者的实践具有重要的指导作用。

　　5．本书配有全部的程序源文件和电子教案。

　　为方便读者使用，书中全部实例的源代码及电子教案均免费赠送给读者。

本书共分六大部分，其中第一部分（第 1 章到第 3 章），主要介绍 Oracle 的基础知识、Oracle 安装和基本工具以及 Oracle 的体系结构。第二部分（第 4 章），主要介绍 SQL 命令、访问 Oracle 数据的基本技术等。第三部分（第 5 章至第 8 章），主要介绍通过各种工具进行 Oracle 数据库的管理技术。第四部分（第 9 章），主要介绍 PL/SQL 程序开发技术，实现 PL/SQL 程序对 Oracle 数据库的管理和数据访问。第五部分（第 10 章和第 11 章）是 Oracle 的高级应用技术，介绍 Oracle 系统的审计、调优以及数据备份和恢复技术。第六部分（第 12 章）是对前五部分技术的综合应用，完成一个数据库的设计和开发过程，通过实践展示 Oracle 数据库设计和开发技术的应用方法。

本书由王路群担任主编，谢日星担任副主编，陈娜、汪晓青、于继武、陈丹、罗炜、张宇、郭丽、张松慧参加编写，谢日星、库波审稿，谢日星统编全稿。

由于时间仓促，加之编者水平有限，书中不妥或错误之处在所难免，殷切希望广大读者批评指正。同时，恳请读者一旦发现错误，于百忙之中及时与编者联系，以便尽快更正，编者将不胜感激。作者 E-mail：luqunwang@163.com。

编　者

2007 年 5 月

目　　录

第 1 章　Oracle 10g 简介

本章学习目标

本章主要讲解数据库管理系统及分类，Oracle 10g 数据管理系统及其特点，Oracle 数据库的产品构成、网络资源，及 Oracle 10g 数据库基础概念。通过本章学习，读者应该掌握以下内容：

- Oracle 数据库基础概念
- Oracle 10g 的特点

1.1　数据库管理系统

计算机从诞生开始，就面临着处理大量数据的任务。使用计算机以后，数据处理的速度和规模无论相对于手工方式还是机械方式都是无可比拟的。随着数据处理量的增长，产生了数据管理技术。数据管理技术经历了人工管理、文件系统和数据库系统 3 个阶段。

数据库系统由数据库、操作系统、数据库管理系统（DBMS）、应用开发工具、应用程序、数据库管理员（Database Administrator，DBA）和用户等组成。数据库系统的组成如图 1.1 所示。

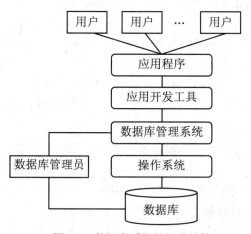

图 1.1　数据库系统的组成结构

数据库包括实际存储的数据和对数据库的定义，通常将数据库系统简称为数据库。

DBMS 指为建立数据库、配置和使用数据库的软件，如 Oracle 10g、MS SQL Server 2000 等。

应用开发工具指建立应用程序系统的软件开发工具，如 Delphi、VB.NET 等。

应用程序指建立在 DBMS 基础之上、适应不同应用环境的数据库应用系统。

DBA 负责管理企业的数据库资源，收集和确定有关用户的需求，设计和实现数据库并按需求修改和转换数据，以及为用户提供帮助和培训等。

用户指最终用户，他们通过应用程序界面操作和使用数据库，如浏览、修改、统计和打印数据库中的数据等。

其实，数据库系统中的人员还有系统分析员、数据库设计人员和应用程序员。系统分析员负责应用系统的总体分析和规范说明，它们与 DBA 和最终用户一起来确定系统的软硬件配置及数据库系统的概要设计；数据库设计人员负责数据库的设计，包括确定数据库中的数据及各级模式的设计；应用程序员负责设计和编写应用程序的功能模块，并进行安装和调试等。

常见的几种关系数据库系统有：

（1）Oracle。是当今最大的数据库公司 Oracle（甲骨文）的数据库产品。它是世界上第一个商品化的关系数据库管理系统，也是第一个推出与数据库结合的第 4 代语言开发工具的数据库产品。

它采用标准的 SQL（结构化查询语言），支持多种数据类型，并面向对象；支持 UNIX、Linux、VXM、Windows NT/2000、OS/2 等操作平台；支持客户机/服务器工作模式和 Web 工作模式。

Oracle 公司的软件产品主要有三大部分：Oracle 服务器产品、Oracle 开发工具和 Oracle 应用软件。

Oracle 产品早在 1986 年就进入中国市场，国内的许多行业和部门的管理信息系统所用的数据库管理系统都是 Oracle。

（2）DB2。这是 IBM 公司的一个基于 SQL 的数据库产品，它起源于早期的实验系统 System R。

20 世纪 80 年代初，DB2 主要用在大型机上。20 世纪 90 年代初，DB2 已经发展到中小型机，甚至微机上了。现在 DB2 已经完全可以适用于各种硬件、软件平台了。

DB2 在金融系统中应用较多。

（3）Sybase。这是 Sybase 公司的数据库产品。Sybase 公司是较早采用客户机/服务器工作模式技术的数据库厂商。

Sybase 可以运行在 UNIX、VXM、Windows NT/2000、OS/2、Netware 等操作系统平台上，支持标准的 SQL 语言，使用客户机/服务器工作模式，采用开放的体系结构，能够实现网络环境下各节点上的数据库的互访操作。

Sybase 数据库主要有三大部分：Sybase SQL Server 服务器软件、Sybase SQL Toolset 客户端软件、Sybase Client/Server Interface 接口软件。其中 Sybase SQL Server 服务器软件中的 Sybase SQL Anywhere 是 Sybase 的单机版本，是一个完备的、小型的关系数据库管理系统，支持完全的事务处理和 SQL 功能，可以胜任小型数据库应用系统的开发。

Sybase 还拥有十分著名的数据库应用开发工具 PowerBuilder，能够快速开发出基于客户机/服务器工作模式、Web 工作模式的图形化数据库应用程序。

Sybase 于 1991 年进入中国市场，其产品在许多行业和部门都得到了很好的应用。

（4）MS SQL Server。这是 Microsoft 公司从 Sybase 公司购买技术而开发的产品，它与 Sybase 数据库完全兼容。

MS SQL Server 支持客户机/服务器工作模式及 Web 工作模式，与 Windows NT/2000 的有机结合可以充分利用 Windows NT/2000 的优势，性能价格比较高。

MS SQL Server 不只提供客户端开发平台和工具，而且提供两个接口，即 ODBC 和

DB-Library。

ODBC 借口提供了一个开放的、标准的访问数据库的接口，允许程序员在多种软件平台上使用第三方的开发工具，如 PowerBuilder、Visual Basic、FoxPro、Access 等，向服务器发出 SQL 请求，访问数据库中的数据。另外，使用 ODBC 接口的程序员可以不用深入了解所访问的数据库管理系统，而只需要知道表和字段即可。

DB-Library 通过 C 语言的 API，提供给程序员访问 MS SQL Server 的接口。

1.2　Oracle 10g 基础知识

1.2.1　Oracle 的发展历史

1979 年，Oracle 公司推出了世界上第一个基于 SQL 标准的关系数据库管理系统 Oracle 1，它是使用汇编语言在 Digital Equipment 计算机 PDP-11 上开发出来的。但当时它的出现并没有引起太多的关注。而不久，在推出了 Oracle 2 之后，开始逐渐受到社会的关注。

1980 年左右，Oracle 公司推出了 Oracle 3。随着 Oracle 3 的出现，一切都发生了改变。这是第一个能够运用在大型机和小型机上的关系数据库。由于 Oracle 3 是用 C 语言写的，因此这种跨平台的代码移植能力使得 Oracle 在竞争中占据了较大的优势。

1986 年，Oracle 公司推出了 Oracle 数据库的 PC 版 Oracle 5。Oracle 5 支持协同服务器、客户机/服务器结构。

1988 年，Oracle 公司推出了 Oracle 6。Oracle 6 支持行锁定模式、多处理器、PL/SQL 语言、可靠的联机事务处理（Online Transaction Process，OLTP）。

1992 年，Oracle 公司推出了基于 UNIX 版本的 Oracle 7，使 Oracle 正式向 UNIX 进军，并为以后抢占 UNIX 市场的数据库奠定了坚实的基础。Oracle 7 具有分布式处理能力。

1997 年，Oracle 公司推出了基于 Java 语言的 Oracle 8。Oracle 8 在 Oracle 7 的基础上增加了许多新的功能，包括数据分区、对象类型和方法、大对象（LOB）数据类型、口令管理、恢复管理实用程序等。其支持的 SQL 关系数据库语言执行 SQL3 标准。Oracle 8 中 OFA（Optimal Flexible Architecture）文件目录结构组织方式、数据分区技术、网络连接技术，使 Oracle 数据库更适合与构造大型应用系统。

1999 年，随着因特网技术的普及，Oracle 公司的产品发展战略也由面向应用转向面向网络计算，推出了以 Oracle 8i 为核心的因特网解决方案。Oracle 8i 数据库是一次全面的数据库升级，其内核采用 Java 改写，运行界面、代码达到统一，使 Java 成为一种内部数据库语言。它具有强大的网络分布式功能、完善的数据库安全策略（如高级安全选项、防火墙等）和支持面向对象的关系模型。另外，极大地扩大了 Oracle 数据库的应用领域和用户群体。Oracle 8i 为数据插件的开发者提供了一组全面的 API 函数，允许开发的数据插件具有与 Oracle 开发的数插件相同的内部访问机制，可以开发出高度客户化的数据插件，以满足日益增多的多媒体应用在性能上的要求。

2001 年，Oracle 公司在 Oracle 8i 的基础上推出了新一代基于因特网电子商务架构的网络数据库解决方案 Oracle 9i，它包括数据库服务器（Database Server）、应用服务器（Application Server）和网络开发工具套件（Development Kit）三大部分。在群集技术、高可用性、商业智能、安全性、系统管理等方面实现了新的突破，使 Oracle 9i 的用户可以用最经济有效的方式开发、部署完整的电子商务应用。

2004 年，在网格（grid）计算的潮流中，Oracle 公司推出了 Oracle 10g。

1.2.2   Oracle 10g 的产品构成

Oracle 的产品有多种，每种产品的版本也有所不同。目前，最新版本是 Oracle 10g。Oracle 10g 并不是一个孤立的产品，它实际上是由 Oracle 数据库产品、Oracle 客户端产品、企业管理产品、中间件产品和开发工具等组成。

1. 数据库产品

Oracle Database 10g Release 2（10.2.0.1.0），主要用于存储和处理数据。产品大小为 655025354 字节，约 661MB。

2. 客户端产品

Oracle Database 10g Client Release 2（10.2.0.1.0)，提供客户端与数据库之间的连接和管理等。产品大小为 475090051 字节，约 470MB。

3. 企业管理产品

Oracle Enterprise Manager 10g Grid Control Release 2（10.2.0.1.0），主要包括：Oracle 管理代理 OMA（Oracle Management Agent）、Oracle 管理服务 OMS（Oracle Management Service）、Oracle 管理资料档案库 OMR（Oracle Management Repository）以及 Oracle 企业管理器 OEM（Oracle Enterprise Management 10g）网格控制台等。它是系统多层体系结构和网格计算环境不可或缺的管理工具。该产品大小为 1729778063 字节，约 1.64GB。

4. 中间件产品

Oracle Application Server 10g 和 Oracle Collaboration Suite 10g，前者提供了基本的 Web 服务环境，也是运行企业管理器的基础。后者则是利用关系数据库来降低软硬件及管理成本，从而简化商务通信并整合信息。

5. 开发工具

Oracle Developer Suite 10g 和 Oracle JDeveloper 10g，它们是数据库设计和实施的适用工具，可完成概念设计、逻辑设计和物理设计的全过程。Oracle 10g JDeveloper 则为当前 Web 应用提供了一个非常便利且完整的 J2EE 集成开发环境。由于 Oracle 数据库是业界第一个完全支持 Java 的数据库，Oracle JDeveloper 10g 也是最佳的数据库应用开发工具。它支持 B/S 结构以及多层结构的系统。目前，许多应用都用 Oracle JDeveloper 开发各种 J2EE 应用程序。

Oracle 数据库支持世界上的许多大型信息系统。从 Oracle 6 中多个版本的阅读一致性开始，可以发现它的每个版本都为改进数据库性能和可伸缩性引入了很多新的特性，而且每个版本都可以在当时可用的所有主要平台上不需要更改地运行。

此外，Oracle 10g 通过新的性能特性和数据库优化保持了它的数据库性能领先的记录，同时扩展 Oracle 数据库的平台，包含 64 位 Windows 和 Linux 版本。

Oracle 10g 的新特性包括：

● 网格计算数据库

● 数据库自动化

● 自我管理

- 优化 PL/SQL
- 丰富的查询处理技术
- 全表扫描
- 概要管理
- 大量数据的管理
- 应用程序的开发
- 商务智能
- 更高的服务质量

1.2.3　Oracle 的网络资源

在互联网上可以获取关于 Oracle 10g 技术的更多资料，下面是一些常见的 Oracle 技术站点。

- http://www.oracle.com/，英文版的 Oracle 公司官方站点
- http://www.oracle.com/cn，中文版的 Oracle 公司官方站点
- http://otn.oracle.com/，英文版的 Oracle 公司官方技术支持站点
- http://otn.oracle.com/global/cn，中文版的 Oracle 公司官方技术支持站点
- http://www.oradb.net，Oracle 技术网
- http://www.csdn.net，中国软件开发网，是面向中国软件和软件开发人员的综合社区网站，能够在该网上交流、学习有关 Oracle 技术。

本章小结

本章介绍数据库和数据库系统的基本知识和概念，包括数据库管理系统及其分类。数据库系统实际上是包括数据库在内的整个计算机系统，主要由五部分组成：系统软硬件平台、数据库管理系统、数据库、应用软件及用户。常见的数据库系统有 Oracle、DB2、Sybase、MS SQL Server 等。另外介绍了 Oracle 的发展历史，Oracle 数据库的产品构成、Oracle 10g 的新特性，以及可用的网络资源等。

习　　题

1. 简述数据库系统的组成。
2. 简述 Oracle 10g 的发展历史。
3. 简述 Oracle 10g 的产品构成。
4. 简述 Oracle 10g 数据库的新特性。

第 2 章　Oracle 10g 的安装和工具

本章学习目标

本章主要讲解 Oracle 10g 数据库服务器在 Windows 操作系统下的安装与配置，登录 Oracle，启动关闭数据库。通过本章学习，读者应该掌握以下内容：

● Oracle 10g 数据库服务器的安装过程与服务器的使用方法

● 启动关闭数据库的方法

2.1　Oracle 10g for Windows 的安装与配置

2.1.1　安装 Oracle 10g 数据库服务器

Oracle 10g 数据库服务器安装盘只有 1 张光盘，有两种安装方式：高级安装、基本安装。

基本安装比较简单，配置参数少，用户只需按照 Oracle 10g 数据库服务器的安装步骤，一步一步往下安装即可。但高级安装较为复杂。下面以高级安装为例进行介绍，其安装步骤如下：

（1）将安装光盘放入光驱，出现 OUI 自动运行窗口，并检查计算机的软件、硬件安装环境，如图 2.1 所示。

图 2.1　OUI 自动运行窗口

OUI 将自动运行，在软件、硬件环境检查完毕之后，出现"欢迎使用"窗口，如图 2.2 所示。

（2）单击"下一步"按钮，出现选择 Oracle 10g 数据库服务器的安装方法的窗口，如图 2.3 所示。

（3）如果想快速安装 Oracle 10g 数据库服务器，可以单击"基本安装"单选按钮，再单击"下一步"按钮，开始基本安装。由于这种方法比较简单，只需要输入少量的信息，读者可按照步骤要求自己去学习安装。按照这种方法安装 Oracle 10g 数据库服务器，可以由用户决定是否创建一个通常目的的数据库。

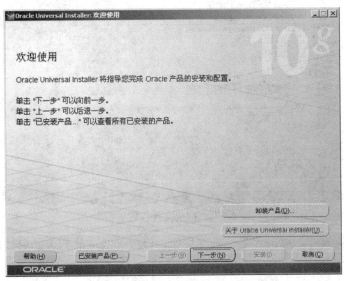

图 2.2　"欢迎使用"窗口

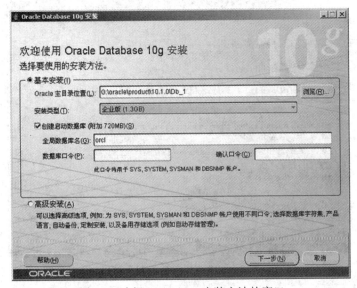

图 2.3　选择 Oracle 10g 安装方法的窗口

　　（4）单击"高级安装"单选按钮，再单击"下一步"按钮，出现"指定文件位置"窗口，如图 2.4 所示。其中，"源"的路径字段用于指定 Oracle 10g 数据库服务器安装文件的位置；"目标"的名字字段将用于指定参数文件和注册表中 Oracle_Home_Name 的值，路径字段用于指定数据库软件文件（注意，不是数据库文件）将要被安装到的目标位置。一般使用默认位置，但需要确保相应硬盘驱动器上有足够的空间来存放将要安装的软件文件和创建的数据库。
　　（5）单击"源"和"目标"路径字段旁边的"浏览"按钮，可以选择相应的路径。

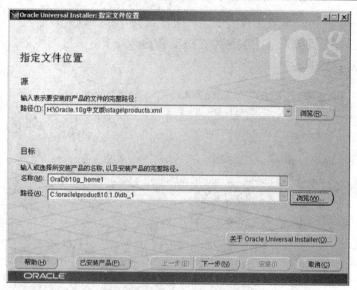

图 2.4　"指定文件位置"窗口

（6）使用默认设置，单击"下一步"按钮，经过加载产品列表之后，出现"选择安装类型"窗口，如图 2.5 所示。

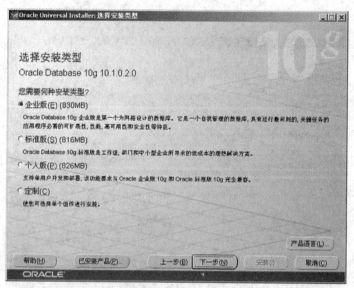

图 2.5　"选择安装类型"窗口

在此可以选择如下安装类型：

- 企业版：在标准版基础上安装许可选项、数据库配置、管理工具、网络服务、Web功能。另外，还安装在数据仓库和事务处理中经常使用的产品。面向企业级应用，提供对高端应用程序的数据管理，以便满足任务至上的应用程序的需求。
- 标准版：安装集成的管理工具集、全分布式复制、Web 功能、业务关键的应用程序的开发工具。适用于工作组或部门级别的应用程序，以便满足业务至上的应用程序的需求。

- 个人版：除了仅支持单用户的开发和部署之外，与企业版、标准版安装类型相同，面向开发技术人员。
- 定制：允许用户从可安装的组件列表中选择安装单独的组件。

（7）单击"企业版"单选按钮，单击"下一步"按钮，开始企业版安装，出现"选择数据库配置"窗口，如图 2.6 所示。

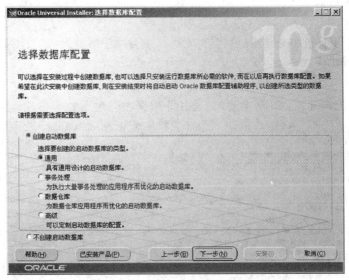

图 2.6　"选择数据库配置"窗口

在此选择适合于需求的数据库，以便在安装过程中创建一个此种类型的数据库。如果不选择，则在安装过程中就不会创建数据库，而在以后需要再执行数据库配置（如创建数据库）。

（8）单击"通用"单选按钮，创建通用类型的数据库，单击"下一步"按钮，出现"指定数据库配置选项"窗口，如图 2.7 所示。

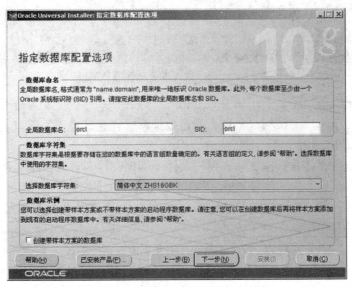

图 2.7　"指定数据库配置选项"窗口

在该窗口中，有如下选项：

- 全局数据库名：主要用于在分布式数据库系统中区分不同的数据库。它由数据库名和域名组成，格式为"数据库名.域名"。例如，上海的数据库可以命名为 Oracledb.Shanghai.com，北京的数据库可以命名为 Oracledb.Beijing.com。即使数据库名都相同，但域名不同，也能够区分开。第一个"."之前的部分被看作数据库名。数据库名最长为 8 个字符，只能包括字母、数字、下划线（_）、英镑符（#）和美元符（$）。
- SID：是 System Identifier 的英文简写，主要用于区分同一台计算机上的同一个数据库的不同实例。

选择"数据库字符集"为简体中文，选择"数据库示例"为不需要创建带样本方案的数据库。在"全局数据库名"文本框中输入 orcl（即数据库名为 orcl），在 SID 文本框中输入 orcl。

（9）单击"下一步"按钮，出现"选择数据库管理选项"窗口，如图 2.8 所示。

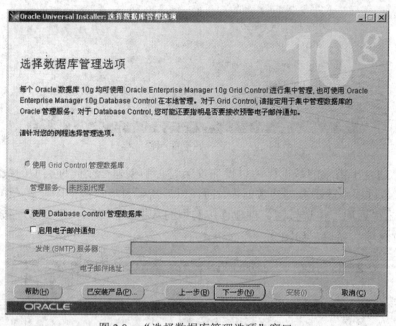

图 2.8   "选择数据库管理选项"窗口

选择默认设置，即"使用 Database Control 管理数据库"，以便在本地对数据库进行管理。

（10）单击"下一步"按钮，出现"指定数据库文件存储选项"窗口，如图 2.9 所示。

此窗口包含如下选项：

- 文件系统：存储数据库文件（控制文件、数据文件、重做日志文件等），能获得最佳的数据库组织结构和性能。
- 自动存储管理：自动完成存储管理，非常简单，具有优化数据库布局、提高 I/O 性能的特点。
- 裸设备：原始分区可以为 Real Application Clusters（RAC）数据库提供必要的共享存储空间。前提条件是必须启动数据库的各个控制文件、数据文件、日志文件创建设备，然后提供一个设备，以便将待定的表空间、控制文件、日志文件映射到裸卷。

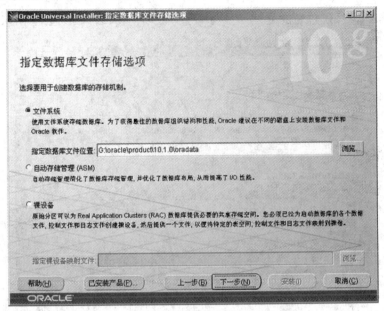

图 2.9　"指定数据库文件存储选项"窗口

（11）在图 2.9 中，单击"文件系统"单选按钮。为了保留 C 盘空间，将数据库文件的存储位置放在 G 盘，其余采取默认设置，单击"下一步"按钮。出现"指定备份和恢复选项"窗口，如图 2.10 所示。

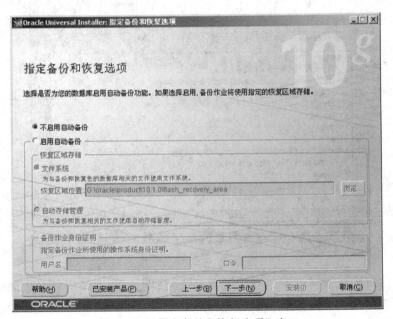

图 2.10　"指定备份和恢复选项"窗口

（12）采用默认值，单击"下一步"按钮，出现"指定数据库方案的口令"窗口，如图 2.11 所示。

（13）在图 2.11 中，为了简单好记，单击"所有的账户都使用同一个口令"单选按钮，并在"输入口令"文本框中输入 password，在"确认口令"文本框中再次输入 password，单击"下一步"按钮，经过短暂的处理，就会出现"概要"窗口，如图 2.12 所示。

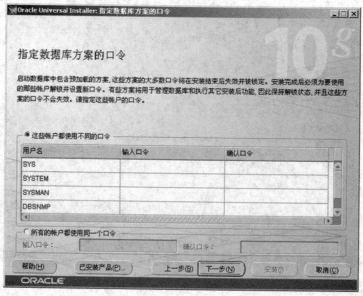

图 2.11   "指定数据库方案的口令"窗口

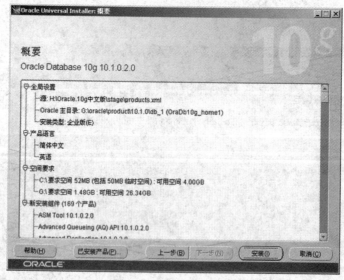

图 2.12   "概要"窗口

"概要"窗口按照全局设置、产品语言、空间要求、新安装组件分类显示安装设置。先在概要窗口中检查一下设置是否满意，如不满意可以单击"上一步"按钮，返回到前一个步骤修改。

（14）单击"安装"按钮，正式开始安装 Oracle 10g 数据库服务器。安装过程持续时间的长短取决于用户计算机系统的性能。

在安装过程中，会自动出现几个窗口，显示安装过程的信息，如图 2.13 所示为"安装"窗口，如图 2.14 所示为"配置"窗口。

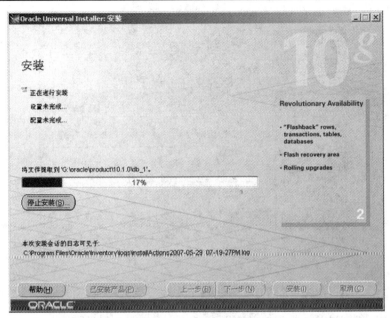

图 2.13　"安装"窗口

图 2.14　配置窗口

当进行 Oracle Database Configuration Assistant 时，还会显示 Database Configuration Assistant 窗口，如图 2.15 所示。

配置完毕或数据库创建完毕之后，显示"数据库信息"窗口，如图 2.16 所示。

（15）单击"口令管理"按钮，弹出"口令管理"对话框，如图 2.17 所示。在该对话框中，可以锁定、解除数据库用户帐户并设置口令。在此，解除 SCOTT 用户账号，并设置其口令为 tiger，单击"确定"按钮，返回数据库信息界面。

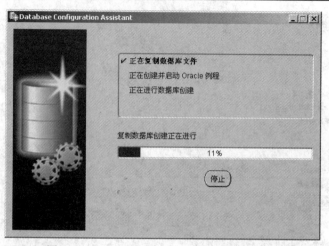

图 2.15　Database Configuration Assistant 窗口

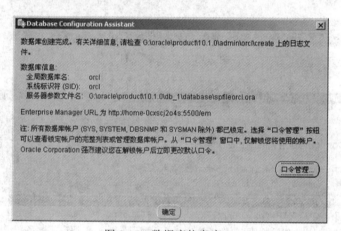

图 2.16　数据库信息窗口

图 2.17　"口令管理"对话框

　　（16）在数据库信息界面中，单击"确定"按钮，返回配置界面，显示为成功状态。单击"下一步"按钮，就会提示安装已结束，如图 2.18 所示。

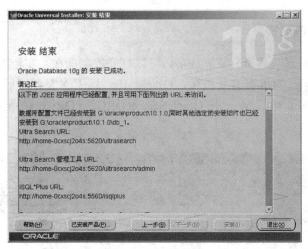

图 2.18　安装成功

至此，Oracle 10g 数据库服务器安装完毕。

2.1.2　Oracle 10g 与 Windows

Oracle 10g 产品主要是针对目前流行的 Windows 操作系统而设计的，对微软操作系统下软硬件的要求与 Oracle 9i 不一样。表 2.1 和表 2.2 分别是 Oracle 10g 32 位数据库服务器在 Windows 环境下对软硬件的要求。

表 2.1　Oracle 10g 32 位数据库服务器在 Windows 环境下对硬件的要求

硬件要求	说明
物理内存（RAM）	最小为 256MB，建议 512MB 以上
虚拟内存	物理内存的两倍
磁盘空间	基本安装需要 2.04GB
视频适配器	256 色
处理器主频	550MHz 以上

表 2.2　Oracle 10g 32 位数据库服务器在 Windows 环境下对软件的要求

软件要求	说明
处埋器	Intel(X86) AMD64 与 Intel EM64T
操作系统	Windows 2000 SP1 或更新的版本 Windows Server 2003 Windows XP 专业版 Windows NT 不支持
编译器	Pro*Cobol 编译器可支持 ACUCOBOL-GT version 6.2 和 Micro Focus Net Express 4.0 Microsoft Visual C++.NET 2002 和 Microsoft Visual C++.NET 2003 PL/SQL 本地编译 XDK
网络协议	支持 TCP/IP、带 SSL 的 TCP/IP 及命名管道

2.1.3　服务器当前配置

在 Oracle 10g 数据库服务器安装完成后,可以打开控制面板,在管理工具中的"服务"窗口中查看到 Oracle 10g 的所有有关服务,Oracle 10g 数据库服务器的运行,通常只需启动 OracleOraDb10g_home1TNSListener 和 OracleServiceORCL(ORCL 是所建立的数据库例程名)服务即可,如图 2.19 所示。

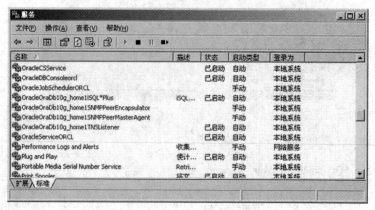

图 2.19　Oracle 10g 服务列表

2.1.4　安装 Oracle 10g 客户端

安装 Oracle 10g 客户端的步骤如下:

(1)启动 Oracle 10g 安装程序,如图 2.20 所示。

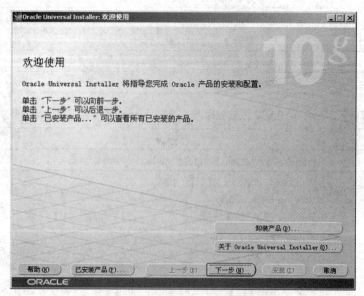

图 2.20　启动 Oracle 10g 安装程序

(2)单击"下一步"按钮,在"选择安装类型"窗口中选择 InstantClient 选项,如图 2.21 所示。

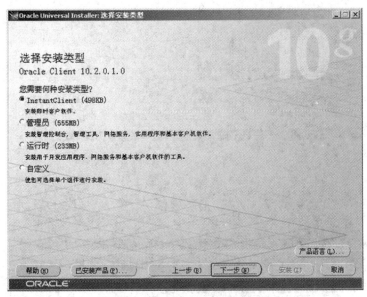

图 2.21   "选择安装类型"窗口

（3）单击"下一步"按钮，出现"指定主目录详细信息"窗口，选择客户端安装路径及名称，如图 2.22 所示。

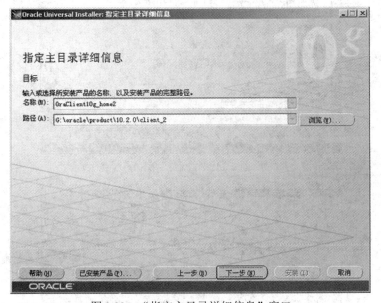

图 2.22   "指定主目录详细信息"窗口

（4）单击"下一步"按钮，出现"产品特定的先决条件检查"窗口，如图 2.23 所示。

（5）单击"下一步"按钮，出现"概要"窗口，"概要"窗口按照全局设置、产品语言、空间要求、新安装组件分类显示安装设置。先在"概要"窗口中检查一下设置是否满意，如不满意可以单击"上一步"按钮，返回前一个步骤修改，如图 2.24 所示。

（6）单击"安装"按钮，开始客户端的安装，稍后出现"安装结束"窗口，到此，客户端安装完成，如图 2.25 所示。

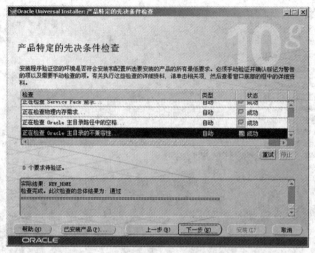

图 2.23 "产品特定的先决条件检查"窗口

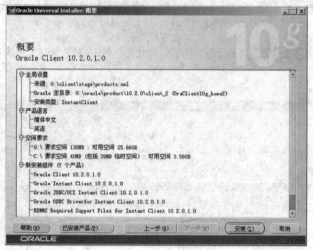

图 2.24 "概要"窗口

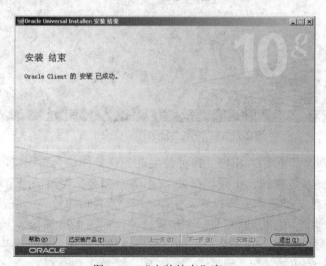

图 2.25 "安装结束"窗口

2.2　Oracle 10g 基本操作

2.2.1　登录 Oracle 10g 数据库服务器

可以使用 SQL*Plus 和 Oracle Enterprise Manager（OEM）登录 Oracle 10g 数据库服务器。

1. 使用 SQL*Plus 登录

启动 SQL*Plus，选择"开始"→"程序"→Oracle→OraDb10g_home1→Application Development→SQL Plus"命令，就会出现 SQL*Plus 的登录界面，如图 2.26 所示。

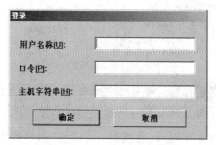

图 2.26　SQL*Plus 登录界面

　　输入相应的用户名称（scott）、口令（tiger）、主机字符串（orcl），单击"确定"按钮，出现 SQL*Plus 操作界面，如图 2.27 所示。

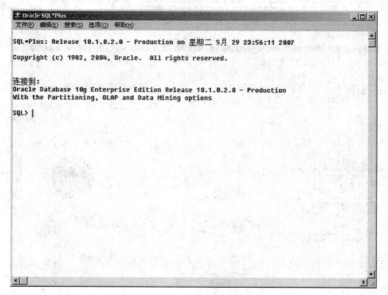

图 2.27　SQL*Plus 操作界面

更详细的内容请参见第 5 章。

2. Oracle Enterprise Manager（OEM）登录

启动 IE 浏览器，在地址栏中输入 http://home-0cxscj2o4s:5500/em/后，按回车键，如图 2.28 所示。

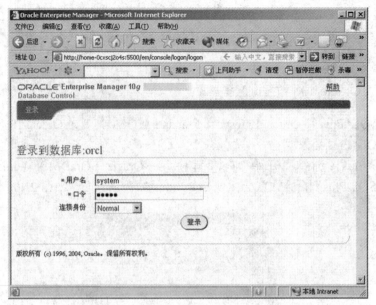

图 2.28   Oracle Enterprise Manager 10g 的登录界面

在其中输入相应的用户名、口令、连接身份后，单击"登录"按钮，就会出现许可证确认页面。单击 I Agree 按钮，出现"数据库"主页的"主目录"属性页，如图 2.29 所示。

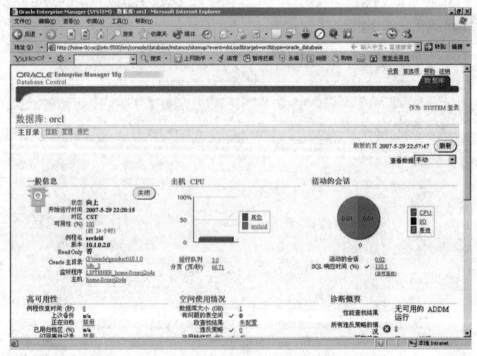

图 2.29   "数据库"主页的"主目录"属性页

2.2.2   启动 Oracle 10g 数据库服务器

启动 Oracle 10g 数据库服务器有多种方式，以下介绍正常的启动方法。

可以使用 startup normal 命令正常启动 Oracle 10g 数据库。用正常方式启动数据库时，首先系统启动数据库，接着装载数据库，再打开数据库。用正常方式启动装载和打开数据库，用户可以进行正常访问。正常启动方式是数据库启动的默认方式。

2.2.3　关闭 Oracle 10g 数据库服务器

数据库服务器在运行过程中，由于种种原因，有时需要关闭。要关闭数据库服务器，用户必须具备 SYSDBA 的系统权限。

Oracle 10g 数据库服务器有多种关闭方式，但数据库服务器不能随意关闭，只能进行有计划的必须的关闭。

以下介绍正常关闭数据库服务器的方法。

正常方式：等待当前活动的所有用户断开数据库连接。

执行命令：shutdown

关闭数据库时，分为以下三个阶段：

（1）Oracle 将重做缓冲区里的内容写入重做日志文件。将数据库缓冲区内被更改的数据写入数据文件；关闭数据文件和重做日志文件；此时控制文件仍然打开，但数据库不能进行一般性的访问操作。

（2）关闭数据库例程，卸载数据库，关闭控制文件，但 SGA 内存和后台进程仍在执行。

（3）关闭例程，释放 SGA 内存，结束所有后台进程。

2.2.4　创建 ODBC 数据源

所谓 ODBC 是 Open Database Connectivity 的缩写，即开放式数据库互连。

为 Oracle 创建 ODBC 数据源的步骤如下：

（1）选择"控制面板"→"管理工具"→"数据源"，出现如图 2.30 所示的"ODBC 数据据源管理器"窗口。

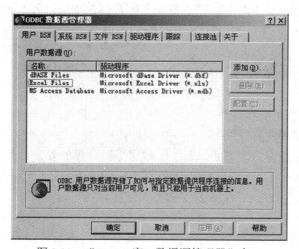

图 2.30　"ODBC 窗口数据源管理器"窗口

（2）单击"添加"按钮，在弹出的"创建新数据源"窗口中选择 Microsoft ODBC for Oracle，如图 2.31 所示。

图 2.31　创建新数据源

（3）在给定数据源名称和描述时，用户可自定义，用户名称和服务器则需根据在 Oracle 数据库中设置好的数据库名来设置，如图 2.32 所示。

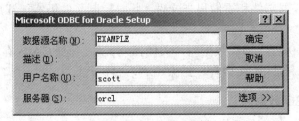

图 2.32　设置数据源

本章小结

本章详细介绍了 Oracle 10g 数据库服务器与客户端的安装过程与服务器的使用，介绍了启动关闭数据库的方法，并初步介绍了 Oracle 10g 的管理界面、功能、操作方面的内容。

实训 1　Oracle 10g 的安装和配置

1．目标

完成本实验后，将掌握以下内容：

（1）在 Windows 操作系统下 Oracle 10g 数据库服务器的安装。

（2）在 Windows 操作系统下 Oracle 10g 客户端的安装。

（3）查看 Oracle 在 Windows 系统中的有关服务。

2．准备工作

先检查系统的软硬件环境，是否满足安装 Oracle 数据库服务器及客户端的要求。

3．场景

某公司拟建一个数据库管理系统，决定采用 Oracle 数据库，需要在一台服务器上安装 Oracle 数据库服务器，并在多台普通主机上安装 Oracle 客户端。

4．实验预估时间：45 分钟

实验步骤

（1）将 Oracle 数据库服务器的安装光盘装入服务器光驱中，采取高级安装的方式在服务器上装入 Oracle 数据库服务器。

（2）将 Oracle 客户端的安装光盘装入普通主机光驱中，安装 Oracle 客户端。

（3）打开"控制面板"→"管理工具"→"服务"，查看 Oracle 10g 的所有有关服务。

习　　　题

1．简述在 Windows 上安装 Oracle 10g 数据库服务器对系统的软硬件的要求。

2．简述 Oracle 10g 数据库服务器的启动方式。

3．简述 Oracle 10g 数据库服务器的关闭方式。

第 3 章　Oracle 10g 体系结构

本章学习目标

本章主要讲解 Oracle 10g 数据库的存储结构、物理结构、系统结构、应用结构以及内存结构。通过本章学习，读者应该掌握以下内容：

- Oracle 10g 数据库的存储结构、系统结构和应用结构
- Oracle 数据库的内存结构及组成部分的特点、作用

3.1　Oracle 数据库的存储结构

3.1.1　Oracle 数据库主要的存储结构

数据库的主要功能是保存数据，所以，可以将数据库看成是保存数据的容器。数据库的存储结构也就是数据库存储数据的结构或方式、方法、方案。

Oracle 数据库的存储结构分为逻辑存储结构和物理存储结构，这两种存储结构既相互独立又相互联系。

逻辑存储结构主要描述 Oracle 数据库的内部存储结构，即从技术概念上描述在 Oracle 数据库中如何组织、管理数据。因此，逻辑存储结构是和操作系统平台无关的，是由 Oracle 数据库创建和管理的。

物理存储结构主要描述 Oracle 数据库的外部存储结构，即在操作系统中如何组织、管理数据。因此，物理存储结构是和操作系统平台有关的。物理存储结构是逻辑存储结构在物理上的、可见的、可操作的、具体的实现形式。物理存储结构对应的操作系统文件存储在磁盘上。

从物理上看，数据库是由控制文件、数据文件、重做日志文件等操作系统文件组成的；从逻辑上看，数据库是由系统表空间、用户表空间等表空间组成的。表空间是最大的逻辑单位，块是最小的逻辑单位。逻辑存储结构中的块最后对应到操作系统中的块。

3.1.2　数据库表空间

表空间是最大的逻辑单位。一个数据库可以有多个表空间，一个表空间可以包含多个数据文件（一个数据文件只能属于一个表空间）。任何方案对象（如表、索引）都被存储在表空间的数据文件中，虽然不能被存储在多个表空间中，但可以被存储在多个数据文件中。图 3.1 表示了数据库、表空间、方案对象之间的关系。

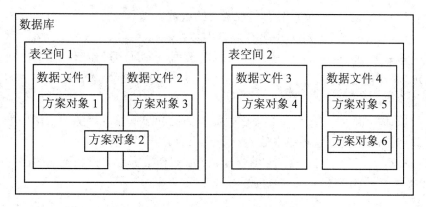

图 3.1　数据库、表空间、方案对象之间的关系

安装完 Oracle 10g（包括案例数据库）后，自动创建的表空间名称及说明如表 3.1 所示。

表 3.1　Oracle 10g 自动创建的表空间名称及说明

名称	说明
EXAMPLE	实例表空间，存放例子数据库的方案对象信息及其培训资料
SYSAUX	辅助系统表空间，用于减少系统表空间的负荷，提高系统的作业效率，是 Oracle 10g 新增加的表空间
SYSTEM	系统表空间，存放关于表空间的名称、控制文件、数据文件等管理信息，是 Oracle 数据库中最重要的表空间。它属于 SYS、SYSTEM 方案，仅被 SYS 和 SYSTEM 或其他具有足够权限的用户使用。即使是 SYS 和 SYSTEM 用户也不能删除或重命名 SYSTEM 表空间
TEMP	临时表空间，存放临时表和临时数据，用于排序。每个数据库都应该有一个（或创建一个）临时表空间，以便在创建用户时将其分配给用户，否则将会使用 TEMP 表空间
UNDOTBS1	重做表空间，存放数据库的有关重做的相关信息和数据
USERS	用户表空间，存放永久性用户对象和私有信息，因此也称为数据表空间。每个数据库都应该有一个（或创建一个）用户表空间。一般地，系统用户使用 SYSTEM 表空间，非系统用户使用 USERS 表空间

表空间分为系统表空间和非系统表空间两类。

系统表空间包括 SYSTEM 表空间和 SYSAUX 表空间，其余的表空间就是非系统表空间。有关表空间的管理内容参见第 6 章。

3.1.3　段、区间和数据块

Oracle 数据库中的段（Segment）由若干区间（Extent）组成，每个区间又由一些连续的数据块（Data Block）组成。这三者是构成其他 Oracle 数据库对象的基本单位。

1. 段

段是用于存放数据库中特定逻辑结构的所有数据。正如 Oracle 为数据库表空间预先分配数据文件作为物理存储区一样，Oracle 也为数据库对象（如表、索引等）预先分配段作为其物理存储区。段用来存储用户建立的数据库对象。

Oracle 数据库中常用的段有数据段、索引段、临时段和回滚段。

- 数据段（Data Segment）用于存放表中的数据。
- 索引段（Index Segment）用于存放索引数据。
- 临时段（Temp Segment）用于存放临时数据，如排序操作所产生的临时数据等。当 SQL 语句需要临时空间时，将建立临时段。一旦执行完毕，临时段占用的空间将归还给系统。
- 回滚段（Rollback Segment）用于存储事务的回滚信息。事务用回滚段来记录事务所修改数据的旧值，以确保事务的一致性和能够回滚事务。

要查看段的有关信息，可以查看 DBA_SEGMENTS 数据字典，如下面的语句：

SQL>SELECT * FROM DBA_SEGMENTS;

2. 区间

区间由连续分配的相邻数据块组成。Oracle 对段空间的分配是以区间为单位进行的。一个段由一个或多个区间组成。当一个段的所有空间都使用完毕后，Oracle 就会为该段分配新的区间，直到表空间的数据文件中没有自由空间或已达到每个段内部的区间最大数。当用户撤销一个段时，该段所使用的区间就成为自由空间。Oracle 系统可以重新将这些自由空间合并，用户新段的建立或现有段的扩展。

要查看区间的有关信息，可以查看 DBA_EXTENTS 数据字典，如下面的语句：

SQL>SELECT * FROM DBA_EXTENTS;

3. 数据块

数据块是数据库中最小的、最基本的存储单位。它们是数据库能够分配给对象的最小存储单元。Oracle 数据块与操作系统块有所不同，操作系统块是操作系统能从磁盘读写的最小单元，而 Oracle 数据块则是 Oracle 系统从磁盘读写的最小单元。Oracle 数据块的大小通常设置为操作系统块大小的整数倍。以 Windows 2000 为例，操作系统块的大小是 4KB，所以块的大小可以是 4KB、8KB、16KB 等。

如果块的大小是 4KB，EMP 表每行的数据占 100 个字节。如果某个查询语句只返回 1 行数据，那么，在将数据读入到数据高速缓存时，读取的数据量是 4KB 而不是 100 个字节。

3.1.4 表

表（Table）是 Oracle 数据库最基本的对象，其他许多数据库对象（如索引、视图）都以表为基础。表被用于实际存储数据。表中有列，存储着多行数据。在关系数据库中，不同表中的数据彼此可能是关联的。约束（Constraint）可以被看做是在数据库中定义的各种规则或策略，它用来保证数据的完整性和业务规则。关系数据库的所有操作最终都是围绕表进行的。

表是数据库存储数据的基本单元，它对应现实世界中的对象（如部门和雇员等）。进行数据库设计时，需要构造 ER 图（实体关系图），在将 ER 图转变成数据库对象时，实体最终要转换成表。

表按列进行定义，存储若干行数据。表中应该至少有一列。在 Oracle 中，表一般指的是一个关系型数据表，也可以生成临时表和对象表。临时表用于存储专用于一个事务或会话的临时数据。对象表是通过用户定义的数据类型生成的。一个表中可以存储各种类型的不同数据。除了存储文本和数值信息外，还可以存储日期、时间标记、二进制数或原始数据（如图像、文档和关于外部文件的信息）。

从用户角度来看，表中存储的数据的逻辑结构是一张二维表，即表由行、列两部分组成，表通过行和列来组织数据。通常称表中的一行为一条记录，称表中的一列为一个列。一条记录描述一个实体，一个列用于描述实体的一个属性，如部门有部门代码、部门名称、部门位置等属性，雇员有雇员号、雇员名、工资等属性。每个列都具有列名、列数据类型、列长度、约束条件、默认值等，这些内容在创建表时确定。

有关表的管理技术参见第 7 章。

3.2　Oracle 10g 数据库的物理结构

Oracle 10g 数据库物理上由各种物理文件组成，每个物理文件又由若干个 Oracle 块组成。物理文件是构成 Oracle 10g 数据库的基础。Oracle 10g 数据库的物理文件主要有以下几种：

- 数据文件（Data file）
- 控制文件（Control file）
- 日志文件（Redo file）
- 初始化参数文件（Parameter file）
- 其他 Oracle 物理文件

这些物理文件之间的关系如图 3.2 所示。

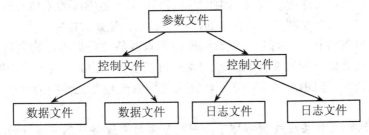

图 3.2　Oracle 10g 数据库的物理文件之间的关系

3.2.1　数据文件

数据文件是实际存储插入到数据库表中的实际数据的操作系统文件。数据文件的大小与它们所存储的数据量的大小直接相关，会自动增大（即便删除数据后也不会减少）。

一个表空间在物理上对应若干个数据文件，而一个数据文件只能属于一个表空间。

在创建表空间时，Oracle 会同时为该表空间创建第一个数据文件。如果这个数据文件很大，这个创建过程会用较长的时间。新创建的数据文件不包含任何数据，只是一个准备存储数据的空容器。

随着不断地在表空间中创建、插入、更新数据，表空间所对应的所有数据文件的物理存储空间将被用完。这时，就需要为该表空间增加新的存储空间，或者创建新的数据文件，或者调整现有数据文件的存储空间大小参数。

除 SYSTEM 表空间外，任何表空间都可以由联机状态切换为脱机状态。当表空间进入脱机状态后，组成该表空间的数据文件也就进入脱机状态了。也可以将表空间中的某一个数据文件单独地设置为脱机状态，以便进行数据库的备份或恢复。

在 Oracle 10g 安装完毕之后，自动创建的 6 个表空间都有其相对应的数据文件，如下所示：

C:\Oracle\product\10.2.0\oradata\orcl\ EXAMPLE01.DBF

C:\Oracle\product\10.2.0\oradata\orcl\ SYSTEM01.DBF

C:\Oracle\product\10.2.0\oradata\orcl\ SYSAUX01.DBF

C:\Oracle\product\10.2.0\oradata\orcl\ TEMP01.DBF

C:\Oracle\product\10.2.0\oradata\orcl\ UNDOTBS01.DBF

C:\Oracle\product\10.2.0\oradata\orcl\ USERS01.DBF

3.2.2　控制文件

控制文件是一个很小的（通常是数据库中最小的）文件，大小一般在 1MB～5MB 之间，为二进制文件。但它是数据库中的关键性文件，它对数据库的成功启动和正常运行都是至关重要的，因为它存储了在其他地方无法获得的关键信息，这些信息包括：

- 数据库的名称。
- 数据文件和重做日志文件的名称、位置和大小。
- 发生磁盘故障或用户错误时，用于恢复数据库的信息。

在装载数据库时，Oracle 将读取控制文件中的信息，以便判断数据库的状态，获得数据库的物理结构的信息物理文件的使用权。因此，控制文件对于数据库的成功装载，以及其后的打开都是非常重要的。只有控制文件是正常的，才能装载、打开数据库。

在数据库运行的过程中，每当出现数据库检查点或修改数据库结构之后，Oracle（只能由 Oracle 本身）就会修改控制文件的内容。DBA 可以通过 OEM 工具修改控制文件中的部分内容（如是否归档），但 DBA 和用户都不应该人为地修改控制文件中的内容，否则会破坏控制文件。

注意：如果控制文件丢失或被破坏了，那对数据库来说将是不可挽救的损失。所以，应该定期对数据库的控制文件进行备份，并将备份保存在不同的硬盘上。另外，为了安全原因，可以创建多个控制文件（最好将它们放置到不同的磁盘上），互为镜像进行复用，以便某个控制文件损坏之后，还可以利用其他控制文件进行工作。

在 Oracle 10g 安装完毕之后，自动创建的三个控制文件如下：

C:\Oracle\product\10.2.0\oradata\orcl\ CONTROL01.CTL

C:\Oracle\product\10.2.0\oradata\orcl\ CONTROL02.CTL

C:\Oracle\product\10.2.0\oradata\orcl\ CONTROL03.CTL

3.2.3　日志文件

当用户对数据库进行修改时，Oracle 实际上是先在内存中进行修改，过一段时间后，再集中将内存中修改结果成批地写入上面的数据文件中。

Oracle 采用这种方法，主要是出于性能上的考虑。因为，对数据操作而言，硬盘的速度比内存的速度要慢上万倍。

但如果在将内存中修改结果写入数据文件之前发生故障，导致计算机、数据库崩溃，那么，这些修改结果就会丢失。

如何才能保证这些修改结果不丢失呢？这就需要一种机制，能时刻把这些修改结果保存下来，以便在故障发生之后，还能重现当时的数据操作，进行数据库的恢复。

Oracle 是用日志文件来随时保存这些修改结果的，即 Oracle 随时将内存中的修改结果保存到日志文件中。"随时"表示在将修改结果写入数据文件之前，分几次写入日志文件。因此，即使发生故障导致数据库崩溃，Oracle 也可以利用日志文件中的信息来恢复丢失的数据。只要某项操作的重做信息没有丢失，就可以利用重做信息来重现该操作。

每个数据库至少需要两个日志文件，因为 Oracle 是以循环方式来使用日志文件的。当第 1 个日志文件被写满之后，后台进程 LGWR（日志写进程）开始写入第 2 个日志文件，当第 2 个日志文件写满后，又开始写入第 1 个日志文件，依此类推。

在 Oracle 10g 安装完毕之后，自动创建的三个日志文件如下：

C:\Oracle\product\10.2.0\oradata\orcl\ REDO01

C:\Oracle\product\10.2.0\oradata\orcl\ REDO02

C:\Oracle\product\10.2.0\oradata\orcl\ REDO03

3.2.4　初始化参数

参数文件也称为初始化参数文件，用于存储 SGA、可选的 Oracle 特性和后台进程的配置参数，分为文本参数文件（pfile）和服务器参数文件（spfile）。可以使用其中之一来配置实例和数据选项。文本参数文件可以使用文本编辑器进行编辑。服务器参数文件是二进制文件，不能直接用文本编辑器进行编辑。

参数文件类似于 Microsoft DOS 系统的 autoexce.bat 和 config.sys 文件。当数据库启动，并在创建实例或读取控制文件之前，会先读取参数文件，并按其中的参数进行实例的配置。

参数文件的名称中都带有相应 Oracle 实例的 SID，例如：

C:\Oracle\product\10.2.0\db_1\database\ SPFILEORCLSID.ORA

3.2.5　其他文件

其他文件包括口令文件、归档日志文件、后台进程跟踪和服务进程跟踪文件。

- 口令文件：口令文件是个二进制文件，用于验证特权用户。特权用户是指具有 SYSOPEN 或 SYSDBA 权限的特殊数据库用户。这些用户可以启动实例、关闭实例、创建数据库、执行备份恢复等操作。创建 Oracle 数据库，默认的特权用户是 SYS。

口令文件的名称中都带有相应 Oracle 实例的 SID，例如：

C:\Oracle\product\10.2.0\db_1\database\ PWDORCLSID.ORA

- 归档日志文件：非活动的重做日志文件的备份。通过使用归档日志文件，可以保留所有重做历史记录。
- 进程跟踪文件：记录后台进程的警告或错误信息。每个后台进程都有相应的跟踪文件。
- 进程跟踪文件：记录服务进程的相关信息，用于跟踪 SQL 语句、诊断 SQL 语句的性能，并实施相应的性能调整。

3.3　数据库的系统结构

3.3.1　Oracle 实例

Oracle 数据库服务器主要由两部分组成：物理数据库和数据库关系系统。物理数据库是保存数据的物理存储设备。数据库关系系统是用户与物理数据库之间的一个中间层，是软件层。

在启动数据库时，Oracle 首先要在内存中获取、划分、保留各种用途的区域（表现一定的结构），运行各种用途的后台进程，即创建一个实例（instance），然后再由该实例装载（mount）、打开（open）数据库，最后由这个实例来访问和控制数据库的各种物理结构。

当用户连接到数据库并使用数据库时，实际上是连接到该数据库的实例，通过实例来连接、使用数据库。所以，实例是用户和数据库之间的一个中间层。

实例和数据库是有很大区别的。这里的数据库主要是指用于存储数据的物理结构，总是实际存在的；实例是由操作系统的内存结构和一系列进程所组成的，可以启动和关闭。

一台计算机上可以创建多个 Oracle 数据库，当同时要使用这些数据库时，就要创建多个实例。为了不使这些实例相混淆，每个实例都要用称为 SID（System IDentify，系统标识符）的符号来区分，即创建这些数据时填写的数据库 SID。

软件结构由内存结构和进程结构组成。

3.3.2　Oracle 数据库系统的内存结构

从计算机的体系结构和各部分的功能来说，内存是用来保存指令代码和缓存数据的。要运行一个软件程序，必须先要在内存中为其指令代码和缓存数据申请、划分出一个区域，再将其从磁盘上读入、放置到内存，然后才能执行。Oracle DBMS 是一个应用程序，所以它的执行也不例外，需要放置到内存中才能执行。

内存结构是 Oracle 数据库体系结构中最为重要的一部分，内存也是影响数据库性能的第一因素。内存的大小、速度直接影响数据库的运行速度。特别是当用户数增加时，如果内存不足，实例分配不到足够的内存，就会使有些用户连接不到数据库，或连接、查询的速度明显下降。

按照对内存的使用方法的不同，Oracle 数据库的内存可以分为 SGA（System Global Area，系统全局区）、PGA（Program Global Area，程序全局区）。

1. SGA

SGA 是实例内存结构的主要组成部分，每个实例都只有一个 SGA。当多个用户同时连接到一个实例时，所有的用户进程、服务进程都可以共享使用 SGA。它是不同用户进程与服务进程进行通信的中心，数据库的各种操作主要都是在 SGA 中进行，所以将其成为系统全局区。

按存放信息的类型的不同，SGA 可以分为几个部分。

- 数据缓冲区（Data Buffer Cache）：用于存储最近从数据库中读取出来的数据块。用户进程查看的数据首先驻留在数据缓冲区中，如果客户进程需要的信息不在该缓冲区内，才访问物理磁盘驱动器读取数据块，然后放入该缓冲区供其他客户进程或服务器进程使用。其大小受物理容量的限制，通常为数据库大小的 1%~2%。通过设置参数文件中的 DB_BLOCK_BUFFERS 等参数，可以决定数据缓冲区的大小。

- 字典缓冲区（Dictionary Cache）：数据库对象的信息存储在特殊的数据字典表中，包括数据文件名、权限和用户等。当数据库需要这些信息时就从数据字典中读取并存放在字典缓冲区中。如果字典缓冲区设置太小，数据库将反复查询数据字典表，从而降低查询速度。
- 日志缓冲区（Redo Log Buffer）：任何事务在存入日志文件之前都存放在 SGA 的日志缓冲区内。数据库系统定期将该缓冲区的内容写入日志文件中。通过设置参数文件中的 LOG_BUFFER 参数，可以决定日志缓冲区的大小。
- SQL 共享池（Shared SQL Pool）：SQL 共享池是程序的高速缓冲区，存放的是所有通过 SQL 语法分析并准备执行的 SQL 语句。通过设置参数文件中的 SHARED_POOL_SIZE 参数，可以决定 SQL 共享池的大小。

2. PGA

PGA 是单个用户进程所使用的内存区域，每一个连接到 Oracle 数据库的进程都需要自己私有的内存区，存放单个进程工作时需要的数据和控制信息，其中包括进程会话变量和数组及不需要与其他进程共享的信息等。即程序全局区是用户进程私有的，不能共享。

程序全局区内部的不同部分可以相互通信，但与外界没有联系。

设置 PGA 的参数文件中的 SORT_AREA_SIZE 和 SORT_RETAINED_SIZE 两个参数，可以决定 PGA 的大小。

3.3.3　Oracle 数据库系统的后台进程

Oracle 进程包括服务进程和后台进程。

服务进程是为了客户端的用户进程服务，Oracle 会在服务器端创建相应的服务进程。

用户进程必须通过服务进程才能访问数据库。服务进程分为专用服务进程（只为一个用户进程提供服务）和共享服务进程（为多个用户进程提供服务）。服务进程是由后台进程提供支持的。

在同一时刻，Oracle 可以处理上百个并发的请求，进行复杂的数据操作。Oracle 将管理和操作数据库这样一个复杂的大任务进行了划分，分别由几个相互独立的、各司其职的后台进程来完成。它们分工合作，共同完成这个大任务。

后台进程主要完成如下任务：

- 在内存和外存之间建立 I/O 操作。
- 监视各个进程的状态。
- 协调各个进程的任务。
- 维护系统的性能。
- 保证系统的可靠性。

主要的后台进程有如下几个，其中前面 5 个后台进程是必需的，在默认情况下创建例程时只会启动这 5 个后台进程。另外几个是分布式环境、多线程环境中使用的。

DBWR（数据库写进程）　　　　　　LGWR（日志写进程）

CKPT（检查点进程）　　　　　　　SMON（系统监视进程）

PMON（进程监视进程）　　　　　　ARCH（归档进程）

RECO（恢复进程）   LCKn（锁进程）
Dnnn（调度进程）   SNP（作业进程）
用户进程、Oracle 进程、物理存储文件之间的关系如图 3.3 所示。

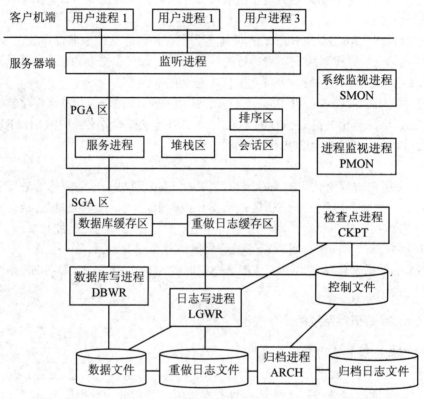

图 3.3   用户进程、Oracle 进程、物理存储文件之间的关系图

3.4   Oracle 数据库的应用结构

根据硬件平台和操作系统的不同，Oracle 10g 数据库在具体实施时可以采取不同的架构，
尽管每个 Oracle 10g 数据库的组成部分基本相同。常见的应用架构如下：

- 多磁盘系统。
- 磁盘映像系统。
- 客户服务器系统。
- 多线程服务器系统。
- 并行数据库系统。
- 分布式数据库系统。
- Oracle WebServer 系统。

3.4.1   多磁盘结构

在一个多磁盘系统中，可以将数据文件分别存放在不同的磁盘上，这样的数据库进行操作时，就避免了同时从一个磁盘读取多个数据文件的操作，从而提高了数据库的整体性能，如图 3.4 所示。

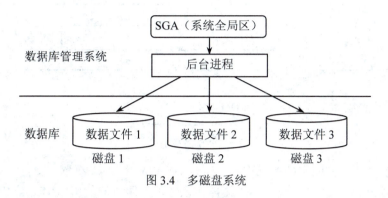

图 3.4　多磁盘系统

3.4.2　磁盘映像系统

所谓磁盘映像指操作系统对文件副本的同步维护，磁盘的映像主要通过 RAID（Redundant Array of Inexpensive Disks，冗余廉价磁盘阵列）技术来实现。RAID 有多种级别，可以依据操作系统的不同和实际情况来选用不同级别的 RAID。

磁盘映像系统在逻辑上有一个数据库服务器，一个数据库服务器上有多个磁盘，采用磁盘映像技术，数据库文件在每一个磁盘上都有完整的备份，如图 3.5 所示。

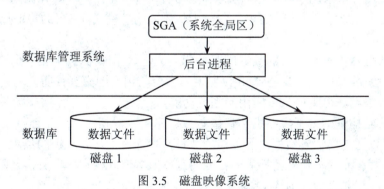

图 3.5　磁盘映像系统

磁盘映像系统有两个优点。首先，磁盘映像可以作为磁盘失效时的备份。在大多数操作系统中，磁盘失效会自动引发映像磁盘来取代失效的磁盘。另外，磁盘映像可以改善系统的性能。大多数操作系统通过对卷映像的支持，借助于文件映像进行 I/O 操作，而无须访问主文件，这会减轻主磁盘的 I/O 负载，增加 I/O 能力。

3.4.3　客户服务器系统

在客户服务器系统中，将数据库服务器的管理和应用分布在两台计算机上，在客户机上安装应用程序和连接工具，通过 Oracle 专用的网络协议建立和服务器的连接，发出数据请求。在服务器上运行数据库，接收连接请求，将执行结果返回客户机。

基于客户服务器结构的 Oracle 系统是 Oracle 应用的最常见形式，使用这种结构可以将对 CPU 和应用程序的处理负荷分布在客户端和服务器端，如图 3.6 所示。

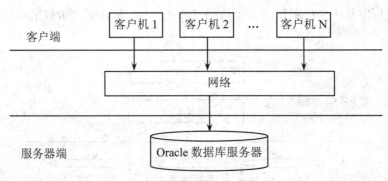

图 3.6　客户服务器系统

客户服务器系统结构的主要优点如下：

（1）客户机和服务器可以选用不同的操作系统，如服务器使用 UNIX 或 Windows Server 版本，客户机使用 Windows 2000 等操作系统，可伸缩性好。

（2）应用与服务分离。用户的程序在客户机上运行，只有在需要服务器时才发送请求，减轻了数据库服务器的负担。同时便于远程管理，只要有通信网络，包括局域网和远程网都可以管理和访问数据库。

（3）服务器和客户机可以选用不同的硬件平台，服务器选用高档计算机，而大多数客户端使用一般的计算机即可，从而降低了成本。

传统的客户服务器系统结构都是两层模式，随着 Web 的出现和 Internet 的迅猛发展，在两层模式的基础上又出现了三层模式结构。相对于传统的两层模式，三层结构增加了中间层的应用程序服务器。

应用程序服务器位于客户机的数据库服务器之间，数据库服务器包含所有的数据，进行数据的存储和检索；客户机主要是 Web 浏览器，负责与用户的交互；而应用程序服务器包含所有的应用程序逻辑，实现 Oracle 应用的系统功能。

在三层模式结构里，每个客户机不直接与数据库服务器相连，而是连接到应用程序服务器上，这样就可以通过增加应用程序服务器的数目来增加所支持客户机的数量。由于增加了应用程序服务器，数据库的多数会话都集中在应用程序服务器和数据库服务器之间进行，减少了数据库服务器和客户机之间的通信，网络流量也会由此大幅降低。

在 Oracle 应用的实施过程中，由于应用程序保存在应用程序服务器中，大多数升级都集中在应用程序服务器上，很明显这样将降低客户机的维护成本。

3.4.4　多线程服务器系统

Oracle 多线程服务器 MTS（Multithreader Server）允许对数据库进行多个连接以充分共享内存和资源，这使得可以用较少的内存来支持较多的用户。

连接到 Oracle 数据库的进程都需要占用一定的内存空间，这样如果有过多的进程连接到 Oracle，则出现了一个性能瓶颈。

Oracle10g 可以允许一万个以上用户同时连接到 Oracle，但并不是所有的用户都使用 MTS。目前的一些 4GL 工具并不支持 MTS，像 VB、PB 等不支持 MTS，像 VC/C++可以支持 MTS。Oracle 多线程服务器有自己的连接池（即共享服务器进程）。由于用户共享开放连接，这比原来的专用方法快得多（消除瓶颈）。

多线程对于一些专用的应用系统来说是非常合适的，如订单登记系统，顾客提交订单，录入员改订单的数据；另外的录入员在与顾客交涉，并不都在录入数据（专用服务器进程闲着）。但这些终端被迫与系统连着，占据了其他用户的资源。

多线程服务器则消除这些缺点。多线程服务器只维护一个连接池，当某个终端需和系统对话则给其分配一个连接即可。不需要则可以去掉。这样系统的资源被多个用户平摊。

改变参数文件中的相关参数来达到使系统成为多线程服务器配置（重新启动即可有效）。另外，数据库实例必须提供用户数目与所放置的一样才行。

3.4.5　并行数据库系统

数据库并行访问，即两个或两个以上用户同时访问同一数据，这也是数据库引擎如何设计和实现适度反应所面临的最大问题。设计优良、性能卓越的数据库引擎可以轻松地同时为成千上万的用户服务。而"底气不足"的数据库系统随着更多的用户同时访问系统将大大降低其性能。最糟糕的情况下甚至可能导致系统的崩溃。并行访问是任何数据库解决方案都最为重视的问题，为了解决并行访问方面的问题各类数据库系统提出了各种各样的方案。

并行访问出现问题存在若干种情况。在最简单的情形下，数量超过一个的用户可能同时查询同一数据。就这种情况而言数据库的操作目标很简单：尽可能地为用户们提供快速的数据访问。这对我们现在常见的数据库来说不成问题，它们当然能够一次处理多个请求。不过，在用户修改数据的情况下并行访问问题就变得复杂起来了。显然，数据库通常只允许惟一用户一次修改特定的数据。当某一用户开始修改某块数据时，Oracle 能很快地锁定数据，阻止其他用户对这块数据进行更新，直到修改该数据的第 1 位用户完成其操作并提交交易。

3.4.6　分布式数据库系统

分布式数据库系统指一个单独的数据库位于不同物理位置的主机上，如图 3.7 所示。不同的物理位置可以是相邻的办公室，也可以是地球的另一边。在一个分布式环境中，不同服务器上的数据库虽然在物理上是分开的，但在逻辑上却是一个整体，如银行系统的分布式数据库系统，通过网络连接在一起。网络中的每个节点可以独立处理本地数据库服务器中的数据，执行局部应用，同时也可存取和处理多个异地数据库服务器中的数据，执行全局应用。

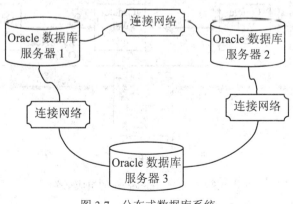

图 3.7　分布式数据库系统

分布式数据库系统具有以下特点：

（1）局部自治。本地机器上拥有数据，并能对数据进行维护和管理。局部操作完全保持本地性，即不影响其他节点上的操作，也无须依赖于其他节点。整个分布式数据库系统中，没有所谓的中央节点，所有节点都是平等的。每个节点都拥有自己的数据字典。

（2）分布式查询。用户可以在一个节点上查询另一个节点上的数据库。查询操作在存储数据的节点上执行。

（3）分布式事务处理。用户可以执行分布式更新、插入和删除操作，在分布式事务中，Oracle 的两阶段提交体制保证了数据的一致性。Oracle 的锁机制保证了数据的并发控制。

3.4.7 Oracle WebServer 系统

Oracle WebServer 是一个与 Oracle 紧密集成的 HTTP 服务器，能够由存储在 Oracle 数据库的数据建立动态 HTML 文件。当数据改变时，这些 HTML 文件也自动更新，而不需要站点管理员的参与。这种方法动态地实时地反映基于 Oracle 服务器的商务系统中的当前数据，而不是当今大多数站点上可见到的静态的或不变的数据显示。商务数据是存储在 Oracle 数据库中的。它在服务器中被格式化为 Web 文档，然后传输给 Web 客户机。所有数据只存储一次，依据 Web 上的使用需要而定期进行"快照"。

Oracle WebServer 的组成部分（如图 3.8 所示）如下：

- Oracle Web Listener：Oracle Web 监听程序接收使用任何浏览器的用户发出的请求。对于静态（基于文件的）页面请求被监听进程立即处理，其功能即是一个 HTTP 服务器。
- Oracle Web Agent：Oracle Web 代理处理来自用户的对于动态页面的请求。它将连接转向 Oracle7 Server，调用请求的过程，并将结果 HTML 文件返回浏览器。
- Oracle WebServer Developer's Toolkit：Oracle WebServer 开发者工具箱是一个帮助用户创建生成动态 HTML 文件的过程的集合。
- Oracle Server：Oracle Server 为关系型表的数据和所有用于创建 HTML 页面的程序逻辑提供存储。

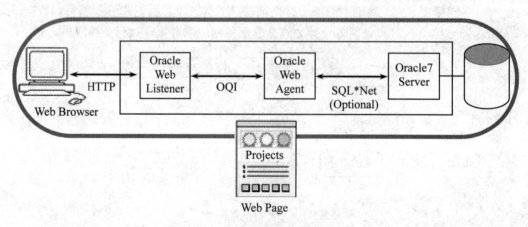

图 3.8　Oracle WebServer 的组成部分

本章小结

　　本章详细分析了 Oracle 的体系结构，从体系结构的角度分析与考察了 Oracle 数据库的组成、工作原理和工作过程。

　　存储结构包括表空间、段、区、数据块。物理结构中比较重要的三类文件是：控制文件、数据文件和日志文件。系统结构由内存结构、进程结构组成。常见的 Oracle 数据库应用架构有多磁盘系统、磁盘映像系统、客户服务器系统、多线程服务器系统、并行数据库系统、分布式数据库系统和 Oracle WebServer 系统。

习　　　题

1．简述 Oracle 数据库的存储结构。
2．Oracle 系统自动建立的默认表空间有哪些？
3．简述表空间、段、区间和数据块之间的关系。
4．Oracle 数据库的物理文件有哪些？
5．Oracle 的后台进程有哪些？
6．Oracle 数据库的常见应用架构有哪些？

第 4 章　用 SQL 语言访问数据库

本章学习目标

本章主要讲解用 SQL 语言访问数据库的各种操作方法，事务的概念，事务的管理技术。通过本章学习，读者应该掌握以下内容：

- 查询检索数据，插入、更新和删除表中行
- 事务的概念及事务管理

4.1　SQL 的概念

4.1.1　SQL 的特点和命令类型

SQL 语言对关系模型数据库理论的发展和商用 RDBMS（关系数据库管理系统）的研制、使用、推广等都起着极其重要的作用。它是介于关系代数和关系演算之间的一种语言。

SQL 语言具有如下特点：

- 综合统一：SQL 语言风格统一，可以独立完成数据库生命周期中的全部活动，包括创建数据库、定义关系模式、录入数据、删除数据、更新数据、数据库重构、数据库安全控制等一系列操作。这就为数据库应用系统的开发提供了良好的环境。
- 高度非过程化：用 SQL 语言进行数据操作，用户只需要提出"做什么"，而不需要指明"怎么做"。因此用户无须了解和解释存取路径等过程化的内容。存取路径和 SQL 语言的操作等过程化的内容全部由系统自动完成。这不但大大减轻了用户在程序实现上的负担，而且有利于提高数据的独立性。
- 面向集合的操作方式：SQL 语言采用集合的操作方式，不仅一次查找的结果可以是若干记录的集合，而且一次插入、删除、更改等操作的对象也可以是若干记录的集合。
- 同一种语法结构提供两种使用方式：SQL 语言既是自含式语言，又是嵌入式语言。作为自含式语言，它可以被用于联机交互时使用，用户可以在终端键盘上直接输入 SQL 命令，对数据库进行操作；作为嵌入式语言，SQL 语言可以被嵌入到宿主语言（C、COBOL、VB、PB 等）程序中，供编程使用。而在这两种不同的使用方式下，SQL 语言的语法结构基本上是一致的。
- 语言简洁、易学易用：SQL 是一种结构化的英语查询语言，学过之后就会发现，它的结构、语法、词汇等在本质上都是精确的、典型的英语结构、语法和词汇。这使得用户不需要任何编程经验就可以使用它，而且可以像专家一样做许多复杂的工作。

SQL 语言可以分成如下几类：

- 数据定义语言：用于定义、修改、删除数据库模式对象，进行权限管理等。包括 Create、

Drop、Alter。

- 数据操纵语言：用于查询、生成、修改、删除数据库中的数据。包括 Insert、Delete、Update、Select。
- 数据控制语言：用于改变与数据库用户相关联的权限。包括 Grant、Deny、Revoke。

4.1.2　应用程序的可移植性和 ANSI/ISO SQL 标准

创建于 1977 年的 Oracle 公司是第一家推出商用 SQL 关系数据库的公司，而 IBM 公司的第一个商用 SQL 关系数据库是在 1981 年推出的 SQL/DS。由于各个公司对 SQL 语言的不断修改、扩充、完善，使其最终发展成为关系数据库的标准语言。第一个 SQL 标准是 1986 年 10 月由 ANSI 颁布的。它是一个美国标准，即 SQL86。1987 年 ISO 将这个标准采纳为国际标准。后来，ISO 不断修改和完善 SQL 标准，并于 1989 年颁布了第二个 SQL 标准，即 SQL89。随后，ISO 在 1992 年颁布了 SQL92，即 SQL2。SQL 的标准化工作还在继续，正在酝酿的新标准是 SQL3。

自 SQL 成为国际标准以来，就使大多数数据库均采用 SQL 作为共同的数据存取语言和标准接口，使不同数据库系统之间的互操作有了共同的基础，为应用程序的可移植性奠定了基础，这个意义十分重大。因此，有人把确定 SQL 为关系数据库的标准语言及其后的发展称为一场革命。

4.1.3　Oracle 10g 中的 SQL 环境

PL/SQL 是 Oracle 的过程语言，由 SQL 扩充而来，它将 SQL 的简单和灵活与结构化程序语言的过程功能相结合，PL/SQL 代码可以集中存储在数据库中。

由于下面的原因，使用 PL/SQL，存储过程可以改善性能并优化内存用量：

- 应用程序和数据库之间的网络流量减少了。
- 过程的编译形式在数据库中已经存在，所以在执行过程中不再需要编译过程。
- 多位用户可以共享内存中的一份过程。

通过使用 PL/SQL，Oracle 10g 在性能方面有了重大改进。PL/SQL 编译器经过重新编写，为高效而持续地优化计算密集型 PL/SQL 程序提供了框架。新的编译器包括一个更成熟的代码生成器和一个可以充分改善大部分程序性能的全局代码优化器。其结果是提升了性能，尤其是计算密集型 PL/SQL 程序。对于一个单纯的 PL/SQL 程序来说，其性能比 Oracle 9i v2.0 超出大约两倍，而 PL/SQL 可执行代码的大小却缩减到 30%，动态堆栈大小缩减了近 70%。这些缩减全面改进了性能、可伸缩性和可靠性，因为 PL/SQL 程序的执行减少了内存的压力，从而改善了整个 Oracle 系统的性能。

PL/SQL 编译时，警告自动识别 PL/SQL 结构的合法性，这也是 Oracle 10g 有助于管理性能的新功能，但它可能导致运行时性能下降。

Oracle 10g 还去除了一些存在于 Oracle 9i 数据库中的 PL/SQL 本地执行的限制。PL/SQL 程序的本地执行提供了将 PL/SQL 模块编译到本地代码的功能，并提供了几项性能优势。首先，它消除了与解释字节代码相关的成本；其次，本地代码中的控制流程和异常处理要比在解释代码中快得多。结果是 PL/SQL 程序的执行速度大大提升了。

4.2 通过查询检索数据

4.2.1 查询结构

SQL 语句使用 SELECT 语句实现对数据表的任何查询，包括选择符合条件的行或列及其他操作等。常用的 SELECT 语法格式如下：

SELECT 字段 1,字段 2,……
FROM 表 1[,表 2]……
WHERE 查询条件
GROUP BY 分组字段 1[,分组字段 2]…… HAVING 分组条件
ORDER BY 列 1[,列 2]……

其中，SELECT 表示要选取的字段，FROM 表示从哪个表查询，可以是多个表（或视图），WHERE 指查询条件，GROUP BY 用于分组查询，HAVING 指分组条件，ORDER BY 用于对查询结果进行排序。

4.2.2 建立基本查询

本章使用数据库 SCOTT 中的 DEPT 和 EMP 两张表。

查询 DEPT 表中的所有数据。

SQL> SELECT *FROM SCOTT.DEPT;

执行结果为：

DEPTNO	DNAME	LOC
10	ACCOUNTING	NEW YORK
20	RESEARCH	DALLAS
30	SALES	CHICAGO
40	OPERATIONS	BOSTON

其中，"*"表示查询表中的所有字段。

查询 EMP 表的雇员编号、雇员姓名和工资信息。

SQL> SELECT EMPNO,ENAME,SAL FROM SCOTT.EMP;

执行结果为：

EMPNO	ENAME	SAL
7369	SMITH	800
7499	ALLEN	1600
7521	WARD	1250
7566	JONES	2975
7654	MARTIN	1250
7698	BLAKE	2850

7782	CLARK	2450
7788	SCOTT	3000
7839	KING	5000
7844	TURNER	1500
7876	ADAMS	1100
7900	JAMES	950
7902	FORD	3000
7934	MILLER	1300

已选择 14 行。

本例只对 EMP 表中的部分字段进行查询。

查询 EMP 表中的工作种类（Job），去掉重复的记录。

SQL> SELECT DISTINCT JOB FROM SCOTT EMP;

执行结果为：

```
JOB
---------
ANALYST
CLERK
MANAGER
PRESIDENT
SALESMAN
```

其中，DISTINCT 关键字用于去掉重复记录，与之相对应的 ALL 关键字将保留全部记录，默认为 ALL 关键字。

4.2.3　在查询的 SELECT 子句中建立表达式

可以在查询列中使用表达式来连接字符串（使用||连接字符串）、改变显示的格式（如使用函数 TO_CHAR 或用 AS 定义列别名）、计算显示的数据（如使用+，-，*，/）等。

查询 DEPTNO 以及 DNAME，要求将 DNAME 这个字段名换成"部门名称"。

SQL> SELECT DEPTNO,DNAME AS 部门名称 FROM DEPT;

执行结果为：

```
    DEPTNO    部门名称
---------------- --------------
    10      ACCOUNTING
    20      RESEARCH
    30      SALES
    40      OPERATIONS
```

可以用 AS 连接字段和别名。

查询雇员工资涨了 300 之后雇员信息，包括名字、职务、雇佣时间和新工资

比如：　　　雇员　　　　新工资

　　　张三 是 经理　　　3000

SQL> SELECT ENAME||' 是 '||JOB as 雇员,sal+300 as 新工资

FROM EMP;

执行结果为：

雇员	新工资
SMITH 是 CLERK	1100
ALLEN 是 SALESMAN	1900
WARD 是 SALESMAN	1550
JONES 是 MANAGER	3275
MARTIN 是 SALESMAN	1550
BLAKE 是 MANAGER	3150
CLARK 是 MANAGER	2750
SCOTT 是 ANALYST	3300
KING 是 PRESIDENT	5300
TURNER 是 SALESMAN	1800
ADAMS 是 CLERK	1400
JAMES 是 CLERK	1250
FORD 是 ANALYST	3300
MILLER 是 CLERK	1600

已选择 14 行。

4.2.4 从表中检索特定行

如果不需要查询出所有的行，只想查询满足某些条件的行，则可以使用 WHERE 子句来进行条件限制。如果条件表达式为 TRUE，则查询出该行，否则不查询出该行。可以在 WHERE 子句中使用列名或表达式，但不能使用列别名。

查询雇员姓名（ENAME）为"BLAKE"的雇员编号、姓名、工作和雇佣日期。

SQL> SELECT EMPNO,ENAME,JOB,HIREDATE FROM SCOTT.EMP

WHERE ENAME='BLAKE';

执行结果为：

EMPNO	ENAME	JOB	HIREDATE
7698	BLAKE	MANAGER	01-5 月-81

其中，WHERE 关键字用来指定查询条件。

查询 EMP 表中雇员姓名以"S"开头的雇员姓名。

SQL> SELECT ENAME FROM SCOTT.EMP

WHERE ENAME LIKE 'S%';

执行结果为：

ENAME

SMITH

SCOTT

表 4.1 列举了一些常用的查询条件运算符。

表 4.1　常用的查询条件运算符

名称	说明
=, >, <, !=, >=, <=	比较运算符。分别是等于、大于、小于、不等于、大于等于、小于等于
in, not in	是否在数据集合中
between a and b, not between a and b	是否在 a 和 b 之间，包括 a 和 b
like, not like	是否与查询字段模式匹配，%表示任意长度的字符串，_下划线表示一个长度的字符串
is null, is not null	是否为空
all	满足子查询中所有值的记录
any	满足任意查询条件为真的记录
exists	总存在一个值满足条件
some	满足集合中的某个值

4.2.5　分组和排序查询结果集的数据

在开发数据库应用程序时，往往需要将数据进行分组，以便对各个组的数据进行统计。在关系数据库中，数据分组是通过在 SELECT 语句中加入 GROUP BY 子句、组处理函数和 HAVING 子句共同完成的。其基本语法是：

SELECT　字段 1,字段 2……

WHERE　条件表达式

GROUP BY　分组表达式

HAVING　分组条件表达式

ORDER BY　字段（ASC|DESC）

查询 EMP 表中的雇员清单，并对姓名按字母升序排列。

SQL> SELECT ENAME FROM SCOTT.EMP ORDER BY ENAME ASC;

执行结果为：

ENAME

ADAMS

ALLEN

BLAKE

CLARK

FORD

JAMES

JONES

KING

MARTIN

MILLER

SCOTT

SMITH

TURNER

WARD

已选择 14 行。

ORDER BY 关键字实现对查询结果排序，ASC 选项按升序排列，DESC 选项按降序排列，默认是升序排列。

按照工作种类（JOB）分组统计 EMP 表中各部门的员工人数。

SQL> SELECT JOB,COUNT(*) FROM SCOTT.EMP GROUP BY JOB;

执行结果为：

```
JOB                  COUNT(*)
-------------------- ----------------
ANALYST              2
CLERK                4
MANAGER              3
PRESIDENT            1
SALESMAN             4
```

其中，COUNT 函数用来统计符合条件的记录行数。GROUP BY 语句还可以使用 HAVING 子句来检查分组的各组记录是否满足条件。相对于 WHERE 语句而言，HAVING 只能配合 GROUP BY 语句使用，而 WHERE 语句则可检查每条记录是否符合指定的条件。

4.2.6　连接相关表中的数据

多表查询指从多个有关联的表中查询数据，其基本语法与单表查询类似。一般来说，多表查询的表要用等值连接联系起来，如果没有连接，则查询结果是这多个查询表的笛卡儿积。

用来建立两表之间关系的最简单的运算符是等号（=）。这种类型的连接把来自两个表的在指定列中具有相等值的行连接起来。

查询雇员姓名和所在部门名称。

SQL> SELECT ENAME,DNAME FROM SCOTT.EMP A,SCOTT.DEPT B

      WHERE A.DEPTNO=B.DEPTNO;

执行结果为：

```
ENAME           DNAME
--------------- --------------
SMITH           RESEARCH
ALLEN           SALES
WARD            SALES
```

JONES	RESEARCH
MARTIN	SALES
BLAKE	SALES
CLARK	ACCOUNTING
SCOTT	RESEARCH
KING	ACCOUNTING
TURNER	SALES
ADAMS	RESEARCH
JAMES	SALES
FORD	RESEARCH
MILLER	ACCOUNTING

已选择 14 行。

查询 SALES 部门的雇员姓名。

SQL> SELECT ENAME FROM SCOTT.EMP A,SCOTT.DEPT B
　　　WHERE A.DEPTNO=B.DEPTNO AND B.DNAME='SALES';

执行结果为：

ENAME

ALLEN

WARD

MARTIN

BLAKE

TURNER

JAMES

已选择 6 行。

4.3　插入、更新和删除表中行

1. 使用 INSERT 语句插入数据

SQL 语句用 INSERT 语句在数据表中插入数据。INSERT 语句的语法一般有如下两种：

INSERT INTO 表名 [字段 1,字段 2,…] VALUES(值 1,值 2…);

INSERT INTO 表名 [字段 1,字段 2,…] SELECT(字段 1,字段 2,…)

FROM 其他表名;

其中，INSERT INTO 指明要插入的表以及表中的字段，VALUES 指明要插入相应字段的值。第一条 INSERT 语句用于向数据表中插入单条记录，第二条 INSERT 语句用于把从其他表中查询出来的数据插入到当前表中，用于多条记录的插入。无论是哪一种用法，都应该注意要插入的值与要插入的字段相互对应。

在 EMP 表中插入一条记录。

SQL> INSERT INTO SCOTT.EMP

VALUES(7700,'JOHN','ANALYS',7902,'1981-8-9',2500,'0',20);

执行结果为：

已创建 1 行。

要注意在 VALUES 字句中插入数据与数据表中的字段顺序相对应。因为要对 EMP 表中所有字段都插入数据，故可在 EMP 表名称后面省略字段列表。

如果只对 EMP 表中的部分字段插入数据，则需在表名称后面添加相应的字段，VALUES 子句中的数据也要保持一致。

在 EMP 表中部分字段插入数据。

SQL> INSERT INTO SCOTT.EMP (EMPNO,ENAME,JOB)
     VALUES(7100,'MARY','ANALYS');

新建 NEWEMP 表，使之与 EMP 表具有相同的结构，并将 EMP 表中数据插入到 NEWEMP 表中。

SQL> CREATE TABLE SCOTT.NEWEMP
     (EMPNO NUMBER(5,0) NOT NULL,
     ENAME VARCHAR2(10),
     JOB   VARCHAR2(9),
     MGR   NUMBER(5,0),
     HIREDATE DATE,
     SAL   NUMBER(7,2),
     COMM   NUMBER(7,2),
     DEPTNO NUMBER(2,0)
     );

执行结果为：

表已创建。

然后执行下面的 INSERT 语句，将会把 EMP 表中所有数据插入到新表 NEWEMP。

SQL> INSERT INTO SCOTT.NEWEMP SELECT * FROM SCOTT.EMP;

执行结果为：

已创建 16 行。

2. 使用 UPDATE 语句更新数据

SQL 使用 UPDATE 语句对数据表中的符合更新条件的记录进行更新。UPDATE 语句的一般语法如下：

UPDATE 表名 SET 字段1=值1 [,字段2=值2]…WHERE 条件表达式

其中，表名指定要更新的表，SET 指定要更新的字段及其相应的值，WHERE 指定更新条件，如果没有指定更新条件，则对表中所有记录进行更新。

为雇员 BLAKE 加薪 10%。

SQL> UPDATE SCOTT.EMP SET SAL=SAL*1.1 WHERE ENAME='BLAKE';

执行结果为：

已更新 1 行。

为 EMP 表中的所有雇员加薪 10%。

SQL> UPDATE SCOTT.EMP SET SAL=SAL*1.1;

执行结果为：

已更新 16 行。

3．使用 DELETE 语句删除数据

SQL 语言使用 DELETE 语句删除数据表中的记录，语法格式如下：

DELETE FROM　表名　[WHERE　条件];

其中，FROM 指定要删除数据的表，WHERE 指定要删除数据的条件。如果没有 WHERE 字句，则删除表中的所有记录。值得注意的，使用 DELETE 语句删除表中数据时，并不能释放被占用的数据块空间，它只是把那些被删除的数据块标记为 Unused，将来还可以使用回退（Rollback）操作。

删除 NEWEMP 表中的雇员姓名为 MARY 的记录。

SQL> DELETE FROM SCOTT.EMP WHERE ENAME='MARY';

执行结果为：

已删除　1　行。

删除 NEWEMP 表中所有的记录。

SQL> DELETE FROM SCOTT.EMP;

执行结果为：

已删除 15 行。

SQL 语言还可以使用 TRUNCATE 语句全部清空表中的数据但保留表结构。语法格式如下：

TRUNCATE TABLE　表名;

使用 TRUNCATE 语句删除表中的数据可以释放掉那些占用的数据块，不能进行回退操作，因此进行此操作时一定要慎重。

删除 NEWEMP 表中所有的记录。

SQL> TRUNCATE TABLE SCOTT.EMP;

执行结果为：

表已截断。

如再执行下面的语句，可以看到表中的数据已全部被清空。

SQL> SELECT * FROM SCOTT.EMP;

执行结果为：

未选定行。

4.4　提交和回退事务

事务（Transaction）是由一系列相关的 SQL 语句组成的最小逻辑工作单元。Oracle 系统以事务为单位来处理数据，用以保证数据的一致性。对于事务中的每一个操作要么全部完成，要么全部不执行。如果数据库发生例程故障造成正在执行事务的不一致，重新启动数据库服务器时，Oracle 系统会自动恢复事务的一致性。

事务控制的命令有以下几种：提交（COMMIT）事务、设置保留点（SAVEPOINT）、回滚（ROLLBACK）事务、设置（SET）事务。

1．提交事务

在对数据库发出 DML 操作时，只有当事务提交到数据库才确保操作完成。在事务提交前所作的修改只有操作者本人可以查看操作结果，其他用户只有在事务提交后才能够看到。

提交事务有以下 3 种类型。

（1）自动提交。设置 AUTOCOMMIT 为 ON 时，自动提交事务。使用的语句如下：

SQL> SET AUTOCOMMIT ON;

如果取消自动提交事务，使用语句：

SQL> SET AUTOCOMMIT OFF;

因为 Oracle 系统维护自动提交所消耗的系统资源较多，建议取消自动提交功能。

（2）显示提交。使用 COMMIT 命令显示提交事务。使用的语句如下：

SQL> COMMIT;

（3）隐式提交。指通过执行一些 SQL 命令间接提交事务。这些 SQL 命令包括 ALTER、AUDIT、CONNECT、CREATE、DISCONNECT、DROP、EXIT、GRANT、NOAUDIT、QUIT、REVOKE、RENAME 等。

2．设置保留点

保留点是设置在事务中的标记，把一个较长的事务划分为若干个短事务。通过设置保留点，在事务需要回滚操作时，可以只回滚到某个保留点。

设置保留点的语法如下：

SAVAPOINT 保留点名;

如下面的语句设置保留点 SP1：

SQL> SAVEPOINT SP1;

3．回滚事务

有时用户在事务提交前取消所作的修改或由于系统故障等原因，Oracle 系统将恢复到执行事务执行前的一致性状态，这称为回滚事务。Oracle 系统允许回滚整个事务，也可以只回滚到某个保留点，但不能回滚已经被提交的事务。回滚到某个保留点的事务将撤销保留点之后的所有修改，而保留点之前的所有操作不受影响。同时，Oracle 系统还删除该保留点之后的所有保留点，而该保留点还保留，以便多次回滚到同一保留点。

如下面的语句将回滚整个事务：

SQL> ROLLBACK;

下面的语句将回滚到指定的保留点 SP1：

SQL> ROLLBACK SP1;

4.5　事务处理设计

4.5.1　工作单元

事务是作为一个逻辑单元执行的一系列操作，一个逻辑工作单元必须有 4 个属性，称为 ACID（原子性、一致性、隔离性和持久性）属性，只有这样才能成为一个事务：

- 原子性：事务必须是原子工作单元；对于其数据修改，要么全都执行，要么全都不执行。

- 一致性：事务在完成时，必须使所有的数据都保持一致状态。在相关数据库中，所有规则都必须应用于事务的修改，以保持所有数据的完整性。事务结束时，所有的内部数据结构（如 B 树索引或双向链表）都必须是正确的。
- 隔离性：由并发事务所作的修改必须与任何其他并发事务所作的修改隔离。事务查看数据时数据所处的状态，要么是另一并发事务修改它之前的状态，要么是另一事务修改它之后的状态，事务不会查看中间状态的数据。这称为可串行性，因为它能够重新装载起始数据，并且重播一系列事务，以使数据结束时的状态与原始事务执行的状态相同。
- 持久性：事务完成之后，它对于系统的影响是永久性的。该修改即使出现系统故障也将一直保持。

设置事务实际上是对即将开始的事务的性质进行一种控制。

4.5.2　读写事务处理

SET TRANSACTION 命令为当前事务设置特性。它对后面的事务没有影响。SET SESSION CHARACTERISTICS 为一个会话中的每个事务设置缺省的隔离级别。SET TRANSACTION 可以为一个独立的事务覆盖上面的设置。

可用的事务特性是事务隔离级别和事务访问模式（读/写或只读）。

下面介绍 Oracle 的隔离级别。Oracle 提供了 SQL92 标准中的 read committed 和 serializable，同时提供了非 SQL92 标准的 read-only。

- read committed：这是 Oracle 缺省的事务隔离级别。事务中的每一条语句都遵从语句级的读一致性。保证不会脏读（当一个事务读取另一个事务尚未提交的修改时，产生脏读）；但可能出现非重复读（同一查询在同一事务中多次进行，由于其他提交事务所做的修改或删除，每次返回不同的结果集，此时发生非重复读）和幻像（同一查询在同一事务中多次进行，由于其他提交事务所做的插入操作，每次返回不同的结果集，此时产生幻像）。
- serializable：简单地说，serializable 就是使事务看起来像是一个接着一个顺序地执行。仅仅能看见在本事务开始前由其他事务提交的更改和在本事务中所做的更改。保证不会出现重复读和幻像。serializable 隔离级别提供了 read-only 事务所提供的读一致性（事务级的读一致性），同时又允许 DML 操作。

如果有在 serializable 事务开始时未提交的事务在 serializable 事务结束之前修改了 serializable 事务将要修改的行并进行了提交，则 serializable 事务不会读到这些变更，因此发生无法序列化访问的错误（换一种解释方法：只要在 serializable 事务开始到结束之间有其他事务对 serializable 事务要修改的东西进行了修改并提交了修改，则发生无法序列化访问的错误）。

关于 SET TRANSACTION READ WRITE（读写事务）：read write 和 read committed 应该是一样的。在读方面，它们都避免了脏读，但都无法实现重复读。虽然没有文档说明，read write 在写方面与 read committed 一致，但显然它在写的时候会加排他锁以避免更新丢失。在加锁的过程中，如果遇到待锁定资源无法锁定，应该是等待而不是放弃。这与 read committed 一致。

4.5.3　只读事务处理

在只读事务处理中不允许执行 DML 语句更改数据，因此只读事务只能使用下列语句：

SELECT（不包括 FOR UPDATE 字句）

LOCK TABLE

SET ROLE

ALTER SYSTEM

ALTER SESSION

本例显示了在一个设置为只读事务的事务中，任何执行 DML 语句更改数据的企图都会被提示错误；SET TRANSACTION 必须是事务处理的第一个语句；为了结束只读事务，必须运行一条 COMMIT 或 ROLLBACK 语句。

SQL> SET TRANSACTION READ ONLY;

事务处理集。

SQL> INSERT INTO SCOTT.EMP(empno,ename,job,hiredate)

　　　　VALUES (1234,'jack','clerk','29-4 月-60');

执行结果为：

INSERT INTO SCOTT.EMP(empno,ename,job,hiredate)

　　　　　　　　　　　*

第 1 行出现错误：

ORA-01456: 不能在 READ ONLY 事务处理中执行插入/删除/更新操作

SQL> SET TRANSACTION READ ONLY;

执行结果为：

SET TRANSACTION READ ONLY

　　　　　　　*

第 1 行出现错误：

ORA-01453: SET TRANSACTION 必须是事务处理的第一个语句

SQL> COMMIT;

执行结果为：

提交完成。

本章小结

SQL 语言是一种结构化非过程的语言，是一种在关系数据库中定义和操纵数据的标准语言。它是用户与数据库之间进行交流的接口，并且易学易用。

本章首先介绍了 SQL 语言的特点、分类，然后着重介绍了如何使用 SQL 语言进行数据的查询，包括基本查询、使用表达式、分组和排序、表连接等，并使用大量的实例说明各种查询操作；接着描述了插入数据、更改数据、删除数据等数据维护操作。在事务控制方面，介绍了事务的概念及事务管理。

只有学会了 SQL 语言才能操作和管理数据库，才能在开发数据库应用程序时，在过程化的高级语言中编写嵌入式的 SQL 语句，所以本章是后续学习使用 Oracle 10g 的基础。

实训 2　用 SQL 语言访问数据库

1. 目标

完成本实验后，将掌握以下内容：使用 SQL 语言进行数据的查询，包括基本查询、使用表达式、分组和排序、表连接

2. 准备工作

在进行本实验前，必须先建立图书管理数据库。如果还没有创建这个数据库，请先通过执行练习前创建数据库的脚本（实训\Ch4\实训练习\建立实训环境.sql）创建数据库到数据库管理系统中。

3. 场景

学校进行图书的借阅管理，通过 student 数据库实现，需要用到如表 4.2 至表 4.4 所示的 3 张数据表。

表 4.2　Borrow 表

字段	类型	可否为空	备注
Bcard	char (20)	NOT NULL	借书卡号
Bname	nvarchar2 (10)	NULL	姓名
Bclass	nvarchar2 (10)	NULL	班级
Bdpt	nvarchar2 (10)	NULL	系

主键：PK_BCARD：Bcard

表 4.3　Book 表

字段	类型	可否为空	备注
Bbook	char (20)	NOT NULL	书号
Bbname	nvarchar2 (10)	NOT NULL	书名
Bauth	nvarchar2 (10)	NULL	作者
Bprice	money	NULL	单价
Bnum	float	NULL	库存量

主键：PK_BBOOK：Bbook

表 4.4　Record 表

字段	类型	可否为空	备注
Rcard	char (20)	NOT NULL	借书卡号
Rbook	char (20)	NOT NULL	书号
Rdate	date	NULL	班级

主键：PK_RECORD：Rcard, Rbook

外键：FK_CARD：Rcard

　　　FK_BOOK：Rbook

4. 实验预估时间：45 分钟

练习 1 找出借书超过 5 本的读者，输出借书卡号及所借图书册数。

实验步骤：

（1）打开 SQL*Plus，连接到数据库实例 student。

（2）在 SQL*Plus 中输入以下语句，实现查询借书超过 5 本的读者的借书卡号及所借图书册数。

```
SQL>Select Rcard, count(*) as 借阅数
    From Record
    Group by Rcard
    Having count(*)>5;
```

练习 2 查询借阅了"水浒"一书的读者，输出姓名及班级。

实验步骤：

（1）打开 SQL*Plus，连接到数据库实例 student。

（2）在 SQL*Plus 中输入以下语句，实现查询借阅了"水浒"一书的读者的姓名及班级。

```
SQL> Select A.Bname,A.Bclass
    From Borrow A, Book B,Record C
    Where A.Bcard=C.Rcard and B.Bbook=C.Rbook and B.Bbname='水浒';
```

练习 3 查询过期未还图书，输出借阅者卡号、书名及作者。

实验步骤：

（1）打开 SQL*Plus，连接到数据库实例 student。

（2）在 SQL*Plus 中输入以下语句，实现查询出过期未还的图书，显示借阅者卡号、书名及作者。

```
SQL> Select Rcard,Bbname,Bauth
    From Record C,Book B
    Where C.Rbook=B.Bbook and current_date>Rdate;
```

练习 4 查询书名包括"网络"关键词的图书，输出书号、书名、作者。

实验步骤：

（1）打开 SQL*Plus，连接到数据库实例 student。

（2）在"SQL*Plus"中输入以下语句，实现查询出书名包括"网络"关键词的图书，显示其书号、书名、作者。

```
SQL> Select Bbook,Bbname,Bauth
    From Book
    Where Bname like '%网络%';
```

练习 5 从 Book 表中删除当前无人借阅的图书记录。

实验步骤：

（1）打开 SQL*Plus，连接到数据库实例 student。

（2）在 SQL*Plus 中输入以下语句，实现将图书表中当前无人借阅的图书记录删除。

```
SQL> Delete From Book
    Where Bbook not in (select B.Bbook From Book B,Record C Where B.Bbook=C.Rbook);
```

习 题

1. 简述 SQL 语言的特点。
2. 列举数据定义、数据操作、数据控制语言的主要关键词。
3. 什么是事务？
4. 什么是保留点？
5. 事务控制命令有哪些？
6. 事务提交有几种类型？

第 5 章　SQL *Plus 基础

本章学习目标

本章主要讲解用于执行大多数 SQL 命令和 PL/SQL 语句的工具 SQL *Plus，讲述应用 SQL *Plus 来启动与关闭数据库，并描述 SQL *Plus 进行编辑命令的方法以及生成报表的功能。通过本章学习，读者应该掌握以下内容：

- 了解 SQL *Plus
- 启动及关闭 Oracle 10g 实例
- 在 SQL *Plus 中编辑命令
- 在 SQL *Plus 中生成报表

5.1　SQL *Plus 概述

SQL *Plus 是一种工具，它可以识别和执行各种 PL/SQL 语句，是最常应用的人机交互工具之一。SQL *Plus 具有以下一些特点：

- 可以描述表的结构。
- 可以编辑输入的 PL/SQL 语句。
- 可以执行输入的各种 PL/SQL 语句。
- 可以把 PL/SQL 语句保存在文件中。
- 可以执行保存在文件中的各种 PL/SQL 语句。
- 可以执行各种查询数据字典和查询命令，以管理 Oracle 实例。

在 Oracle 10g 中，提供了多种形式的 SQL *Plus 工具，其中包括：

- 控制台 SQL *Plus。
- 图形化界面的 SQL *Plus。
- 浏览器形式的 iSQL *Plus。

这 3 种形式的 SQL *Plus 各有特点，其中由于控制台 SQL *Plus 应用方便灵活而最常应用，控制台 SQL *Plus 也是本章示例时的具体工具，其余各种 SQL *Plus 应用方法基本一致，有关 SQL *Plus 的高级应用请参看其他资料。

1. 登录到 SQL *Plus

在使用 SQL *Plus 之前，必须登录到 SQL *Plus 中。各种形式的 SQL *Plus 工具登录方式如下：

（1）登录到控制台 SQL *Plus。

1）单击"开始"→"运行(R)..."。

2）在弹出的控制台中输入命令 sqlplus。

3）登录窗口显示要求输入用户名，此时输入登录的用户，如 system，如果想登录成 SYS 账号，则用 system as sysdba 为用户名。

4）接着登录窗口显示要求输入口令，此时输入登录用户对应的口令，此口令在安装 Oracle 系统时被指定，注意，此时登录窗口不会显示用户的输入，这种方式可以确保密码的安全性。

5）如果用户名和密码有效，则控制台显示登录成功，并且系统提示符自动变成 "SQL>"，等待用户输入命令、SQL 语句或 PL/SQL 命令。

在登录过程中，也可以直接输入一条登录指令完成，即在控制台窗口中输入：

sqlplus "system/password as sysdba"

登录命令的格式为：sqlplus "登录用户名/密码 as sysdba"，此时用户登录后即应用 sysdba 身份，但登录的用户必须具有 sysdba 权限。此种方式的缺点是密码以明文的方式显示在控制台窗口中，不利于密码的安全性，所以不推荐使用。

注意，命令中不能省略英文双引号。

（2）登录到图形化界面的 SQL *Plus。

1）单击 "开始" → "所有程序" → Oracle-OraDb10g_home1 → "应用程序开发" → SQL Plus 命令，即弹出如图 5.1 所示的 "登录" 对话框。

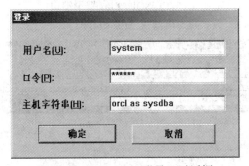

图 5.1　SQL *Plus "登录" 对话框

2）在 "登录" 对话框中输入相应的登录信息，包括用户名、口令以及主机字符串。注意，主机字符串是指登录的 Oracle 数据库的 SID，如果想登录的是 SYS 账号，就必须在主机字符串中使用 as sysdba。

3）最后，单击 "确定" 按钮，即可登录到 SQL *Plus 环境中，并执行各种 PL/SQL 语句及查询指令。

（3）登录到 iSQL *Plus。

1）打开浏览器，在地址栏中输入 Oracle 10g 数据库中 iSQL *Plus 的访问 URL：

http://oracle10gr2:5560/isqlplus/

其中 URL 的格式为：http://Oracle10g 所在服务器名称或 IP 地址:端口/isqlplus，其中端口值为在安装时确定，并在安装完成的提示信息窗口中可以直接看到。

2）浏览器导航到 iSQL *Plus 的登录地址如图 5.2 所示。

3）在登录窗口中输入对应的登录信息，包括用户名、口令和连接标识符，连接标识符是必须用登录的 Oracle 数据库的 SID。最后单击 "登录" 按钮，如果登录信息有效则浏览器重定向到 iSQL *Plus 命令窗口，如图 5.3 所示，在工作区中即可输入各种指令并执行。

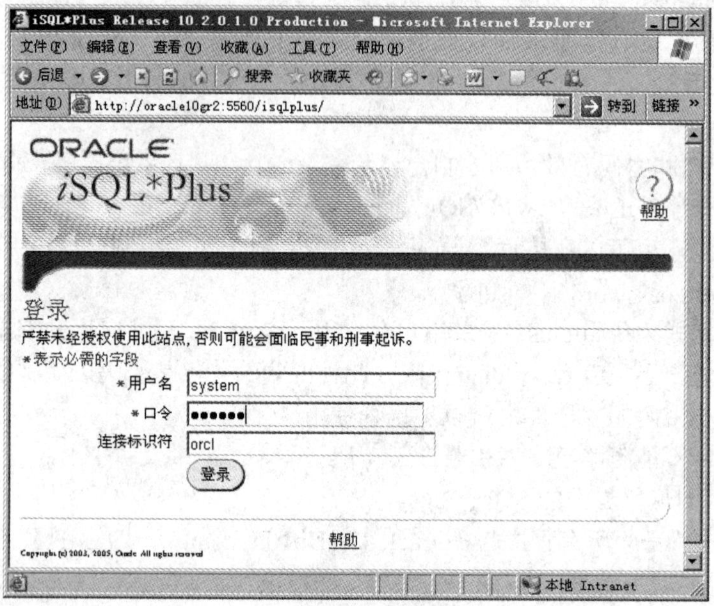

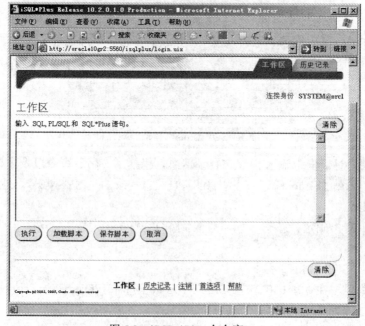

图 5.2   iSQL *Plus 登录窗口

图 5.3   iSQL *Plus 命令窗口

2. SQL *Plus 命令

登录 SQL *Plus 之后，可以执行各种命令，在命令提示符中输入 help index 命令可以列出 SQL *Plus 中可以使用的语句，在 SQL *Plus 中，命令的大小写并不敏感。

SQL *Plus 常用的命令如表 5.1 所示，其中各种命令可以直接使用缩写形式来调用。

表 5.1　SQL *Plus 常用命令

命令（缩写）	说明
Accept（Acc）	读取整行数据关存储在给定的一个变量中
@	执行指定的脚本（如文件）中的 SQL *Plus 语句
Clear（Cl）	清除缓冲或屏幕内容
Connect（Conn）	连接到数据库
Disconnect（Disc）	断开到数据库的连接
Describe（Desc）	显示表、视图或同义词等 Oracle 对象的列定义信息
Edit（Ed）	打开文本编辑器
Host（Hos）	执行主机命令，如 Host mkdir c:\tempdir
Pause（Pau）	输出一行信息，并等待用户输入回车
Prompt（Pro）	输出提示信息到用户屏幕
Set	设置 SQL *Plus 系统变量值和环境变量值
Show（Sho）	显示 SQL *Plus 系统变量或当前环境变量参数值
Startup	启动数据库实例
Spool（Spo）	捕获查询结果并存储到一个文件中
Shutdown	关闭数据库实例
Exit/Quit	退出 SQL *Plus

　　部分具体命令将在本章的后续内容中讲解，有关各命令的详细说明，请参考 Oracle 文档，不同版本可能有所差别。

　　在 SQL *Plus 中环境参数有很多，在图形化界面 SQL *Plus 中用户可以通过菜单"选项"→"环境"打开如图 5.4 所示的设置对话框设置参数，在控制台 SQL *Plus 中可以通过 SET 命令设置参数。

图 5.4　设置 SQL *Plus 环境参数

3. SQL *Plus 环境参数

　　为方便用户设置环境参数，可以在 Oracle 的系统路径中修改 Oracle 的启动脚本文件：$ORACLE_HOME/sqlplus/admin/glogin.sql，添加控制用户环境参数的语句，每次登录后，自动运行此脚本，设置好环境参数。SQL *Plus 的环境参数意义请参考 Oracle 文档，不同版本可能有所差别。

    注意：修改此启动脚本前，请备份此启动脚本文件。

    可在启动脚本中添加以下语句：

```
SET serveroutput ON SIZE 1000000
SET trimspool ON
SET LONG 5000
SET linesize 60
SET pagesize 9999
COLUMN plan_plus_exp format a80
COLUMN GLOBAL_NAME new_value gname
SET termout OFF
SET sqlblanklines ON
DEFINE gname=idle
COLUMN GLOBAL_NAME new_value gname
SELECT lower(USER) || '@' || substr( GLOBAL_NAME, 1, decode( dot, 0,
    LENGTH(GLOBAL_NAME), dot-1) ) GLOBAL_NAME
  FROM (SELECT GLOBAL_NAME, instr(GLOBAL_NAME,'.') dot
  FROM GLOBAL_NAME );
SET sqlprompt '&gname> '
SET termout ON
```

    此脚本文件可以从本书的附带实训资料的第 5 章（实训\Ch5\）中找到 login.sql 文件，把此文件中的内容添加到$ORACLE_HOME/sqlplus/admin/glogin.sql 最后即可，也可以在 SQL *Plus 中执行此脚本来设置用户环境参数。

5.2　实例的启动与关闭

    在 SQL *Plus 中可以控制 Oracle 数据库实例的启动和关闭，启动数据库实例可以通过 STARTUP 命令实现，关闭数据库实例可以通过 SHUTDOWN 命令实现。

    1.　正常启动数据库实例

    最简单的启动数据库实例的命令如下所示：

```
sys@ORCL> startup
ORA-01081: 无法启动已在运行的 ORACLE - 请首先关闭它
```

    由于 orcl 实例已经启动了，所以再次直接运行 startup 命令则得到错误提示。如果在数据库关闭的情况下执行正常启动数据库实例，则执行后的提示信息为：

```
sys@ORCL> startup mount
ORACLE 例程已经启动。

Total System Global Area        612368384 bytes
Fixed Size                        1250452 bytes
Variable Size                   205523820 bytes
```

| Database Buffers | 402653184 bytes |
| Redo Buffers | 2940928 bytes |

数据库装载完毕。

数据库已经打开。

在 SQL *Plus 中直接运行 startup 命令时将要启动的数据库实例是由登录时指定的 SID 确定的。

2. 不打开数据文件的启动方式

startup 命令执行后，将完成数据库启动的 3 个环节，首先启动数据库实例，紧接着打开控制文件，并且还将打开数据文件，整个数据库实例完全启动。但有些情况下，由于功能的要求，如修改实例的归档方式时，就不能加载数据文件，此时可以通过在 startup 命令中添加 mount 参数，控制数据库实例在启动过程中只打开控制文件，而不打开数据文件。

在 SQL *Plus 中输入：startup mount

sys@ORCL> startup mount

ORACLE 例程已经启动。

Total System Global Area	612368384 bytes
Fixed Size	1250452 bytes
Variable Size	205523820 bytes
Database Buffers	402653184 bytes
Redo Buffers	2940928 bytes

数据库装载完毕。

3. 不打开控制文件的启动方式

当控制文件中有文件丢失或出错时，数据库实例在启动时不能正确打开控制文件，此时，只能用不打开控制文件的方式启动数据库实例，以便于在启动数据库实例后重新创建控制文件。

要使用不打开控制文件的方式启动数据库实例，只要在 startup 命令后加上 nomount 参数即可。

sys@ORCL> startup nomount

ORACLE 例程已经启动。

Total System Global Area	612368384 bytes
Fixed Size	1250452 bytes
Variable Size	205523820 bytes
Database Buffers	402653184 bytes
Redo Buffers	2940928 bytes

在提示信息中看不到数据库装载完毕的内容。

4. 正常关闭数据库实例

关闭数据库实例在 SQL *Plus 中通过执行 shutdown 命令来实现，但关闭数据库实例有多种方式，主要通过控制 shutdown 命令的参数完成。

sys@ORCL>shutdown

数据库已经关闭。

已经卸载数据库。

ORACLE 例程已经关闭。

但是，这种正常关闭数据库的方式，只有在所有的数据库连接全部断开后，才会开始关闭数据库，只要有空闲用户长时间没有断开连接，那么关闭数据库的命令发出后，也会长时间不能关闭数据库实例，所以正常关闭数据库实例的方式很少使用。

5. 立即关闭数据库实例

在实际工作中，最常用的关闭参数是 immediate，此种方式也是 Oracle 最为推荐的方式。

sys@ORCL>shutdown immediate

数据库已经关闭。

已经卸载数据库。

ORACLE 例程已经关闭。

当发出立即关闭数据库实例的命令后，Oracle 会迫使所有的用户在完成当前执行后，立即断开连接，数据库的完整性和一致性得到保证，同时，又能较快地关闭数据库，所以是最常用的关闭数据库的方式。

6. 强行关闭数据库实例

如果在 shutdown 命令中指定使用参数 abort，则 Oracle 将强行断开所有连接，关闭数据库。这种强行断开连接的方式很可能会造成文件的破坏，是一种非常严厉的手段，不到必要的时刻一般不要使用这种方式关闭数据库。只有在发生一些紧急情况时（如火灾等），才会用这种方式快速地关闭数据库。

sys@ORCL>shutdown abort

5.3　编辑命令

在应用 SQL *Plus 时，经常要对输入的 PL/SQL 语句进行编辑，可以使用如表 5.2 所示的各种编辑命令。

表 5.2　SQL *Plus 的编辑命令

命令（缩写）	说明
APPEND（A）text	把指定的文本 text 附加在当前行的末尾
CHANGE（C）/old/new	把旧文本 old 替换成新文本 new
CHANGE（C）/text/	删除当前行中指定的文本 text
CLEAR（Cl）BUFFER	从 SQL 缓存区中删除所有的命令行
DEL	删除行
INPUT（I）	插入命令行或文本
LIST（L）	列出指定范围的行
RUN（R）	显示并运行缓存区中的当前命令
N（数字）	指定该行为当前行
N（数字）text	用指定的文本 text 替代当前缓存区中的第 N 行
0 text	在当前缓存区中命令第一行之前插入指定的文本 text
SAVE（Sav）filename	把缓存区中的内容保存到以 filename 为名的文件中

以下示例用于在当前默认表空间中创建数据库表 Department，并应用 SQL *Plus 命令完成各种 SQL 操作。

（1）创建 Department 数据库表。

```
sys@ORCL>CREATE TABLE Department (
DeptID NUMBERR PRIMARY KEY,
DeptName VARCHAR2(10) NOT NULL,
Description VARCHAR2(50),
ManagerID NUMBER));
DeptID NUMBERR PRIMARY KEY,
       *
```

第 2 行出现错误：

ORA-00902: 无效数据类型

执行结果显示 NUMBERR 为无效的数据类型，原因是由于输入错误，接下来修改此行内容。

（2）应用 CHANGE 命令，修改输入的命令行文本。

```
sys@ORCL> c /RR/R
  2* DeptID NUMBER PRIMARY KEY,
```

此后，原有的第二行命令文本就被修改成了新的命令行文本，接下来显示当前缓存区中的命令文本内容。

（3）显示当前缓存区中的命令文本内容。

```
sys@ORCL> l
    CREATE TABLE Department (
    DeptID NUMBER PRIMARY KEY,
    DeptName VARCHAR2(10) NOT NULL,
    Description VARCHAR2(50),
    ManagerID NUMBER)
```

（4）保存当前缓存区中的内容到指定的文件。

```
sys@ORCL> sav d:\createtable.sql
已创建  file d:\createtable.sql
```

此时输入的 PL/SQL 命令内容保存到了指定的文件 d:\createtable.sql 中。

（5）读取指定文件中的内容到缓存区中。

```
sys@ORCL> get d:\createtable.sql
    CREATE TABLE Department (
    DeptID NUMBER PRIMARY KEY,
    DeptName VARCHAR2(10) NOT NULL,
    Description VARCHAR2(50),
    ManagerID NUMBER)
```

此时缓存区中的内容即是 d:\createtable.sql 中的内容了。

（6）编辑缓存区中的内容。在 SQL *Plus 中输入 Edit 命令即可弹出编辑工具，便于编辑缓存区中的内容。在 Windows 系统中，默认的编辑工具是记事本。

在使用 Edit 命令时，注意只有编辑工具窗口关闭后，SQL *Plus 才能进行下一操作，不然 SQL *Plus 窗口将暂停，不能操作。

（7）执行缓存区中的语句。

sys@ORCL> /

表已创建。

此时，输入"/"或命令 Run 即执行缓存区中的语句，成功创建数据库表 Department 到默认表空间中。

其余命令参见 help 命令的提示，进行练习。

5.4 报表命令

在 SQL *Plus 中可以控制 PL/SQL 语句执行后的输出格式，从而控制报表格式。报表命令主要用于控制报表头、报表页尾以及各列的格式，主要命令如表 5.3 所示。

表 5.3 SQL *Plus 常用报表命令

命令（缩写）	说明
TTITLE（TTI）	设置报表页头标题
BTITLE（BTI）	设置报表页尾格式
COLUMN（COL）	设置指定列的输出格式
BREAK（BRE）	控制相同内容重复输出次数
COMPUTE（COMP）	进行各种运算，并输出运算结果

由于列名在表中一般用英文，而有些情况下需要按中文输出列名，以方便阅读和统一样式，所以对于列名要输出指定中文；同时，部分列的长度可能太长，不能在一行中输出所有内容，为了控制输出格式，也要控制列在输出时的列宽，此时即可应用 COLUMN 命令控制报表中的列。

1. 用 COLUMN 命令控制列

COLUMN 命令的格式为：

COL[UMN] [{column | expr} [option ...]]

设置列名时如下所示：

sys@ORCL> COL Description HEADING '备注';

设置列的输出列宽如下所示：

sys@ORCL> COL Description FORMAT A30;

对于一列的所有格式也可以在同一命令中完成设置，以下命令设置 DepartName 列的标题为"部门"，显示长度为 16：

sys@ORCL> COL DeptName FORMAT A16 HEADING '部门';

查询 Department 表中的部门名称和备注可以看到设置后的显示格式：

sys@ORCL> SELECT DeptName, Description FROM Department;

部门	备注
人事部	人事管理与人力资源管理
财务部	财务制度制定及财务管理
行政部	一般事务性工作管理
销售部	公司产品销售及销售政策制定
研发部	产品研发以及技术研究
信息部	公司信息联络

已选择 6 行。

列的输出格式除了可以用字符串方式，还可通过数字形式格式来控制数字类型的列，如：COL ColName FORMAT 999,999,999。

除了可以控制列以外，报表还可以控制页眉和页脚的格式及内容。

2.　用 TTITLE 命令控制页眉

控制页眉通过 TTITLE 命令完成，在页眉中可以控制报表的标题、当前页码等内容，同时控制输出内容的输出格式。

以下示例使查询结果按设置的格式输出：

sys@ORCL> TTITLE CENTER '报表标题' SKIP 1 -

　LEFT '测试报表' RIGHT '页' -

　FORMAT 99 SQL.PNO SKIP 2

在以上命令中，第一行中的 CENTER 设置其后内容的布局位置为居中，SKIP 为输出内容换行，"-"为命令换行符；第二行中，LEFT 设置其后内容左对齐，RIGHT 设置其后的内容右对齐；第三行中，FORMAT 99 设置其后内容的输出格式为数字按两位处理，SQL.PNO 为查询得到当前页的页码值，SKIP 2 为其后输出的查询结果内容在此行后的第二行开始输出。注意，对于 LEFT、RIGHT 和 CENTER 控制的实际输出结果还受行宽的影响，要控制行宽，可执行命令：

sys@ORCL> SET LINESIZE 60

则行宽为 60，接着查询部门表（Department）的内容结果如下所示：

sys@ORCL> SELECT DeptName, Description FROM Department;

　　　　　　　报表标题

测试报表　　　　　　　　　　　页　　1

部门	备注
人事部	人事管理与人力资源管理
财务部	财务制度制定及财务管理
行政部	一般事务性工作管理
销售部	公司产品销售及销售政策制定
研发部	产品研发以及技术研究
信息部	公司信息联络

已选择 6 行。

如果希望停止应用页眉的这种格式，则可以执行命令 TTITLE OFF，再执行查询时，输出内容将不再出现页眉部分的内容；然后还可以再次执行命令 TTITLE ON 来启用原来设置好的页眉格式。

如果还希望列名在输出时能自动调整为其自身区域的居中对齐，则可通过 COLUMN 命令完成，这个工作请读者参考 Oracle 文档完成。

3．用 BTITLE 命令控制页脚

和报表的页眉一样，报表的页脚也可以进行控制，使用的命令为 BTITLE，使用方法与TTITLE 基本一致，例如如果要在页脚的居中位置输出公司名称，可执行以下命令：

sys@ORCL> BTITLE CENTER 'RisingSoft.LTD'

注意，如果查询输出的内容不是很多，则页脚的内容不会紧接着在查询内容后输出，而是在页脚位置输出，页脚所在位置由每页的行数环境参数控制，要设置每页的行数则执行以下命令：

sys@ORCL> SET PAGESIZE 33

在软件工程师和 DBA 的日常工作中，对于每页的输出行数一般会设置为很大的数值，以在屏幕中直接查看更多的输出内容，但在生成真实报表时，注意重新设置行数值。

4．用 BREAK 控制相同内容重复输出次数

在报表中可以应用 BREAK 命令使指定的列中相同的内容只输出一次，BREAK 命令的格式为：

BRE[AK] [ON report_element [action [action]]] ...

在雇员表（Employee）中，所有员工的登录密码的原始密码都为 password，则可以让相同密码只输出一次。

sys@ORCL> BREAK ON EPassword

sys@ORCL> SELECT EmployeeName, EPassword FROM Employee;

```
     员工姓名        登录密码

-------------------- --------------------
王磊              password
萧文
田汾
谢飞
张翔
李正
刘兴
```

已选择 7 行。

上例中由于执行了 BREAK 命令，所以对于所有登录密码只输出了一次。

如果要重新输出重复内容，则还是执行 BREAK 命令，并应用参数 DUPLICATES。

5．用 COMPUTE 命令进行运算

在报表中有时需要对一些数据进行运算，并在报表中输出运算结果，如小计、总计或条数之类的统计数据。COMPUTE 命令的格式为：

COMP[UTE] [function [LAB[EL] text] ...

对上例中，计算登录密码相同的各种记录条数可以执行如下命令：

sys@ORCL> SELECT EmployeeName, EPassword FROM Employee;

```
    员工姓名      登录密码
-------------------- --------------------
王磊                 password
萧文                 password
田汾                 password
谢飞                 password
张翔                 password
李正                 password
刘兴                 password
-------------------- ********************
         7 count
```

已选择 7 行。

其中，7count 为计算登录密码为 password 的记录条数，共有 7 条。

最后要注意的是，每次对于报表格式的控制，都只会在本次会话中有效，会话之间不会相互影响，也不能保存下来，下次登录后立即有效，但可以把命令保存在脚本文件中，每次登录后执行脚本。

本章小结

SQL *Plus 是软件工程师和 DBA 最常用的工具之一，特别是控制台形式的 SQL *Plus 功能强大，使用方便，是数据库管理和操作的有力工具，应当努力掌握其用法及命令。

SQL *Plus 可以用于控制数据库实例的启动和关闭，而且还能以各种方式控制其启动和关闭，以满足对数据库实例的各种修复和操作要求，但是由于数据库实例的启动和关闭需要时间较长，而且在数据库实例关闭期间，所有用户无法访问数据库内容的数据，将导致数据处理工作无法进行，所以在实际数据库中不要随意执行关闭命令。

SQL *Plus 能应用各种编辑命令快速方便地完成各种命令的编辑工作，能有效地提高软件工程师和 DBA 的工作效率。SQL *Plus 还能详细地控制各种 PL/SQL 语句执行后的输出格式，生成各种报表。

由于在 SQL *Plus 中能方便地设置各种环境参数及数据库运行参数，所以其功能强大，但各种参数的种类繁多，而且部分参数对数据库运行效率有很大影响，所以在熟悉各种参数的配置方法前，不要随意修改系统参数，同时要通过阅读 Oracle 文档学习各种参数的配置方法以提高系统运行效率。

实训 3　应用 SQL *Plus 管理数据库

1. 目标

完成本实验后，将掌握以下内容：

（1）登录 SQL *Plus。

（2）启动和关闭数据库实例。

（3）控制报表。

2. 准备工作

在进行本实验前，必须先建立 RisingSoft 数据库。如果还没有创建该数据库，请先通过执行练习前的脚本（实训\Ch5\实训练习\建立实训环境.sql）创建对应的库表并插入数据。

3. 场景

东升软件股份有限公司的人事管理系统数据库，有 Employee（员工表）和 Department（部门表）两个数据库表，现要求通过 SQL *Plus 在上班前启动数据库实例，下班后，关闭数据库实例，控制执行 PL/SQL 语句后的结果，生成符合公司要求格式的报表，并把相关的命令保存在文件中，以方便日常工作，提高效率。

4. 实验预估时间：45 分钟

练习 1　登录 SQL *Plus

本练习中，将用 sysdba 身份登录 SQL *Plus，并使系统提示符中包括当前用户的身份及数据库实例名，以显示当前操作的数据库实例。

实验步骤：

（1）单击"开始"→"运行(R)…"。

（2）在弹出的控制台窗口中，输入启动 SQL *Plus 的命令 sqlplus，系统提示"请输入用户名："，此时输入语句 sys as sysdba，其中必须加上 as sysdba，才能以 sysdba 的身份登录到数据库中。

（3）控制台窗口提示"输入口令："，此时输入安装数据库时设置的相应口令。如果用户名和口令都有效，则系统输出登录成功的提示信息，并输出系统提示符"SQL>"。

（4）在 SQL *Plus 中输入以下语句，以修改系统提示符：

define gname=idle

column global_name new_value gname

select lower(user) || '@' || substr(global_name, 1, decode(dot, 0, length(global_name), dot-1)) global_name from (select global_name, instr(global_name,'.') dot from global_name);

set sqlprompt '&gname> '

也可以运行实训第 5 章中的"实训答案\练习 1.sql"，完成环境参数的设置。

练习 2　启动和关闭数据库实例

本练习中，在完成练习 1 的基础上，启动和关闭数据库实例。

实验步骤：

（1）按正常方式启动数据库实例。

（2）按快速方式关闭数据库实例。

（3）按只打开控制文件方式启动数据库实例。

（4）按 abort 方式快速关闭数据库实例。

（5）按不加载控制文件方式启动数据库实例。

（6）按一般方式关闭数据库实例，观察发出命令后，SQL *Plus 窗口对用户输入的响应情况及数据库实例关闭所需的时间。

各步骤的参考答案参见实训第 5 章中的"实训答案\练习 2.sql"。

请注意，以上实训只能在练习用的数据库上做，以防止影响实际数据库的正常工作。

练习 3　控制报表

本练习中，在完成练习 2 启动数据库实例的基础上，控制数据库报表的格式，并生成报表文件。

实验步骤：

（1）控制报表的行宽为 60。

（2）控制报表的页眉第一行居中显示"部门信息汇总表"字样内容。

（3）控制报表的第二行右对齐显示页码，显示示例为："第 1 页"。

（4）控制报表的页脚居中显示公司名称 RisingSoft.LTD。

（5）控制报表每页的行数为 34 行。

（6）控制报表中对于 DeptName 列显示列头信息为"部门名称"，占列宽 20。

（7）控制报表中对于 Description 列显示列头信息为"部门职责"，占列宽 30。

（8）控制报表中对于 DeptID 列显示例头信息为"部门编号"，点列宽 10。

（9）查询部门表 Deptment，显示所有的部门的"部门编号"、"部门名称"和"部门职责"。

（10）把查询报表输出到报表文件中。

完成各步骤的参考命令请参见实训第 5 章中的"实训答案\练习 3.sql"。

习　　题

1．SQL *Plus 中把当前缓存区中的内容保存到指定文件的命令是什么？

2．STARTUP MOUNT 命令的作用是什么？此命令有什么特点？

第6章 数据库的常规管理

本章学习目标

本章主要讲解数据库的创建方法、表空间的概念、表空间的联机与脱机、数据文件的概念以及数据库的日志管理的相关知识。通过本章的学习，读者应掌握以下内容：

- 创建数据库
- 什么是表空间以及如何在 OEM 中创建表空间
- 表空间的联机与脱机
- 什么是数据文件以及如何在 OEM 中创建数据文件
- 向表空间中添加数据文件
- 什么是重做日志文件以及如何在 OEM 中创建数据文件
- 数据库的归档模式

6.1 数据库管理

6.1.1 创建数据库

数据库管理员（DBA）担任着数据库的管理工作，创建数据库虽然不如其他工作那么频繁，却是使用数据库系统的第一步。

一个完整的数据库系统包括：

- 物理结构：一系列文件等。
- 逻辑结构：数据库的表、视图、索引等。
- 内存结构：即 SGA 区、PGA 区。
- 进程结构：数据库的各种进程。

创建一个数据库在技术上并不困难，Oracle 提供了一系列的工具，但是在创建数据库之前，需要根据实际情况详细规划数据库，这样才能使数据库很好地适应各种环境。

DBA 可以使用以下方式创建数据库：

1. 通过 SQL 命令创建数据库方式

如果已经有创建数据库所需的脚本，可以以这种方式手动创建数据库，但是这种方式需要掌握大量的命令和语法。

2. 通过数据库配置助手（DBCA）图形方式

当安装 Oracle 数据库服务器时，在 GUI 环境中，或在安装好的 Oracle 数据库服务器的操作系统环境中，都可以运行 DBCA，它提供了一个图形用户界面，按步骤指导整个数据库的创建过程，可以简单快捷地创建数据库。

下面使用 DBCA 创建一个数据库：

（1）选择"开始"→"程序"→Oracle-Oracle10g_home1→Configuration And Migration Tools →Database Configuration Assistant 命令，启动 DBCA，出现欢迎使用窗口，如图 6.1 所示。

图 6.1　"欢迎使用"窗口

（2）单击"下一步"按钮，出现"操作"窗口，如图 6.2 所示。在"操作"窗口中，用户可以选择要通过 DBCA 执行的任务。

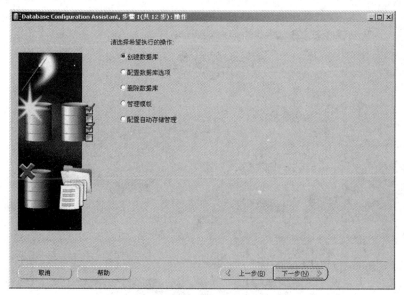

图 6.2　"操作"窗口

● 创建数据库：该选项将指导用户完成创建新数据库或模版。
● 配置数据库选项：该选项将指导用户更改已有数据库的配置。
● 删除数据库：该选项将指导用户删除数据库及其相关联的所有文件。

● 管理模板：该选项将指导用户创建和管理数据库模板。数据库模板是将数据库配置信息以 XML 文件格式保存到用户本地磁盘，从而节省创建时间。DBCA 提供了预定义的模板，用户也可以创建满足自己需要的模板。

（3）单击"下一步"按钮，出现"数据库模板"窗口，如图 6.3 所示。

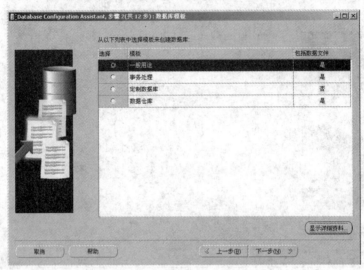

图 6.3   "数据库模板"窗口

（4）单击"选择"单选按钮，选择某一个模板，如"一般用途"。

（5）单击"模板详细资料"按钮，找到有关模板的详细信息，如图 6.4 所示，然后单击"关闭"按钮返回图 6.3。

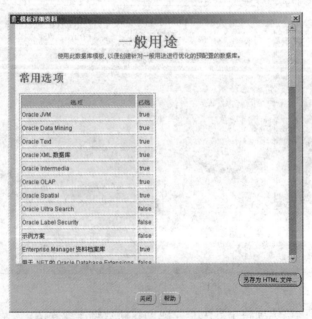

图 6.4   "模板详细资料"窗口

（6）单击右下角"下一步"按钮，出现"数据库标识"窗口，如图 6.5 所示。

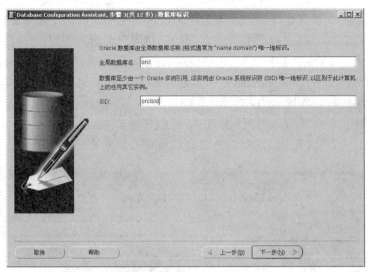

图 6.5　"数据库标识"窗口

● 全局数据库名：全局数据库名用来惟一标识某一个数据库。格式为：

[database_name].[database_domain]

● SID：（System Identifier，系统标识符）标识 Oracle 数据库的特定例程。对于任何数据库，都至少有一个引用数据库的例程。SID 可以是未被此计算机上其他例程使用的任何名称。SID 是 Oracle 数据库例程的惟一标识符。每个数据库例程对应一个 SID 和一系列的数据库文件。

（7）单击"下一步"按钮，出现"管理选项"窗口，如图 6.6 所示。在该窗口中，选中"使用 Enterprise Manager 配置数据库"复选框，以便安装 Oracle 数据库时，自动安装 OEM，它提供了基于 Web 的功能，为数据库提供集中管理工具。

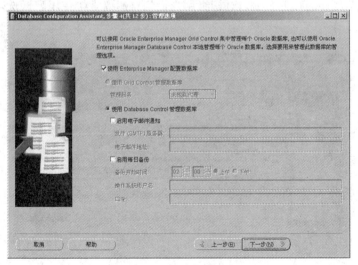

图 6.6　"管理选项"窗口

（8）单击"下一步"按钮，出现"数据库身份证明"窗口，如图 6.7 所示。在该窗口中，可以通过为重要的数据库管理员账户设置口令来确保数据库的安全性。可以使所有的重要账户都使用同一口令，但不建议这样做，应该为每个账户使用不同的口令来保证数据库的安全。

- ● SYS：SYS 用户拥有数据字典所有基础表和用户可访问的视图。任何 Oracle 用户都不应该更改 SYS 方案中包含的任何方案对象，因为这样会破坏数据的完整性。
- ● SYSTEM：SYSTEM 用户拥有用于创建显示管理信息的其他表和视图，以及各种 Oracle 组件和工具使用的内部表和视图。
- ● SYSMAN：SYSMAN 用户代表 OEM 超级管理员账户。
- ● DBSNMP：OEM 使用 DBSNMP 账户访问有关数据库的性能统计信息。

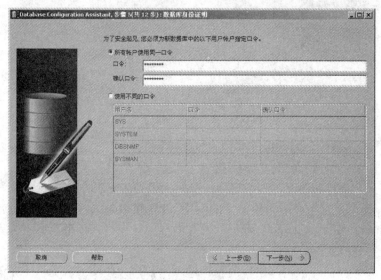

图 6.7　"数据库身份证明"窗口

　　（9）单击"下一步"按钮，出现"存储选项"窗口，如图 6.8 所示。在此窗口中，可选择希望用于数据库文件的存储机制，对初级用户而言，建议直接使用默认选项，这里不对存储机制做详细解释。

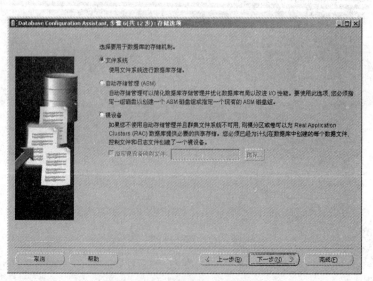

图 6.8　"存储选项"窗口

（10）单击"下一步"按钮，出现"数据库文件所在位置"窗口，如图 6.9 所示。

- 使用模板中的数据库文件位置：该选项使用户使用数据库模板中预定义的位置。
- 所有数据库文件使用公共位置：该选项为所有数据库文件指定一个位置。
- 使用 Oracle 管理的文件：该选项下，DBA 将不必直接管理构成 Oracle 数据库的文件，用户是根据数据库对象而不是文件名来指定操作，从而简化 Oracle 数据库的管理。

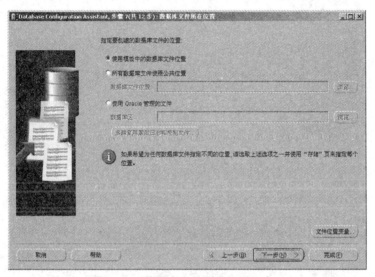

图 6.9　"数据库文件所在位置"窗口

（11）单击"下一步"按钮，出现"恢复配置"窗口，如图 6.10 所示。

- 指定快速恢复区：快速恢复区可以用作高速缓存，它是由 Oracle 管理的磁盘组，该磁盘组提供了备份文件和恢复文件的集中磁盘位置，以便缩短恢复时间。
- 启用归档：这种模式下，数据库将保存所有的重做日志（归档），可以使用归档重做日志文件来恢复数据库。

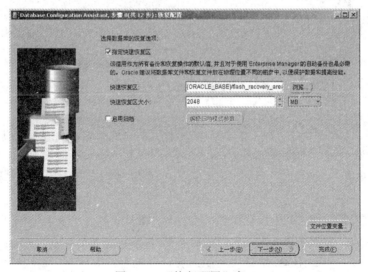

图 6.10　"恢复配置"窗口

（12）单击"下一步"按钮，出现"数据库内容"窗口，如图 6.11 和图 6.12 所示。

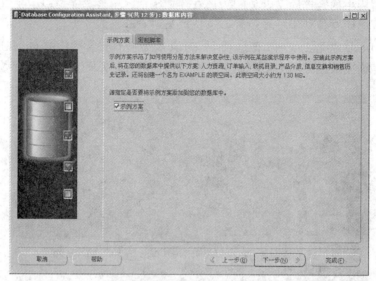

图 6.11   "示例方案"选项卡

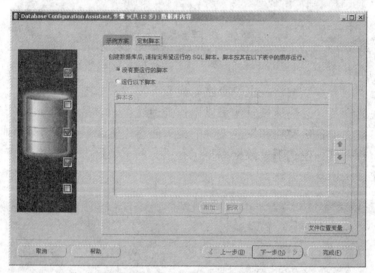

图 6.12   "定制脚本"选项卡

"数据库内容"窗口包含"示例方案"选项卡和"定制脚本"选项卡。

- "示例方案"选项卡：Oracle 数据库自带的示例数据库，DBCA 可以自动为用户安装示例方案，也可以以后手动安装。
- "定制脚本"选项卡：创建数据库后，可以创建并运行自定义脚本来修改数据库。

（13）单击"下一步"按钮，出现"初始化参数"窗口，如图 6.13 至图 6.16 所示。

- "内存"选项卡：可以设置内存的初始化参数。
  - ➢ 典型：这种方法不需要配置，大多数情况下使用此选项即可。
  - ➢ 定制：对数据库如何使用可用系统内存能有较多控制，适合经验丰富的 DBA。
- "调整大小"选项卡：设置 Oracle 数据库的块大小和进程数。

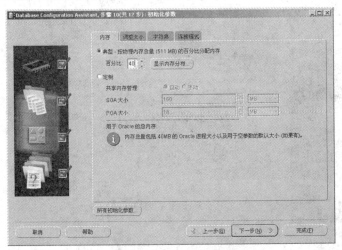

图 6.13　"内存"选项卡

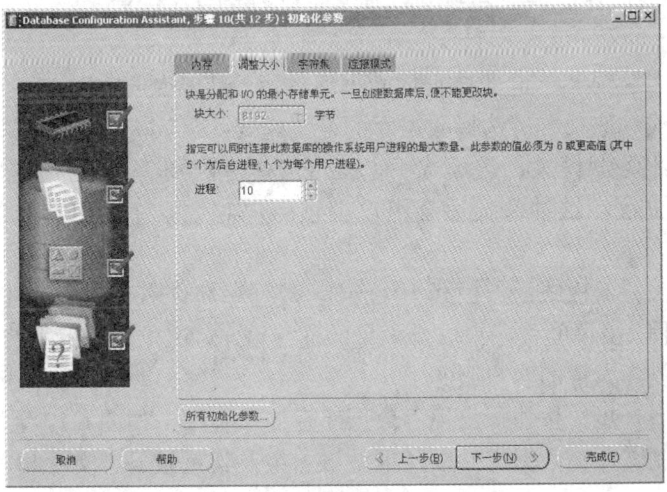

图 6.14　"调整大小"选项卡

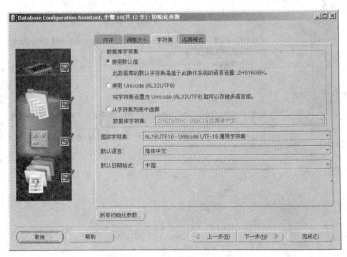

图 6.15　"字符集"选项卡

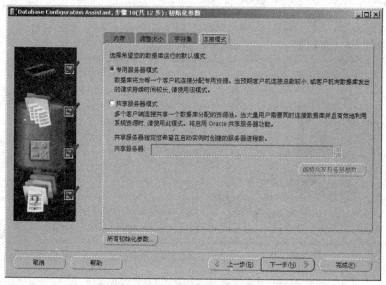

图 6.16　"连接模式"选项卡

- "字符集"选项卡：定义 Oracle 数据库使用的字符集。
- "连接模式"选项卡：选择数据库的连接模式。
    - 专用服务器模式：该模式下 Oracle 数据库要求每个用户进程拥有一个专用服务器进程，这种情况适合用户少且用户对数据库发出持久的、长时间的运行请求。
    - 共享服务器模式：该模式下 Oracle 数据库允许多个用户进程共享非常少的服务器进程，由调度程序来安排大量的连接请求，这样一个很小的服务器进程共享池就可以为大量的客户服务了。

　　（14）单击"下一步"按钮，出现"数据库存储"窗口，如图 6.17 至图 6.21 所示。该窗口可查看并修改控制文件、数据文件以及重做日志组及其重做日志文件相关信息。

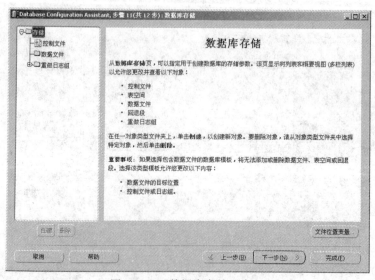

图 6.17　"数据库存储"窗口

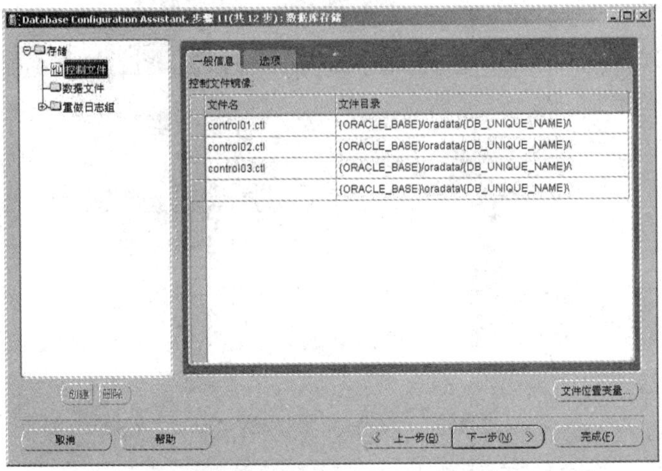

图 6.18 "一般信息" 选项卡

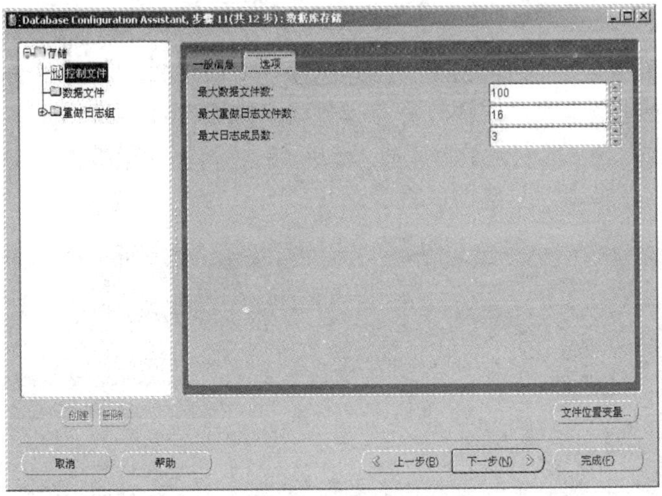

图 6.19 "选项" 选项卡

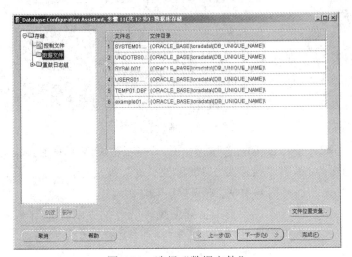

图 6.20 选择 "数据文件"

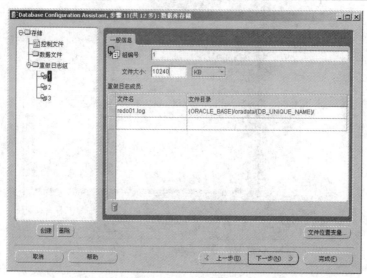

图 6.21 选择"重做日志组"

（15）单击"下一步"按钮，出现"创建选项"窗口，如图 6.22 所示。选择"创建数据库"复选框将立即创建数据库；选择"另存为数据库模板"复选框将步骤（1）～（14）所选择的参数另存为模板，下一次创建数据库时，步骤（3）"数据库模板"窗口中就会出现该模板。选择"生成数据库创建脚本"复选框可将步骤（1）～（14）存为脚本文件。

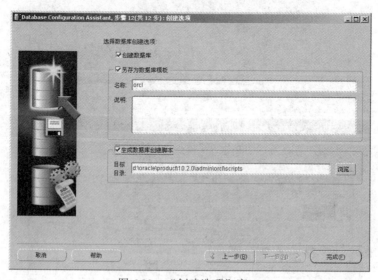

图 6.22 "创建选项"窗口

（16）单击"完成"按钮，出现"确认"窗口，如图 6.23 所示。该窗口可查看即将创建的数据库的详细参数，可单击"另存为 HTML 文件..."按钮将此信息保存，以后需要优化数据库或解决数据库性能的问题时可参考该 HTML 文件。

（17）单击"确定"按钮，出现自动创建数据库的过程界面，如图 6.24 所示，根据正在创建的数据库的大小和计算机的硬件性能，这个过程可能需要几分钟到一个小时不等。最后出现数据库创建完成窗口，如图 6.25 所示。

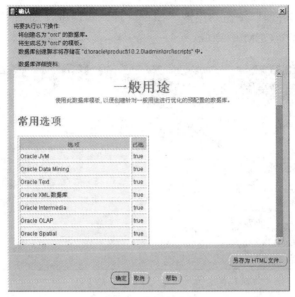

图 6.23　"确认"窗口

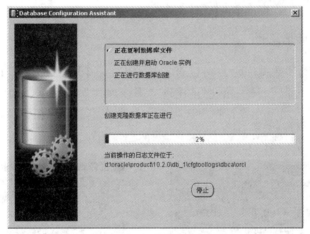

图 6.24　自动创建数据库

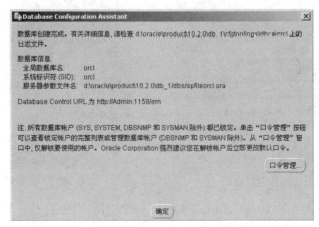

图 6.25　数据库创建完成界面

（18）单击"口令管理"按钮，出现"口令管理"对话框，如图 6.26 所示。该动作也可以等数据库安装完成后在 OEM 中完成。

图 6.26 "口令管理"对话框

（19）单击"确定"按钮，返回图 6.25，在"数据库创建完成"窗口中，单击"退出"按钮，退出 DBCA，至此数据库就创建好了。

6.1.2 查看数据库信息

当成功创建并启动了数据库后，可以查看数据库的各项参数。步骤如下：

（1）右击"我的电脑"→"属性"，出现"系统属性"对话框，如图 6.27 所示。

（2）单击"计算机名"标签，弹出选项卡，找到完整的计算机名称，如图 6.28 所示。计算机名称为 Admin。

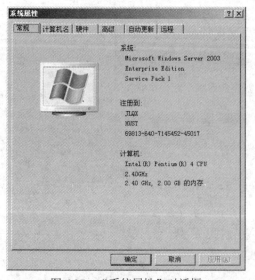

图 6.27 "系统属性"对话框

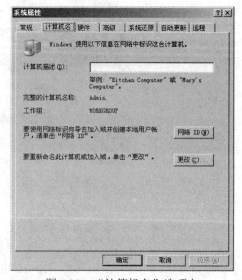

图 6.28 "计算机名"选项卡

（3）搜索到 $ORACLE_HOME/install/portlist.ini 文件，双击打开，如图 6.29 所示，得知在 OEM 中使用数据库 orcl 的端口号为 1158。

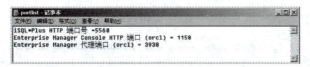

图 6.29　postlist 文件

（4）启动 IE 浏览器，在地址栏输入 http://hostname:portnumber，即 http://admin:1158，出现数据库 orcl 的登录窗口，如图 6.30 所示。

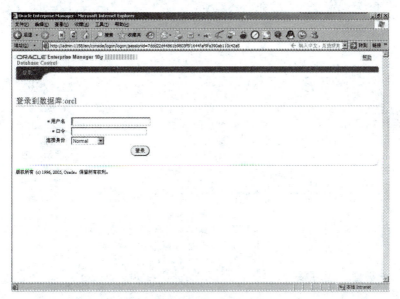

图 6.30　orcl 数据库登录窗口

（5）以 SYSTEM 用户，Normal 连接身份登录 OEM，出现数据库主页的"主目录"属性页，如图 6.31 所示。

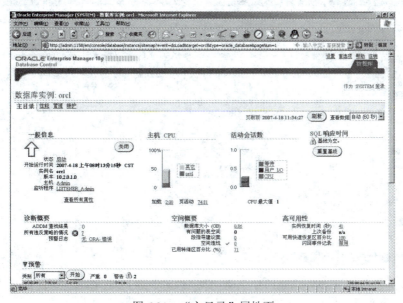

图 6.31　"主目录"属性页

（6）单击"性能"超链接，出现"性能"属性页，如图 6.32 所示。

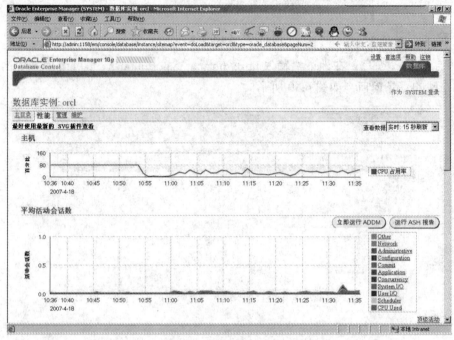

图 6.32　"性能"属性页

（7）单击"管理"超链接，出现"管理"属性页，如图 6.33 所示。

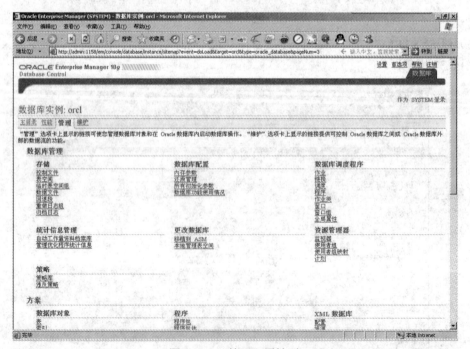

图 6.33　"管理"属性页

（8）单击"维护"超链接，出现"维护"属性页，如图 6.34 所示。

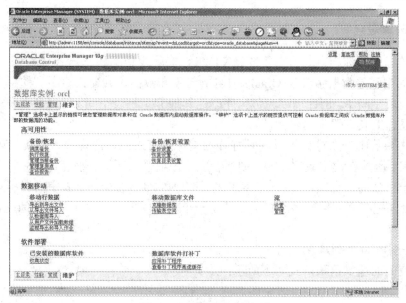

图 6.34　"维护"属性页

6.2　表空间管理

6.2.1　表空间的概念

表空间是 Oracle 数据库中最大的逻辑部分。可以将表空间看作数据库对象的容器，它被划分为一个一个独立的段，存储着数据库的所有对象。

如果将数据库比作一个放资料的柜子，则柜子的抽屉可比作表空间，抽屉里面的文件夹可比作数据文件（数据文件的概念见 6.2.6 节），文件夹中的纸就是段，纸上的文字就是我们通常意义上的数据。属于不同应用的数据应当放在不同的表空间中，就好像不同类别的资料需要放入不同的抽屉一样。数据库、表空间、数据文件之间的关系见图 6.35。

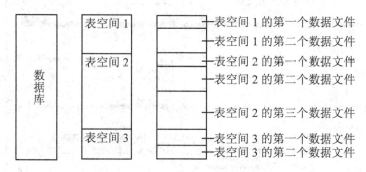

图 6.35　数据库、表空间、数据文件的关系

Oracle 数据库就是由一个或多个表空间组成，究竟几个表空间组成一个数据库以及每个表空间的容量由数据库的创建者根据实际需要决定。一个表空间由一个或多个数据文件组成，但是一个数据文件只能属于一个表空间。

6.2.2　创建表空间

在创建数据库时都会自动建立系统表空间（system 表空间和 sysaux 表空间），Oracle 仅在 system 表空间中存储数据字典等 Oracle 自身的对象和数据，并建议将所有的用户对象和数据都保存在其他表空间中，因此需要为数据库创建其他非系统表空间。使用多个表空间使用户在执行数据库操作时具有更大的灵活性。

某些操作系统中一个进程可以同时打开的文件数有限制，这样同时联机的表空间数目就会有一个上限。因此在建立数据库时，创建者应该仔细规划所需的表空间数量，一个应用程序的数据存放于单独的表空间，保证各个应用程序的独立性，这样一个表空间脱机只会影响一个应用程序。否则把多个应用程序的数据放置于一个表空间内，一旦这个表空间脱机，多个应用程序会受到影响。

1．通过 SQL 命令创建表空间

创建表空间的基本语法格式如下所示：

CREATE　TABLESPACE　表空间名称

　DATAFILE　'数据文件全名'

　SIZE　数据文件初始长度;

以下语句将创建表空间 DATASPACE，数据文件初始长度为 200M：

System>CREATE TABLESPACE DATASPACE

　　　DATAFILE 'D:\oracle\product\10.2.0\oradata\orcl\Data01.DBF' SIZE 200M;

2．在 OEM 中创建表空间

在 OEM 中创建表空间的步骤如下：

（1）以 SYSTEM 用户，Normal 连接身份登录 OEM，出现数据库主页的"主目录"属性页。单击"管理"超链接，出现"管理"属性页。单击"存储"标题下的"表空间"超链接，出现"表空间"页，如图 6.36 所示。

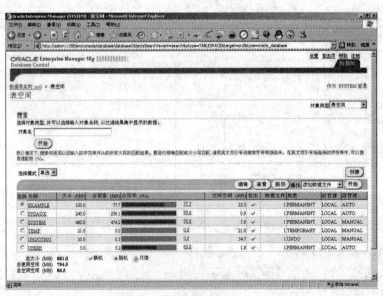

图 6.36　"表空间"页

（2）单击"创建"按钮，出现"创建表空间"的"一般信息"页，如图 6.37 所示，在该页面中可以添加数据文件，指定区管理、类型、状态和是否使用大文件表空间等信息。

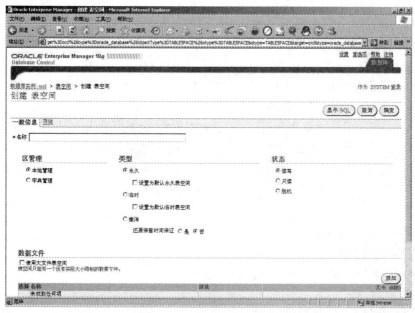

图 6.37　"创建表空间"页

按照区的管理方式不同，表空间的管理方式分为数据字典管理方式和本地管理方式。

- 数据字典管理方式：数据字典管理方式是传统的管理方式。在数据字典管理方式下，使用数据字典来管理存储空间的分配。当在表空间中分配新的区或回收已分配的区时，Oracle 将对数据字典中的基础表进行更新。由于表的更新会产生回退信息和重做信息，这会对回退段和重做日志文件进行读写，从而又产生存储管理操作，形成了递归。
- 本地管理方式：从 Oracle 9i 开始，创建表空间时默认地使用本地管理方式。Oracle 10g 则建议使用本地管理方式。在本地管理方式下，表空间中区的分配和回收的管理都存储在表空间的数据文件中，而与数据字典无关。表空间会在每个数据文件中维护一个位图结构，用于记录表空间中所有区的分配情况。当在表空间中分配新的区或回收已分配的区时，Oracle 将对数据文件中的位图进行更新。这种更新不是对表的更新操作，所以能够避免递归现象，提高空间存储管理的性能。

表空间有以下 3 种类型：

- 撤销表空间：撤销表空间用于存储撤销段，撤销段主要有如下目的：用一条 ROLLBACK 语句明确地回退一个事务；隐含地回退一个事务（如恢复一个故障事务）；撤销表空间的组织与管理都由 Oracle 内部自动管理。
- 临时表空间：当执行带有排序或分组功能的 SQL 语句时，会产生大量的临时数据。如将初始数据 2、4、1、3 排序后形成的 1、2、3、4 就是临时数据，服务器进程首先把临时数据放到 PGA 区中，当 PGA 区不够用时，服务器进程就会建立临时段，并将这些临时数据放入到临时段中。

如果在创建用户时没有为用户指定一个临时表空间，就会使用 SYSTEM 表空间来创建临时段，用来存储临时数据，这样做首先占用了 SYSTEM 表空间的存储空间，使可用的存储空间变少；其次，频繁地分配和释放临时段，会在 SYSTEM 表空间产生大量的碎片，降低磁盘的存储效率。这些都会影响到数据库的性能。

如果在 Oracle 运行过程中，经常有大量的排序，为了避免把这些排序产生的临时数据存放于 SYSTEM 表空间，影响数据库性能，DBA 应该在数据库中创建一个专门用来存储临时数据的临时表空间。其中，用户的临时表空间是在创建用户时指定的，数据库的默认临时表空间是在创建数据库时指定的。

● 永久表空间：除了撤销表空间，相对于临时表空间而言，其他的表空间都是永久表空间。

图 6.37 中的"使用大文件表空间"选项：大文件表空间是 Oracle 10g 新引进的表空间，大文件表空间只能放置一个数据文件。

（3）在"名称"文本框中输入表空间的名称，如 ORCLTABLESPACE。在"区管理"下选择"本地管理"单选项，在"类型"下选择"永久"单选项，在"状态"下选择"读写"单选项，在"数据文件"下取消"使用大文件表空间"复选框。创建表空间时一定要添加数据文件。所以要继续下列步骤。

（4）单击"添加"按钮，出现"添加数据文件"页，如图 6.38 所示。

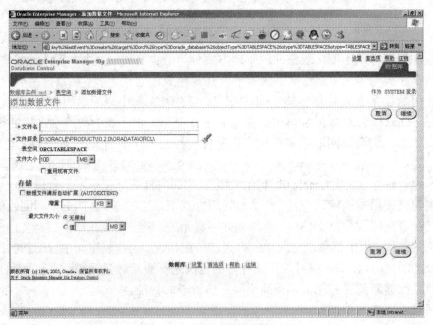

图 6.38   "添加数据文件"页

（5）在"文件名"文本框中输入数据文件的名称，如 orcldata_1.dbf，"文件目录"文本框使用默认值，"文件大小"文本框输入数据文件的大小，如 2MB，选中"数据文件满后自动扩展"复选框，输入增量大小，如 1MB，在"最大文件大小"中单击"值"单选按钮，输入该数据文件最大值，如 20MB。

（6）单击"继续"按钮，返回"创建表空间"页，此时在下方就有了刚添加的数据文件，如图 6.39 所示。单击上方"显示 SQL"按钮，出现"显示 SQL"页，该页显示了在数据库 orcl

中创建表空间 orcltablespace 相应的 SQL 语句，可作为参考。单击"返回"按钮，返回"创建表空间"页。

图 6.39　"创建表空间"页

（7）单击"确定"按钮创建表空间，返回"表空间"页。可以看见"已成功创建对象"的更新消息，并可以在下方的"结果"列表查看表空间的基本信息。

6.2.3　表空间的联机和脱机

通过人工改变表空间的状态，可以控制表空间的可用性、安全性，并能为备份和恢复提供保证。表空间有联机和脱机两种状态。

1. 联机状态

联机状态又分为以下两种情况：

- 读写：默认情况下，所有的表空间都是读写状态，在 6.2.2 节创建表空间中，默认情况下就是读写状态。任何具有表空间配额并且具有适当权限的用户都可以读写该表空间中的数据。
- 只读：如果将表空间设置为只读状态，则任何用户（包括 DBA）都无法向表空间写入数据，也无法修改或删除数据。

将表空间设置为只读，主要是为了避免对数据库中的静态数据（不应当或不必要被修改的数据）进行修改。任何用户只能查询而不能修改其中的数据，不仅提高了只读数据的安全性，同时，由于只读表空间中的数据不会被修改，因此 DBA 也就不必对这个表空间进行备份和恢复，大大减轻了 DBA 的管理和维护负担。

2. 脱机状态

在有多个应用表空间的数据库中，DBA 可以将某个表空间设置为脱机状态，使该表空间暂时不允许任何用户访问它（用户仍可访问数据库中的其他表空间）。也可以将表空间从脱机状态切换到联机状态，使用户重新能够访问其中的数据。DBA 可以将表空间的状态在联机与脱机之间转换。

注意：SYSTEM 表空间不能被设置为脱机状态，因为数据库运行过程中始终会用到 SYSTEM 表空间中的数据。

有 4 种脱机模式：

- "正常（NORMAL）"：这是默认的脱机模式。该脱机模式表示将表空间以正常方式切换到脱机状态。在进入脱机状态过程中，Oracle 会执行一次检查点，以便将 SGA 区中与该表空间相关的脏缓存块都写入数据文件中，然后再关闭表空间的所有数据文件。在这种模式下，将表空间恢复为联机状态时就不需要进行数据库的恢复了。

- "临时（TEMPORARY）"：该脱机模式表示将表空间以临时方式切换到脱机状态，在将表空间切换为脱机状态时，Oracle 会执行一次检查点，但执行检查点时并不会检查各个数据文件的状态。如果表空间的所有数据文件都处于可用状态，那么 Oracle 就可以将与该表空间相关的所有脏缓存块都写入相应的数据文件中，在恢复为联机状态时就不需要进行数据库恢复了。如果在切换时，该表空间的某个数据文件处于不可用状态，就会导致该表空间的部分脏缓存块无法写入这个数据文件，这种情况下，将表空间恢复为联机状态时就需要进行数据库恢复。

- "立即（IMMEDIATE）"：以立即方式切换到脱机状态时，Oracle 不会执行检查点，也不会检查数据文件是否可用，而是直接将属于表空间的数据文件设置为脱机状态。因此，将表空间恢复为联机状态时必须进行数据库恢复。

- "用于恢复（FOR RECOVERY）"：如果要对表空间进行基于时间的恢复，可以使用这种脱机模式将表空间切换到脱机状态。然后 DBA 就可以使用备份的数据文件覆盖原有的数据文件，再在这些数据文件上，利用归档重做日志，将表空间恢复为某个时间点的状态。

将表空间联机的命令为：

ALTER TABLESPACE 表空间名称 ONLINE;

将表空间脱机的命令为：

ALTER TABLESPACE 表空间名称 OFFLINE NORMAL;

6.2.4 修改表空间

在 OEM 中修改表空间的属性、状态比较方便，在一个页面中，可以完成多种属性、状态的修改，下面以修改表空间的状态为例，介绍修改表空间的方法。

（1）以 SYSTEM 用户，Normal 连接身份登录 OEM，出现"数据库"主页的"主目录"属性页。单击"管理"超链接，出现"管理"属性页。单击"存储"标题下的"表空间"超链接，出现"表空间"页。

（2）在"选择"列中，单击要修改表空间状态的表空间的单选按钮，如 orcltablespace，单击"编辑"按钮，出现"编辑表空间"页，如图 6.40 所示。在"状态"下单击"只读"单选按钮，单击"显示 SQL"按钮，出现修改表空间状态的 SQL 语句，可作为参考，单击"返回"按钮，返回"编辑表空间"页。

（3）单击"应用"按钮，成功修改空间状态。

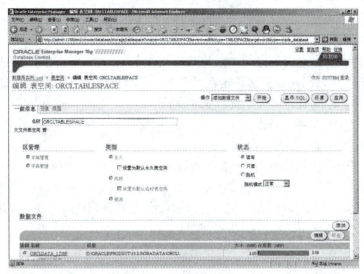

图 6.40 "编辑表空间"页

6.2.5 移去表空间

1. 在 OEM 中移去表空间

（1）以 SYSTEM 用户，Normal 连接身份登录 OEM，出现"数据库"主页的"主目录"属性页。单击"管理"超链接，出现"管理"属性页。单击"存储"标题下的"表空间"超链接，出现"表空间"页。

（2）在"选择"列中，单击要修改表空间状态的表空间的单选按钮，如 orcltablespace，单击"删除"按钮，出现"警告"页。保留默认的"从操作系统中删除关联的数据文件"复选框，删除表空间的同时删除表空间内的数据文件。

（3）单击"是"按钮，返回"表空间"页，显示"已成功删除表空间"，此时，在"结果"列表中就没有 orcltablespace 表空间了。

2. 通过 SQL 命令删除表空间

删除表空间的语法格式如下所示：

DROP TABLESPACE 表空间名称;

以下语句将删除表空间 DATASPACE：

DROP TABLESPACE DATASPACE;

6.2.6 管理数据文件

数据文件是用于存储数据库中的数据的文件，系统数据、数据字典数据、临时数据、撤销数据、索引数据等都存储在数据文件中。

在创建数据库时会创建几个 Oracle 系统使用的数据文件。在创建表空间的同时必须要为表空间添加相应的数据文件，数据文件则依赖于表空间，所以 DBA 在创建数据文件时，必须指明该数据文件所属的表空间。如果数据文件没有被添加到表空间中，它就不会被存取，可能就会成为无用的垃圾文件。

一个数据文件只能属于一个表空间，一个表空间只能属于一个数据库。一个数据库可以有多个表空间，一个表空间可以有多个数据文件。Oracle 数据把对象逻辑地存储在表空间中，但是物理地存放在数据文件中。

创建数据文件实质上是向表空间中添加数据文件。在 OEM 中创建和添加数据文件的过程有所不同，在 OEM 中，创建数据文件是在"数据文件"页中完成的，而添加数据文件是向表空间添加数据文件，因此是在"表空间"页中完成。

1. 在 OEM 中管理数据文件

在 OEM 中创建数据文件的步骤如下：

（1）以 SYSTEM 用户，Normal 连接身份登录 OEM，出现"数据库"主页的"主目录"属性页。单击"管理"超链接，出现"管理"属性页。单击"存储"标题下的"数据文件"超链接，出现"数据文件"页，如图 6.41 所示。在该页面中显示了数据库中所有数据文件的详细信息。

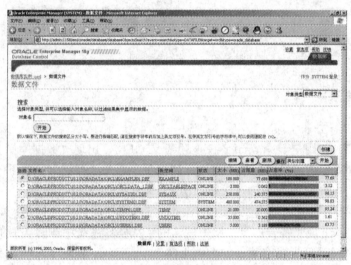

图 6.41 "数据文件"页

（2）单击"创建"按钮，出现"创建数据文件"页，如图 6.42 所示。

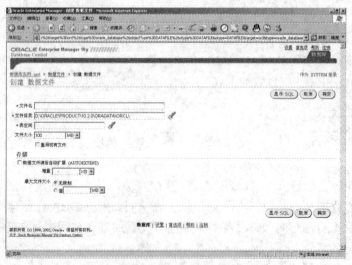

图 6.42 "创建数据文件"页

（3）在"文件名"文本框中输入数据文件的名称，如 orcldata_2.dbf，"文件目录"文本框保留默认位置，单击"表空间"文本框右边的手电筒图标，出现"搜索和选择表空间"页，如图 6.43 所示。选择合适的表空间，如 orcltablespace，单击"选择"按钮，返回"创建数据文件"页，如图 6.44 所示。在"文件大小"文本框为数据文件选择合适大小，如 2MB，选择"数据文件已满后自动扩展"复选框，在"增量"文本框为该数据文件选择增量大小，如 1MB，在"最大文件大小"中单击"值"单选按钮，并在文本框输入该数据文件最大值，如 20MB。

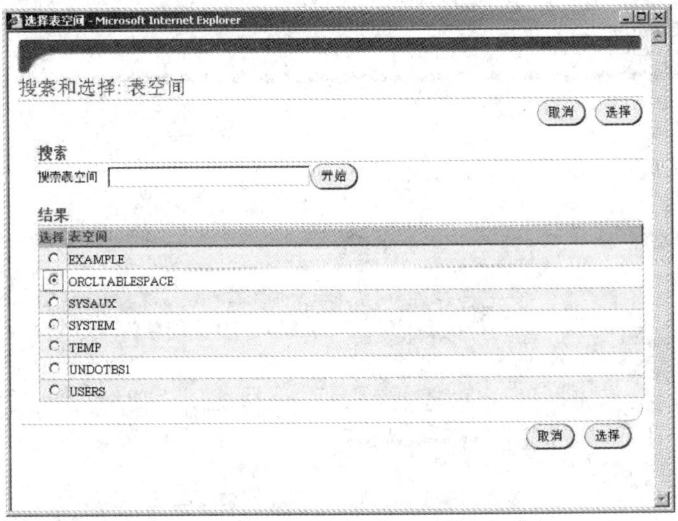

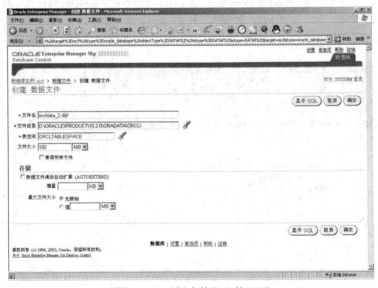

图 6.43 "搜索和选择表空间"页

图 6.44 "创建数据文件"页

（4）单击"显示 SQL"按钮，出现"显示 SQL"页，该页显示了创建数据文件 orcldata_2.dbf 的 SQL 语句，可作为参考。

（5）单击"返回"按钮，返回"创建数据文件"页。单击"确定"按钮，返回"数据文件"页。此时，可以在结果列表查看新创建的数据文件详细信息。

在 OEM 中向表空间中添加数据文件的步骤如下：

（1）以 SYSTEM 用户，Normal 连接身份登录 OEM，出现数据库主页的"主目录"属性页。单击"管理"超链接，出现"管理"属性页。单击"存储"标题下的"表空间"超链接，出现"表空间"页，如图 6.45 所示。

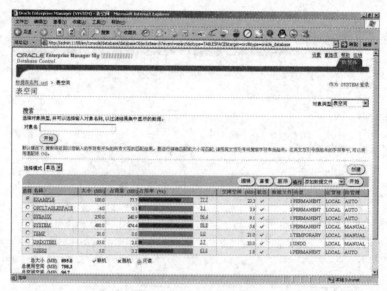

图 6.45   "表空间"页

（2）在"选择"列中，单击要添加数据文件的表空间的单选按钮，如 orcltablespace，在"操作"下拉列表中选择"添加数据文件"，单击"开始"按钮，出现"添加数据文件"页，如图 6.46 所示。

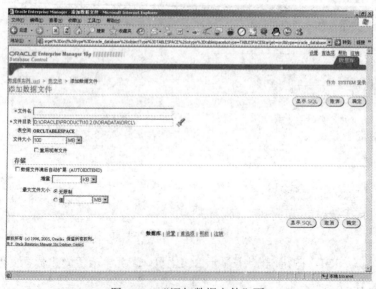

图 6.46   "添加数据文件"页

（3）在"文件名"文本框中输入数据文件的名称，如 orcldata_3.dbf，"文件目录"文本框保留默认位置，在"文件大小"文本框为数据文件选择合适大小，如 2MB，选择"数据文件满后自动扩展"复选框，在"增量"文本框为该数据文件选择增量大小，如 1MB，在"最大文件大小"中单击"值"单选按钮，并在文本框输入该数据文件最大值，如 20MB。

（4）单击"显示 SQL"按钮，出现"显示 SQL"页，该页显示了在该表空间中添加数据文件时的 SQL 语句，可作为参考。单击"返回"按钮，返回"添加数据文件"页。

（5）单击"确定"按钮，最后返回"表空间"页，此时可以在结果列表中看见表空间 orcltablespace 的大小已经增加了，其增量即添加的数据文件 orcldata_3.dbf 的大小。

2．通过 SQL 命令管理数据文件

为表空间添加数据文件的语法格式如下所示：

ALTER　TABLESPACE　表空间名称
　　ADD　DATAFILE　'数据文件全名'
　　SIZE　数据文件初始长度；

以下代码将在 DATASPACE 表空间中添加数据文件，数据文件长度为 100M：

ALTER TABLESPACE DATASPACE
　　ADD DATAFILE 'D:\oracle\product\10.2.0\oradata\orcl\DATA02.DBF';
　　SIZE 100M;

从表空间中删除数据文件的语法格式如下所示：

ALTER　TABLESPACE　表空间名称
　　DROP　DATAFILE　'数据文件全名'；

以下代码将把上例中添加的数据文件删除：

ALTER TABLESPACE DATASPACE
　　DROP DATAFILE 'D:\oracle\product\10.2.0\oradata\orcl\DATA02.DBF';

6.3　日志管理

6.3.1　创建重做日志组

重做日志文件主要是以重做记录的形式保存在数据库中所作的修改，这些修改即包括用户执行 DML 或 DDL 语句对数据库进行的修改，也包括 DBA 对数据库结构的修改。对数据库的查询不产生重做记录。

如果对一个表的数据进行了修改，并完成了事务的提交，这时数据文件中只有修改后的数据，但重做日志文件中会记录两种数据：一种是修改前的数据，一种是修改后的数据。使用重做日志文件的目的是：当数据库运行不正常时，能够实现例程恢复或介质恢复；当数据库运行正常，但错误地删除或修改了某个记录、表之后，能够恢复数据库到正常状态。重做日志文件是恢复操作中最重要的文件。

由于在内存中进行操作比在磁盘中进行操作要快得多，出于性能的考虑，在 Oracle 中，对数据库所做的修改实际上都是在内存中进行的，当满足一定条件时先将修改操作所产生的重做记录写入重做日志文件中，然后才将内存中的修改结果成批地写入数据文件，最后再提交事务。

　　后台 LGWR（日志写进程）负责将内存中的修改结果以重做记录的形式写入重做日志文件中。在典型的配置中，一个 Oracle 数据库只能被一个数据库例程访问，所以只会出现一个 LGWR 进程。

　　由于重做日志文件是保存在磁盘上的一个实际文件，所以它的存储空间是有限的，重做记录不能无限制地被保存，所以，每个 Oracle 数据库都至少要包含两个或两个以上重做日志文件，以循环的方式被写入。当第一个重做日志文件被写满后，就进行重做日志切换，开始写入第二个重做日志文件，依此类推，当最后一个重做日志文件被写满后，就重新开始写入（覆盖）第一个重做日志文件。但任何时刻只有一个重做日志文件被写入。

　　在任何时候，Oracle 都只使用其中一个重做日志文件存储来自重做日志缓存区的重做记录。LGWR 当前写入的重做日志文件称为当前的联机重做日志文件，例程恢复时需要的重做日志文件称为活动的重做日志文件，例程恢复时不需要的重做日志文件称为非活动的重做日志文件。

1. OEM 中增加重做日志

　　在 OEM 中向数据库增加一个新的重做日志组的步骤如下：

　　（1）以 SYSTEM 用户，Normal 连接身份登录 OEM，出现数据库主页的"主目录"属性页。单击"管理"超链接，出现"管理"属性页。单击"存储"标题下的"重做日志组"超链接，出现"重做日志组"页，如图 6.47 所示。可以查看数据库中所有重做日志组的详细信息。

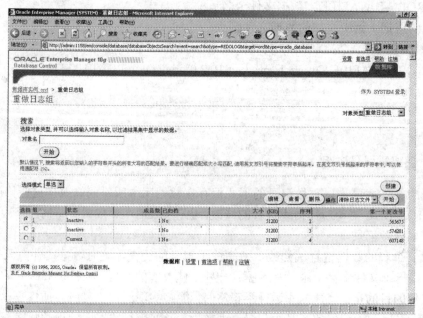

图 6.47　"重做日志组"页

　　（2）单击"创建"按钮，出现"创建重做日志组"页，如图 6.48 所示，在该页面中可以指定组号、文件大小、文件名和文件目录等信息，这些信息都有默认值。

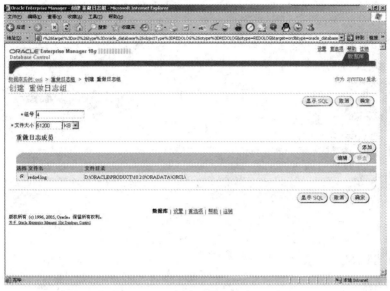

图 6.48　"创建重做日志组"页

（3）单击"显示 SQL"按钮，出现"显示 SQL"页，该页面中显示了在数据库中增加重做日志组所使用的 SQL 语句，可作为参考。单击"返回"按钮，返回"创建重做日志组"页。

（4）单击"确定"按钮，最后返回"重做日志组"页，此时可在"结果"列表中看见重做日志组信息，如图 6.49 所示。

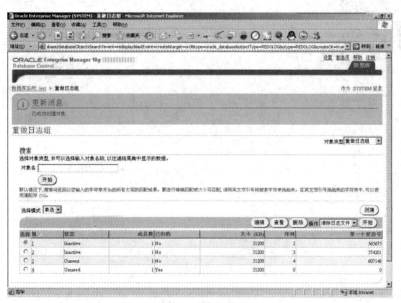

图 6.49　"重做日志组"页

在 OEM 中向数据库增加一个新的重做日志成员的步骤如下：

（1）以 SYSTEM 用户，Normal 连接身份登录 OEM，出现数据库主页的"主目录"属性页。单击"管理"超链接，出现"管理"属性页。单击"存储"标题下的"重做日志组"超链接，出现"重做日志组"页，如图 6.50 所示。

图 6.50　"重做日志组"页

（2）单击"选择"列的单选按钮，选择一个组，如 4，单击"编辑"按钮，出现"编辑重做日志组"页，如图 6.51 所示。

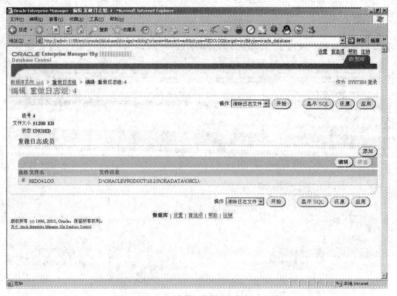

图 6.51　"编辑重做日志组"页

（3）单击"添加"按钮，出现"添加重做日志成员"页，如图 6.52 所示，在该页中可以指定文件名和文件目录。

（4）单击"继续"按钮，返回"编辑重做日志组"页，如图 6.53 所示，此时，在"重做日志成员"列表中就可以看见新添加的重做日志成员了。单击"显示 SQL"按钮，出现"显示 SQL"页，该页显示了在数据库中增加重做日志成员所使用的 SQL 语句，可作为参考。单击"返回"按钮，返回"编辑重做日志组"页。

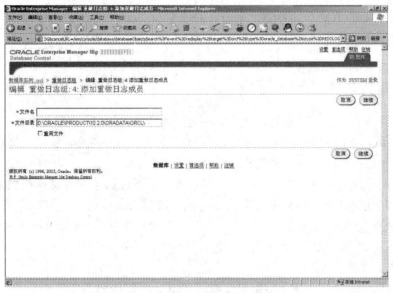

图 6.52　"添加重做日志成员"页

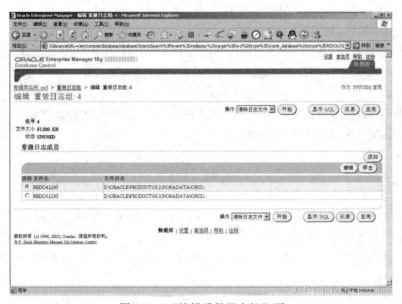

图 6.53　"编辑重做日志组"页

（5）单击"应用"按钮，返回"编辑重做日志组"页，可看见"已成功修改重做日志组"的更新消息。

2. 通过 SQL 命令创建重做日志组

创建重做日志组对应的语法格式如下所示：

ALTER　DATABASE

　　ADD　LOGFILE　GROUP　组编号　(文件全名)　SIZE　文件长度;

以下代码创建一个重做日志组，文件长度为 4MB：

ALTER　DATABASE

ADD　LOGFILE　GROUP　4　('d:\Oracle\product\10.2.0\oradata\orcl\log4.ora')
SIZE　4M;

6.3.2　数据库的归档模式

1. 归档的概念

Oracle 利用重做日志文件来记录对数据库的修改结果。但重做日志文件是以循环的方式使用的，在重新写入重做日志文件时，该重做日志文件中原本存在的重做记录将被覆盖。这样，被覆盖掉的这一部分重做记录所关联的修改就无法恢复了。

要完整记录对数据库的全部修改结果，可以通过对重做日志文件进行归档来实现。

归档就是在重做日志文件被覆盖之前，将该重做日志文件通过复制的方式，保存到指定的位置。保存下来的重做日志文件的集合称为归档重做日志文件，复制的过程就称为归档。归档操作可以由归档进程 ARCH 自动完成，也可以由 DBA 手动完成。

2. 数据库的归档模式

（1）非归档日志模式。在非归档日志模式（NOARCHIVELOG 模式）下，当第一个重做日志文件已满，LGWR 进程将直接写入下一个重做日志文件，覆盖其中的重做记录。这种模式下，重做日志文件数目有限，只能恢复最近的、重做记录没有被覆盖掉的数据库操作。这种模式适合对数据库的数据要求不高的场合。

（2）归档日志模式。在归档日志模式（ARCHIVELOG 模式）下，当第一个重做日志文件已满，LGWR 进程先要等待归档进程将重做日志归档完毕之后，才写入该重做日志，覆盖其中的重做记录。

这种模式下的数据库可以从所有类型的故障中恢复，是最安全的数据库。是否需要归档，取决于对数据库应用环境的可靠性的要求。

本章小结

本章详细介绍了如何使用数据库配置助手（DBCA）创建数据库，并对创建过程中出现的选项和参数做了比较详细的介绍。

表空间是 Oracle 数据库中最大的逻辑组成部分，Oracle 数据库就是由一个或多个表空间组成的。表空间有 3 种类型：系统表空间、临时表空间和撤销表空间。按照区的管理方式分，表空间有数据字典管理方式和本地管理方式。表空间有联机和脱机两种状态。从联机状态切换到脱机状态有 4 种模式：正常、临时、立即和用于恢复。

一个数据文件只能属于一个表空间，一个表空间只能属于一个数据库。一个数据库可以有多个表空间，一个表空间可以有多个数据文件。Oracle 数据把对象逻辑地存储在表空间中，但是物理的存放在数据文件中。数据文件是用于存储数据库中的数据的文件，系统数据、数据字典数据、临时数据、撤销数据、索引数据等都存储在数据文件中。

重做日志文件主要是以重做记录的形式保存在数据库中所作的修改，使用重做日志文件的目的是：当数据库运行不正常时，能够实现例程恢复或介质恢复。当数据库运行正常，但错误的删除或修改了某个记录、表之后，能够恢复数据库到正常状态。重做日志文件是恢复操作中最重要的文件。

　　数据库的归档模式分为非归档日志模式和归档日志模式。在归档日志模式下，数据库可以从所有类型的故障中恢复，是最安全的数据库。是否需要归档，取决于对数据库应用环境的可靠性的要求。

实训 4　创建数据库、表空间和重做日志组

　　1．目标

　　完成本实验后，将掌握以下内容：

　　（1）创建数据库，并为重要的数据库管理员设置不同的口令。

　　（2）创建表空间。

　　（3）创建重做日志组。

　　2．准备工作

　　在进行本实验前，必须已安装 Oracle 10g。

　　3．场景

　　在丌发东升软件公司的人事管理系统中，需要创建一个新的数据库，并创建相应的表空间以用于放置各种数据表，同时，还要创建重做日志组，记录数据库的各种操作步骤，以实现在系统需要时进行数据库的恢复。

　　4．实验预估时间：90 分钟

　　练习 1　创建数据库。

　　本练习中，创建一个名为 mytestDB 的数据库，在创建过程中为 SYS、SYSTEM、DBSNMP、SYSMAN 这 4 个重要的数据库管理员账户设置不同的口令。

　　实验步骤：

　　（1）选择"开始"→"程序"→Oracle-Oracle10g_home1→Configuration And Migration Tools→Database Configuration Assistant 命令，启动 DBCA。

　　（2）单击"下一步"按钮，出现"操作"窗口，选中"创建数据库"选项。

　　（3）单击"下一步"按钮，出现"数据库模板"窗口，单击单选列"选择"中的单选按钮，选择某一个模板，如"一般用途"。

　　（4）单击"下一步"按钮，出现"数据库标识"窗口，在"全局数据库名"文本框中输入全局数据库名 mytestDB，在 SID 文本框中输入 mytestDBsid。

　　（5）单击"下一步"按钮，山现"管理选项"窗口，在该窗口中，选中"使用 Enterprise Manager 配置数据库"复选框，以便安装 Oracle 数据库时自动安装 OEM。

　　（6）单击"下一步"按钮，出现"数据库身份验证"窗口，在该窗口中，可以通过为重要的数据库管理员账户设置口令来确保数据库的安全性。选中"使用不同的口令"并为各个用户设置不同的口令。（如果选中的是"所有账户使用同一口令"单选框，可在步骤中再次修改这些账户的口令）。

　　（7）单击"下一步"按钮出现"存储选项"窗口，对初级用户而言，建议直接使用默认选项。

　　（8）单击"下一步"按钮，出现"数据库文件位置"窗口。

　　（9）单击"下一步"按钮，出现"恢复配置"窗口。

（10）单击"下一步"按钮，出现"数据库内容"窗口。

（11）单击"下一步"按钮，出现"初始化参数"窗口。

（12）单击"下一步"按钮，出现"数据库存储"窗口

（13）单击"下一步"按钮，出现"创建选项"窗口，选中 "创建数据库"复选框立即创建数据库；选中"另存为数据库模板"复选框生成模板；选中"生成数据库创建脚本"并在"目标目录"文本框中选择脚本的存放位置。

（14）单击"确定"按钮，出现自动创建数据库的过程界面，根据正在创建的数据库的大小和计算机的硬件性能，这个过程可能需要几分钟到一个小时不等。最后出现数据库创建完成窗口。

（15）单击"口令管理"窗口，如图 6.54 所示。为 SYS、SYSTEM、DBSNMP、SYSMAN这 4 个重要的数据库管理员账户设置不同的口令。

图 6.54　"口令管理"窗口

（16）单击"确定"按钮，完成数据库 mytestDB 的创建，也成功地修改了 SYS、SYSTEM、DBSNMP、SYSMAN 这 4 个重要的数据库管理员帐户的口令。

练习 2　创建表空间。

本练习中，在练习 1 的基础上为数据库 mytestDB 创建一个表空间 mytestDBtablespace_1，然后将该表空间设置为脱机状态。

实验步骤：

1. 在 OEM 中创建表空间，并设置为脱机状态

（1）以 SYSTEM 用户，Normal 连接身份登录 OEM，出现数据库主页的"主目录"属性页。单击"管理"超链接，出现"管理"属性页。单击"存储"标题下的"表空间"超链接，出现"表空间"页。

（2）单击"创建"按钮，出现"创建表空间"的"一般信息"页，在"名称"文本框中输入表空间的名称，如 mytestDBtablespace_1。在"区管理"下选择"本地管理的"单选项，在"类型"下选择"永久"单选项，在"状态"下选择"读写"单选项，在"数据文件"下取消"使用大文件表空间"复选框。创建表空间时一定要添加数据文件。所以要继续下列步骤。

（3）单击"添加"按钮，出现"添加数据文件"页，在"文件名"文本框中输入数据文件的名称，如 mytestDBdata_1.dbf，"文件目录"文本框使用默认值，在"文件大小"文本框中输入数据文件的大小，如 10MB，选中"数据文件满后自动扩展"复选框，输入增量大小，如 1MB，在"最大文件大小"中单击"值"单选按钮，输入该数据文件最大值，如 100MB。

（4）单击"继续"按钮，返回"创建表空间"页，此时在下方就有了刚添加的数据文件mytestDBdata_1.dbf。

（5）单击"确定"按钮创建表空间，返回"表空间"页。可以看见"已成功创建对象"的更新消息。并可以在下方的"结果"列表中查看表空间的基本信息。

（6）在"选择"列中，单击表空间 mytestDBtablespace_1 前面的单选按钮，单击"编辑"按钮，出现"编辑表空间"页，在"状态"下单击"脱机"单选按钮。

（7）单击"应用"按钮，成功修改表空间 mytestDBtablespace_1 为只读状态。

2．运用脚本创建表空间，并把表空间设置为脱机状态

（1）以 SYSTEM 身份登录 SQL *Plus。

（2）在 SQL *Plus 中输入以下指令删除表空间 mytestDBtablespace_1：

　　DROP TABLESPACE mytestDBtablespace_1;

（3）在 SQL *Plus 中输入以下指令创建表空间 mytestDBtablespace_1：

　　CREATE SMALLFILE TABLESPACE " mytestDBtablespace_1"
　　　DATAFILE 'D:\ORACLE\PRODUCT\10.2.0\ORADATA\ORCL\mytestDBdata_1.dbf'
　　　SIZE 10M AUTOEXTEND ON NEXT 1M MAXSIZE 100M LOGGING EXTENT
　　　MANAGEMENT LOCAL SEGMENT SPACE MANAGEMENT AUTO OFFLINE;

练习 3　创建重做日志组。

实验步骤：

1．在 OEM 中创建重做日志组

（1）以 SYSTEM 用户，Normal 连接身份登录 OEM，出现数据库主页的"主目录"属性页。单击"管理"超链接，出现"管理"属性页。单击"存储"标题下的"重做日志组"超链接，出现"重做日志组"页。

（2）单击"创建"按钮，出现"创建重做日志组"页，在该页面中可以指定组号、文件大小、文件名和文件目录等信息，这些信息都有默认值。

（3）单击"确定"按钮，最后返回"重做日志组"页，此时可在"结果"列表中看见新创建的重做日志组信息。

2．运用脚本创建重做日志组

（1）以 SYSTEM 身份登录 SQL *Plus。

（2）在 SQL *Plus 中输入以下指令删除以上在 OEM 中创建的重做日志组：

　　ALTER DATABASE DROP LOGFILE GROUP 5;

　　注意，其中的数据"5"要使用 OEM 中创建重做日志组时的组号，此值可能不是 5。

（3）在 SQL *Plus 中输入以下指令创建重做日志组：

　　ALTER DATABASE ADD LOGFILE GROUP 5
　　　('D:\ORACLE\PRODUCT\10.2.0\ORADATA\ORCL\redo5.log') SIZE 51200K;

注意，其中的数据"5"可能已被数据库使用，请根据实际数据库中重做日志组情况选用正确的数值。

习　　题

1．在 Oracle 10g 中表空间有几种脱机方式？
2．什么是重做日志文件？
3．什么是归档？归档模式和非归档模式有何区别？

第 7 章　Oracle 对象管理

本章学习目标

本章主要讲解索引的作用、原理和分类，视图的概念以及视图的作用，同义词和序列的概念以及优点。通过本章的学习，读者应掌握以下内容：

- 表的创建及管理
- 什么是索引以及索引如何分类
- 视图的优点
- 同义词和序列的优点
- 在 OEM 中创建、删除同义词和索引

Oracle 中的主要对象包括表、索引、视图、同义词和序列等，本章将主要介绍这些对象的各种管理技术。注意，本章的各种操作都要保证会话用户拥有相应的权限，有关权限请参见本书关于用户账号管理和权限控制的相关内容。

7.1　表

表是数据库中最基本、最重要的对象，是实际用于存储和管理数据的对象，数据的大部分操作和管理都是对表进行操作和管理。

7.1.1　概念

在 Oracle 中，表分为系统表和用户表，用于存储和管理用户数据以及数据库本身的数据。用户表是由用户创建的，用于存放用户数据；系统表是创建数据库时就创建好的，用于存放系统自身相关数据。

按照数据保存时间的长短，Oracle 中表又分为永久表和临时表两种。永久表用于长期保存数据，一般意义上的表即指永久表；临时表指暂时存放在内存中的表，当临时表不再使用时，系统自动把临时表中的数据删除。

表通过其中的行来记录数据，通过列来控制其自身结构。列最重要的属性是列名、数据类型等。Oracle 中列可用的主要数据类型如表 7.1 所示。

表 7.1　列可用的主要数据类型

名称	说明
CHAR(L[B | C])	定长字符串，L 字节长最大长度为 2000 字节或字符，默认值为 1 字节长
VARCHAR2(L[B | C])	可变长度字符串，此数据类型应用最广泛
NUMBER(P,S)	数值型，P（1～38）指有效数字位，S（-84～127）指小数点后的位数

名称	说明
DATE	日期
LONG	可变长字符串
BINARY_FLOAT	32 位浮点数
BINARY_DOUBLE	64 位浮点数
TIMESTAMP(F)	时间戳类型，包括年月日时分秒，用于存储精确时间
BAW(L)	可变长二进制数据，可用 BLOB 代替
LONG RAW	可变长二进制数据，最大长度是 2GB，可用 BLOB 代替
BLOB	大二进制对象，最大长度为 4GB
NCLOB	基于字符的大对象类型，使用国际字符集，最大长度为 4GB
CLOB	基于字符的大对象类型，使用数据库系统字符集
BFILE	保存在数据外部的大型二进制对象文件，最大长度是 4GB

在用户创建的表中，经常为了实现业务规则，需要限制表中的数据以满足各种要求，为此在表中创建各种约束。约束主要包括以下几种：

1. 主键（Primary Key）

强制表中某一列或多列的值非空而且惟一，保证表中每一行的惟一性。

2. 惟一键（Unique Key）

强制表中一列或多列中的值必须惟一，惟一键与主键的区别在于惟一键的列值可以为空。

3. 外键（Foreign Key）

定义单列或组合列，列值匹配同表或其他表的主键，规定引用与被引用列之间值的约束关系。

4. 检查（Check）

通过用户规定一个强制性条件，确保列值是可接受的值。

5. 默认值（Default）

设置表中指定列的默认值，当在表中插入一条记录时，如果该列没有指定值，则使用默认值。

7.1.2 创建表

创建表的方法主要有两种，通过 SQL 命令创建或通过 OEM 创建。

1. 通过 SQL 命令创建表

创建表的 SQL 命令语法格式如下所示：

CREATE TABLE [模式名称.]表名(

    [字段名称 1 数据类型 [Default | := 默认值]

    [字段名称 2 数据类型 [Default | := 默认值]

    ……

    [表约束子句]

```
        [PCTFREE 整数]
        [PCTUSED 整数]
        [INITRANS 整数]
        [TABLESPACE 表空间名称]
        [STORAGE 存储子句]
        [COLOUM 存储子句]
        [PARTITIONING 分区子句]
        [CACHE | NOCACHE]
        [PARALLEL 并行子句]
        [AS 子查询]);
```

其中，表名和列名要遵循 Oracle 的命名规则，最好用表或列的作用或意义来命名。PCTFREE 设置块内预留的自由空间比例。PCTUSED 设置块内已使用空间的最小比例。INITRANS 设置表中的每一个数据块分配的事务项初值。TABLESPACE 设置表创建到指定的表空间，如果没有指定，则创建到默认的表空间。STORAGE 存储子句设置表空间的默认存储参数。COLOUM 存储子句设置表中每一列的存储参数。PARTITIONING 分区子句设置表的分区特性。CACHE 和 NOCACHE 设置是否使用缓存存储数据块，默认值为 NOCACHE。PARALLEL 并行子句设置并行查询例程个数。AS 子查询设置将自查询返回的记录插入到新创建的表中。

以下代码将创建表 TableDemo：

```
CREATE TABLE SYSTEM.TableDemo
(Code VARCHAR2(3) NOT NULL CONSTRAINT TableDemo_PK PRIMARY KEY,
 Description VARCHAR2(250) DEFAULT '示例数据' NOT NULL,
 Coloring VARCHAR2(3) CONSTRAINT Chk_Color_Type
   CHECK(Coloring IN ('brn', 'blk', 'red', 'tan', 'bld')) DISABLE VALIDATE
)
INITRANS 10 MAXTRANS 20 PARALLEL 10 CACHE;
```

表 TableDemo 创建后，其中的列 Code 成为主键列，Coloring 列的合法值为"brn"、"blk"、"red"、"tan"和"bld"之中的一个，但此约束被禁用，实际上此约束并不起作用。表的事务处理数初始值为 10，最大值为 20，并行处理的并行度为 10，同时启用高速缓存。表中的列 Description 的默认值为"示例数据"。

2. 在 OEM 中创建表

在 OEM 中创建表需要登录到服务器的 OEM 中，创建表的步骤如下：

（1）登录到 OEM，进入所用的数据库，然后单击"管理"标签，在"管理"页面中单击"方案"→"数据库对象"→"表"，打开表管理页面。

（2）在表管理页面中，单击右下角的"创建"按钮，开始创建表。在如图 7.1 所示的"表组织"页面中，选择"标准，按堆组织"项。如果想创建"临时表"则选择"临时"复选项。页面中的"索引表（IOT）"单选项将创建"索引表"而不是一般表。单击右下角的"继续"按钮，打开如图 7.2 所示的"一般信息"页面。

图 7.1 "表组织"页

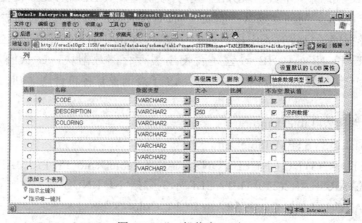

图 7.2 "一般信息"页

（3）在"一般信息"页面中输入表的表名称以及列的相关信息，然后再单击"约束条件"标签，打开如图 7.3 所示的"表约束条件"页面，然后单击右下角的"添加"按钮，添加相应的约束。

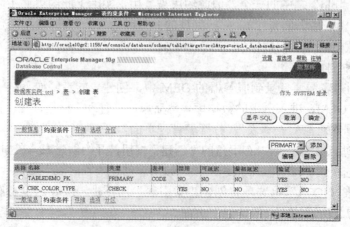

图 7.3 "约束条件"页

（4）单击"存储"标签，打开如图 7.4 所示的"表存储"页面，在其中设置相应的数值。

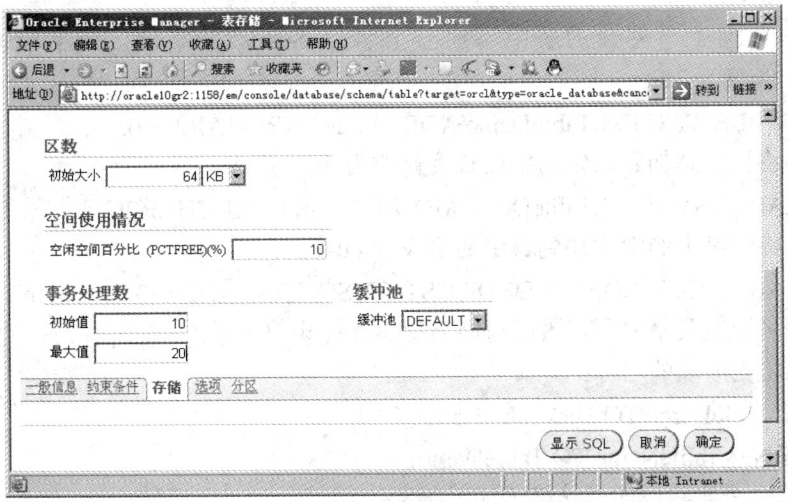

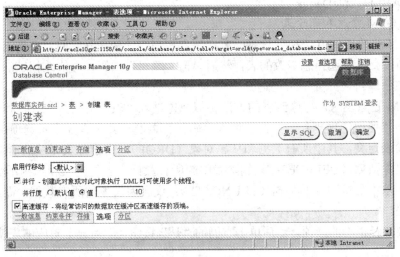

图 7.4　"表存储"页

（5）单击"选项"标签，打开如图 7.5 所示的"表选项"页面，设置相应的选项值。

图 7.5　"选项"页

（6）单击"显示 SQL"按钮，可以查看创建相应的表的 SQL 语句。最后单击"确定"按钮，完成表的创建过程。创建完成的表与上例中通过 SQL 语句创建的表完全一样。

7.1.3　修改和删除表

表创建成功后，如果不需要，则可以通过 SQL 语句或 OEM 进行修改和删除。

1．通过 SQL 命令修改和删除表

通过 SQL 命令修改表的语法格式如下所示：

ALTER TABLE [模式名称.]表名

　　ADD [字段名称 1　数据类型],…

      MODIFY [字段名称 2　数据类型]…

      STORAGE 子句;

以下代码将向上节创建的表中添加一个名为 Status 的字段，此字段的数据类型为 VARCHAR2，长度为 30：

      ALTER TABLE SYSTEM.TableDemo ADD Status VARCHAR2(30);

      以下代码将把新添加到表中的字段长度修改为 3：

      ALTER TABLE SYSTEM.TableDemo MODIFY Status VARCHAR2(3);

      以下代码将删除上例中添加到表中的字段 Status：

      ALTER TABLE TABLEDEMO DROP ("STATUS") CASCADE CONSTRAINTS;

      注意，列名一般要用大写，否则可能会提示"标识符无效"。

      以下代码将更改表的名称：

      RENAME TableDemo TO NewTableName;

      RENAME NewTableName TO TableDemo;

      通过 SQL 命令删除表的语法格式如下所示：

      DROP TABLE　表名称;

      以下代码将删除表 TableDemo：

      DROP TABLE TableDemo;

2. 通过 OEM 修改和删除表

通过 OEM 修改表的方法和创建表的方法基本相似，只是在开始时，先要进入对应数据库的"表"页面，查找并选择想修改的表，然后单击"编辑"按钮，再修改相应的内容，最后单击"应用"按钮即可，此处不再详述。

通过 OEM 删除表时，与修改表的方法相似，先进入"表"页面，并查找和选择将要删除的表，再单击"使用选项删除"按钮，进入"确认"页面，其中有 3 个备选项：

- 删除表定义，其中所有数据和从属对象（DROP）：将删除表相关的所有定义和数据
- 仅删除数据（DELETE）：只删除表中的所有数据，表的定义和结构不受影响。
- 仅删除不支持回退的数据（TRUNCATE）：仅删除表中的所有数据，而且数据将不能回退。

根据需要选择正确的一项，然后单击右侧的"是"按钮，即可删除对应的表或表中的数据。

7.2　索引

7.2.1　概念

索引是一种特殊类型的数据库对象，它与表有着密切的联系。索引用来提高表中数据的查询速度。索引是一个在表或视图上创建的独立的物理数据库结构，当用户查询索引字段时，这种结构可以快速实施数据检索操作。索引如同书中的目录，书的内容类似于表的数据，书的目录通过页号指向书的内容，索引提供指针以指向存储在表中指定字段的数据值，然后根据指定的排列次序来排列这些指针，通过搜索索引找到特定的值，从而找到相应的记录。借助于索引，执行查询时不必扫描整个表就能快速地找到所需的数据。

　　下面举例说明如何利用索引来提高数据检索速度。如表 7.2 所示，如果想在该表中检索某大学编号为"20070005"的博士生信息，该如何进行呢？有下面两种方法：

表 7.2　某校博士生记录

编号	姓名	性别	婚姻状况	所在班级
20070003	张三	男	已婚	数据库 0701
20070002	李四	男	已婚	图像所 0701
20070005	王五	男	离异	外语系 0702
20070001	李兰	女	未婚	生物工程 0703
20070006	王霞	女	已婚	临床 0702
20070007	赵伟	男	未婚	图像所 0701
20070004	刘俊	男	已婚	数据库 0703

　　第一种方法，从表的第一行开始，逐行读入表中的每一行记录，直到找到编号为 20070005 的记录，然后显示该记录的相关信息。逐行读入表中的每条记录来查找记录的过程称为全表扫描。当表中的数据量很大时，利用全表扫描的方式检索数据效率十分低下。因为如果所要查找的记录不巧正好放在表的最后一行，那么它前面的每个记录都需要一一作出判断。

　　第二种方法是利用索引检索数据。对表中的编号字段建立索引，则 Oracle 就会按照"编号"字段值顺序排列并建立一个索引表（见表 7.3）。该表前一列为索引编号，后一列为相应编号所在的记录在表中的指针地址，即记录在表中的实际存储位置。

表 7.3　索引表

索引编号	指针地址
20070001	4
20070002	2
20070003	1
20070004	7
20070005	3
20070006	5
20070007	6

　　在这个例子中，是基于"编号"字段建立的索引，这样的字段通常称为索引字段，也称为索引列或索引键。索引键可以是表中的单个字段，也可以由多个字段组合而成。对索引字段的选择是基于表的设计和对表所实施的查询来决定的。索引之所以能够提高查询速度，是因为它们是按照查询条件存储数据的，数据量少而且排列有序，便于采用数学方法进行快速定位，并且还提供了一个指向内容的指针，即记录的实际物理地址。在创建索引之前，一定要确认索引字段是作为查询的条件。

　　索引与其他具有独立存储结构的对象一样都需要占用实际的存储空间，创建或删除索引不会影响数据库中的表或视图，这是索引独立性的一个体现。但是，索引是依赖于某个表或视图的，如果删除表或视图，存在于表或视图上的索引也自动删除。如果用户删除一个索引，对表或视图的数据不会产生影响，最多只是影响查询的速度。

索引一旦被创建，那么在表上执行 DML 操作时，Oracle 就会自动维护索引，并且由 Oracle 自行决定何时使用索引。用户完全不需要在 DML 中的 SQL 语句中指定需要使用哪个索引、如何使用索引。无论表上是否创建了索引，编写和使用 SQL 语句没有任何区别。

在数据库中检索记录时，如果能够利用适当的索引对记录进行排序，就会提高检索的效率。但这并不是说表中的每个字段都需要建立索引，因为增删记录时，除了在表中进行数据处理外，还需要对每个索引进行额外的维护，这是以耗费系统资源为代价的，索引将占用磁盘空间，并且降低添加、删除或更新记录的速度。在通常情况下，只有当经常查询索引字段中的数据时，才需要在表上创建索引。如果应用程序非常频繁地更新数据，或者磁盘空间有限，最好对索引的数量有所限制。不过，大部分情况下，索引的优势大大超过了它的不足。

7.2.2　索引的分类

可以按列的多少、索引列是否惟一等对索引进行分类。在 Oracle 中可以创建多种类型的索引，以适应各种表的特点和各种查询的特点。

- 单列索引：基于单个列所创建的索引。
- 多列索引：也叫组合索引，是基于多列的索引。组合索引的列不一定与表中列的顺序相同，这些列在表中也没有必要相邻。
- 惟一索引：保证表中任何数据行的索引列的值都不相同。一般情况下，Oracle 不推荐人为的指定创建惟一索引。
- 非惟一索引：表中不同数据行的索引列的值可以相同。
- B 树索引：B 树索引是 Oracle 中最常用的一种索引，在使用 CERATE INDEX 语句创建索引时，默认创建的就是 B 树索引，B 树索引可以是单列索引、多列索引、惟一索引、非惟一索引。

B 树索引是按 B 树结构组织并存放索引数据。B 树索引主要依赖其组织和存放索引数据的算法来实现快速检索功能。

使用 B 树算法建立的 B 树索引有如下特点：

（1）B 树索引中所有叶子节点都具有相同的深度，所以无论查询条件是哪种类型或写法，都具有基本相同的查询速度。

（2）无论对于大型表还是小型表，B 树索引的效率都是相同的。

（3）B 树索引能够适应多种查询条件，包括使用 "=" 的精确匹配、使用 "like" 的模糊匹配以及使用 "<" 和 ">" 的比较条件。

- 位图索引：在介绍位图索引之前，先介绍一下什么叫基数，基数是指某个列所拥有的不重复的取值个数，比如 "性别" 列的基数为 2（取值只能是男或女），"婚姻状况" 列的基数为 3（取值只能是未婚、已婚或离异）。对于这种基数很小的列，只有几个有限的固定值，就应该特意创建位图索引，而不是默认地建立 B 树索引。

创建位图索引时，Oracle 会对整个表进行扫描，并为索引列的每个取值建立一个位图。在这个位图中，为表中每一行使用一个位元（取值 1 或 0）来表示该行是否与该位图的索引列的取值一致。“性别”列的取值只能是男或女，性别“男男男女女男男”，男的列值“1110011”，依此类推，女的列值则为“0001100”。表 7.4 为一个在“性别”列上创建的位图索引的示意图。表 7.5 为一个在“婚姻状况”列上创建的位图索引的示意图。

表 7.4　“性别”列的位图索引示意图

男	女	指针地址
1	0	4
1	0	2
1	0	1
0	1	7
0	1	3
1	0	5
1	0	6

表 7.5　“婚姻状况”列的位图索引示意图

未婚	已婚	离异	指针地址
0	1	0	4
0	1	0	2
0	0	1	1
1	0	0	7
0	1	0	3
1	0	0	5
0	1	0	6

当需要查找未婚的男博士时，通过“性别”位图索引中的男和“婚姻状态”中的未婚（图 7.6 中椭圆标注）相“与”，得出的结果第七行为 1，所以第七行就是我们所要查找的未婚的男博士信息。

男	女	指针地址
1	0	4
1	0	2
1	0	1
0	1	7
0	1	3
1	0	5
1	0	6

AND

未婚	已婚	离异	指针地址
0	1	0	4
0	1	0	2
0	0	1	1
1	0	0	7
0	1	0	3
1	0	0	5
0	1	0	6

=

未婚的男博士
0
0
0
0
0
1
0

图 7.6　通过索引实现符合查询示意图

7.2.3　创建索引

1．在 OEM 中创建索引

在 OEM 中建立索引的步骤如下：

（1）以 SYSTEM 用户，Normal 连接身份登录 OEM，出现数据库主页的“主目录”属性页。单击“管理”超链接，出现“管理”属性页。单击“方案”标题下的“索引”超链接，出现“索引”页，如图 7.7 所示。

（2）单击“创建”按钮，出现“创建索引”的“一般信息”页，如图 7.8 所示。

（3）在“名称”文本框中输入索引名称，如 EMPLOYEE_INDEX，在“方案”文本框中输入方案名称，或单击右边的查找图标从列表中选择一个方案，在“表空间”文本框中输入表空间名称或单击右边的查找图标选择合适的表空间，在“索引类型”单选项中选择一个索引类型，如"标准-B 树"，在"表名"文本框中既可以输入表名，也可以单击右边的查找图标选择合适的表名。单击"置入列"按钮，就会将该表中的所有列显示在下方"表列"列表中，如图 7.9 所示。

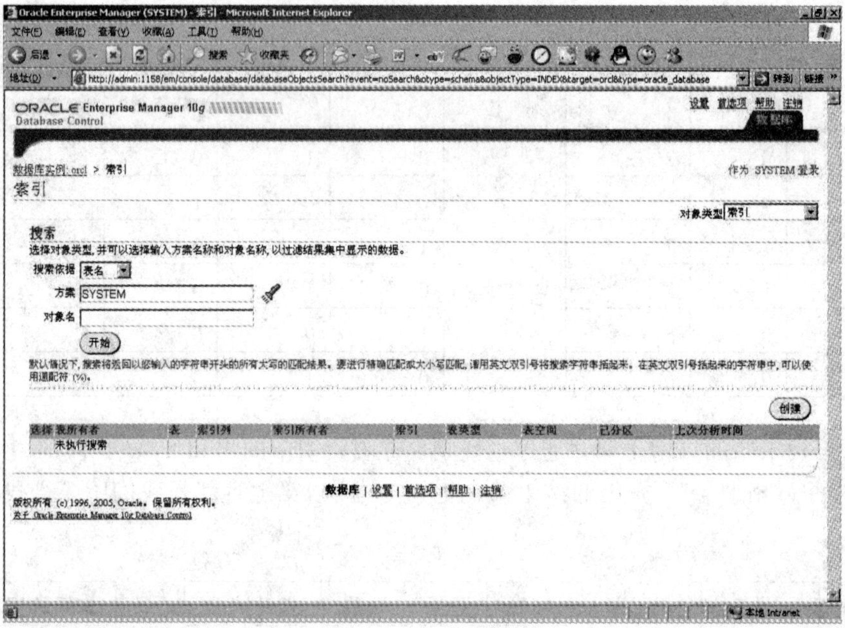

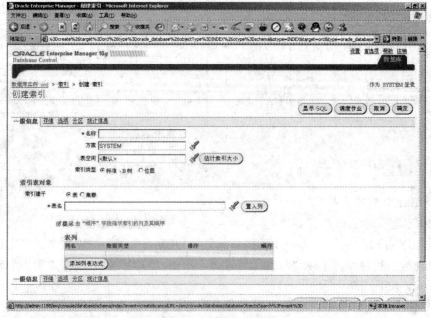

图 7.7　　"索引"页

图 7.8　　"创建索引"页

（4）"表列"列表中"排序"下拉列表表明该列是按升序排列还是按降序排列，"顺序"文本框表明在索引中的前后顺序（必须是从 1 开始的连续整数，可以不填），如图 7.9 所示。

图 7.9　创建索引

（5）单击"显示 SQL"按钮，出现"显示 SQL"页，该页显示了在表 employee 的列 ID、NAME 上创建索引的 SQL 语句，可作为参考。

（6）单击"返回"按钮，返回"创建索引"页。单击"确定"按钮，可看见"已成功创建索引 SYSTEM.EMPLOYEE_INDEX"的更新消息，如图 7.10 所示。

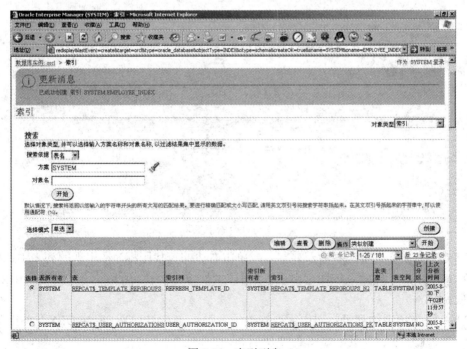

图 7.10　索引列表

2. 通过 SQL 命令创建索引

创建索引的 SQL 命令语法格式如下所示：

CREATE INDEX [模式名称.]索引名称

    ON [模式名称.]表名(字段名称 1，字段名称 2)

    TABLESPACE　表空间；

以下代码将在默认表空间中，针对上一节中创建的表 TableDemo 的字段 Coloring 列上创建名为 TableDemo_Coloring_Index 的索引：

CREATE INDEX TableDemo_Coloring_Index

    ON TableDemo ("COLORING");

注意，列名一般要用大写，否则可能会提示"标识符无效"。

7.2.4　修改与删除索引

1. 修改索引

（1）以 SYSTEM 用户，Normal 连接身份登录 OEM，出现数据库主页的"主目录"属性页。单击"管理"超链接，出现"管理"属性页。单击"方案"标题下的"索引"超链接，出现"索引"页，如图 7.11 所示。

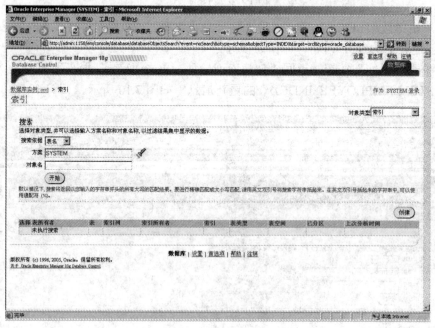

图 7.11　"索引"页

（2）在"方案"文本框中输入方案名或单击右边的查找图标，在出现的列表中选择方案，如 SYSTEM，单击"开始"按钮，出现"索引"列，如图 7.12 所示。下方的列表中出现该方案相关的索引。

（3）在下方出现的列表中选中需要修改的索引，如 EMPLOYEE_INDEX，单击"编辑"按钮，出现"编辑索引"页，如图 7.13 所示。

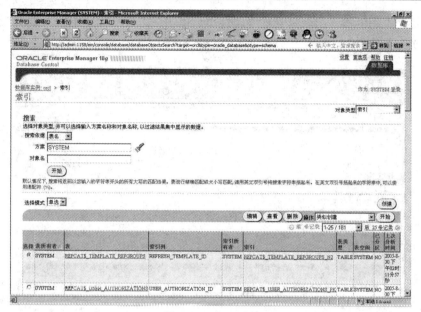

图 7.12　索引列表

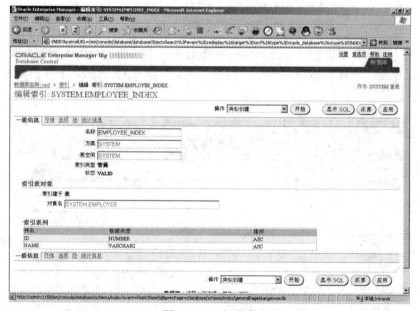

图 7.13　一般信息

（4）修改"名称"文本框中的内容，如 EMP_INDEX，单击"显示 SQL"按钮，出现"显示 SQL"页。该页显示了将索引 EMPLOYEE_INDEX 更名为 EMP_INDEX 的 SQL 语句，可作为参考。

（5）单击"返回"按钮，返回"编辑索引"页，单击"应用"按钮，出现"已成功修改索引 SYSTEM.EMP_INDEX"的更新消息。

2.　删除索引

（1）以 SYSTEM 用户，Normal 连接身份登录 OEM，出现数据库主页的"主目录"属性页。单击"管理"超链接，出现"管理"属性页。单击"方案"标题下的"索引"超链接，出现"索引"页，如图 7.14 所示。

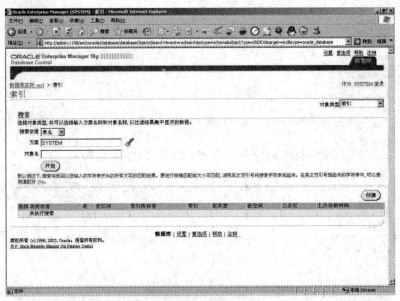

图 7.14　"索引"页

（2）在"方案"文本框中输入方案名或单击右边的查找图标，在出现的列表中选择方案，如 SYSTEM，单击"开始"按钮，出现"索引"列，如图 7.15 所示。下方的列表中出现该方案相关的索引。

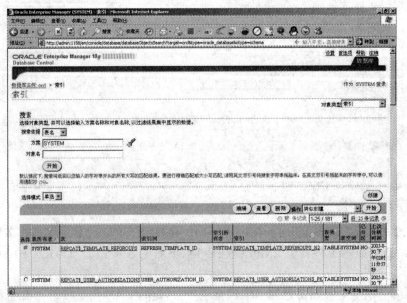

图 7.15　索引列表

（3）选中需要删除的索引，如 EMP_INDEX，单击"删除"按钮，出现"确认"页，单击"是"按钮，返回"索引"页，单击"应用"按钮，可看见"已成功删除索引 SYSTEM.EMP_

INDEX" 的更新消息。

在 SQL 语句中，删除索引使用 DROP INDEX 命令，语法格式如下所示：

DROP INDEX [模式名.]索引名;

以下代码将删除前例创建的索引 TableDemo_Coloring_Index：

DROP INDEX TableDemo_Coloring_Index;

7.3　视图

7.3.1　概念

视图是由 SELECT 查询语句定义的一个逻辑表，因此可以把视图看作一个表，在许多情况下都可以像管理和使用表一样使用视图。但是视图又不同于表，视图所包含的数据并不存储在数据库中。因为在创建视图时，只是将视图的定义存放于数据字典中，并不将实际的数据保存到任何地方，即不需要在表空间中为视图分配存储空间，在视图中并不存在任何数据。视图不生成所选数据库行和列的永久拷贝，其中的数据是在引用视图时动态生成的。当基表中的数据发生变化时，可以从视图中直接反映出来，当对视图执行更新操作时，实际操作的是基表的数据。所以可以通过视图查看基表中的数据，也可以通过视图更改基表中的数据，只不过这种更改往往有一定的限制条件。

视图的优点如下：

1.　集中数据，简化查询操作

在大部分情况下，用户所查询的信息是存在于多个表中的，查询起来所需的 SQL 语句相当繁琐，这种情况下，可以将感兴趣的多个表的内容集中到一个视图中，通过查询视图查询多个表中的数据，从而简化数据的查询操作。

2.　提供某些安全性保证

视图提供了一种可以控制的方式，可以让不同的用户看见不同的列，或不允许访问那些没有必要的、敏感的或不合适的列，这样可以保证某些敏感数据不被用户看见。可以将视图的权限授予用户，而不是将基表中某些列的权限授予用户，这样就简化了用户权限的定义。

例如：某超市数据库存在下表：商品表（商品名称，商品介绍，进价，售价，供货商信息），超市所有者允许顾客查看（商品名称，商品介绍，售价），但是允许自己的店员查看（商品名称，商品介绍，进价，售价），因为不能让店员知道进货渠道的信息。所以对店员屏蔽了供货商信息。这样针对顾客和店员分别定义两个视图，就可以保证敏感信息的安全。

3.　便于数据的交换

有时 Oracle 数据库需要与其他类型的数据库交换数据（数据的导入/导出），但是如果这批数据存放于多个表中，进行数据交换操作就会比较麻烦。如果将需要交换的数据集中到一个视图中再交换就大大简化了数据交换的工作量。

7.3.2　创建视图

1.　在 OEM 中创建视图

在 OEM 中创建视图的步骤如下：

（1）以 SYSTEM 用户，Normal 连接身份登录 OEM，出现数据库主页的"主目录"属性页。单击"管理"超链接，出现"管理"属性页。单击"方案"标题下的"视图"超链接，出现"视图"页，如图 7.16 所示。

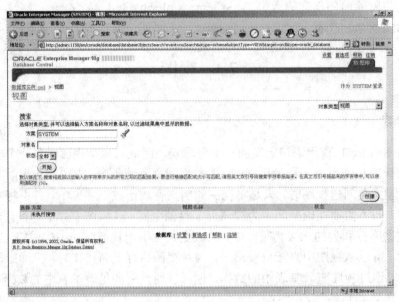

图 7.16　"视图"页

（2）单击"创建"按钮，出现"创建视图"页，如图 7.17 所示。

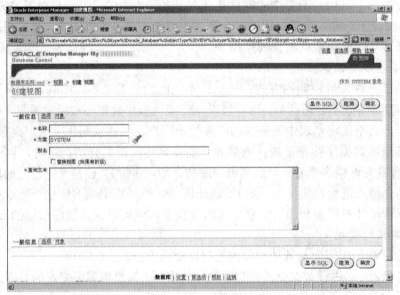

图 7.17　"创建视图"页

（3）在"名称"文本框中输入要创建的视图的名称，如 employee_view。在"方案"文本框中既可以手动输入方案名称，也可以单击右边的查找图标，在"搜索和选择"窗口中选择需要的方案。在"别名"文本框中逐个输入视图中每一列的别名，以逗号分隔。它们与"查询文本"中的列名是一一对应的。如果选择"替换视图（如果有的话）"复选框，则创建视图时如果同名的视图（不同的内容）已存在，则用现有的视图替换原视图。在"查询文本"中输入视图所包含的查询，如图 7.18 所示。

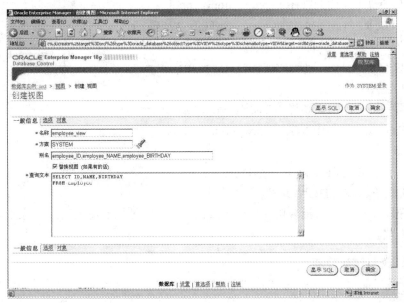

图 7.18　创建视图

（4）单击"显示 SQL"按钮，出现"显示 SQL"窗口，该页显示了在数据库中创建该视图的 SQL 语句，可作为参考。

（5）单击"返回"按钮，返回"创建视图"页，单击"确定"按钮，出现"已成功创建视图 SYSTEM.EMPLOYEE_INDEX"的更新消息。

2. 通过 SQL 命令创建视图

创建视图的语法格式如下所示：

```
CREATE [OR REPLACE] VIEW [模式名.]视图名
    AS
    SELECT 子句
    [WITH READ ONLY | WITH CHECK OPTION];
```

其中，OR REPLACE 选项可以直接实现对原有同名视图完成修改操作，实际使用时，推荐使用此选项。WITH READ ONLY 子句将使视图只能对基表中的数据进行读取操作；WITH CHECK OPTION 子句针对查询语句中的 WHERE 条件子句设置，限制视图对基本数据的修改操作必须使修改后的数据行能在视图中出现才能继续进行。

以下代码将创建一个 Books 表：

```
CREATE TABLE Books
(bookID NUMBER PRIMARY KEY,
bookName VARCHAR2(40) NOT NULL,
price NUMBER);
```

以下代码将创建一个视图 view_basic_books，视图中只包含基表中 price 大于 30 的记录：

```
CREATE OR REPLACE VIEW view_basic_books
AS
    SELECT * FROM Books WHERE price > 30;
```
以下代码将创建只读的视图 view_readonly_books：
```
CREATE OR REPLACE VIEW view_readonly_books
AS
    SELECT * FROM Books WHERE price > 30;
    WITH READ ONLY;
```
以下代码将创建控制更新操作的视图 view_option_books：
```
CREATE OR REPLACE VIEW view_option_books
AS
    SELECT * FROM Books WHERE price > 30
    WITH CHECK OPTION;
```
对于此视图，只有插入记录的 price 字段值大于 30 时，才能更新到基表中，否则，数据更新操作将失败。

7.3.3　修改与删除视图

1. 修改视图

（1）以 SYSTEM 用户，Normal 连接身份登录 OEM，出现数据库主页的"主目录"属性页。单击"管理"超链接，出现"管理"属性页。单击"方案"标题下的"视图"超链接，出现"视图"页，如图 7.19 所示。

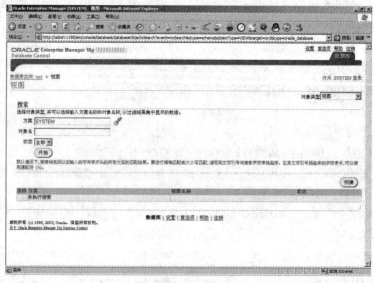

图 7.19　"视图"页

（2）在"方案"文本框中既可以手动输入方案名称，也可以单击右边的查找图标，在"搜索和选择"窗口中选择需要的方案。如 SYSTEM，单击"开始"按钮，在"结果"列表中显示该方案中所有的视图，如图 7.20 所示。

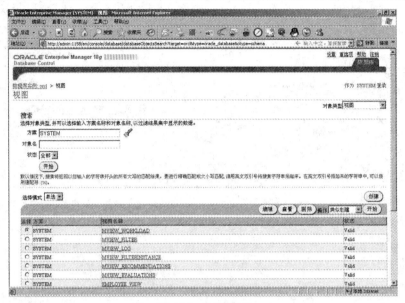

图 7.20　视图列表

（3）选中需要修改的视图，如 EMPLOYEE_VIEW，单击"编辑"按钮，出现"编辑视图"页，如图 7.21 所示。

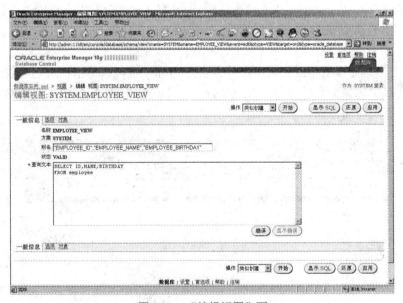

图 7.21　"编辑视图"页

（4）由于 BIRTHDAY 属于个人隐私，不允许查看，因此视图中不允许出现此列，删除 BIRTHDAY 列，如图 7.22 所示。

（5）单击"显示 SQL"按钮，出现"显示 SQL"页，该页显示了在数据库中修改视图的 SQL 语句，可作为参考。

（6）单击"返回"按钮，返回"编辑视图"页，单击"编译"按钮，出现"已成功编译视图"的更新消息。

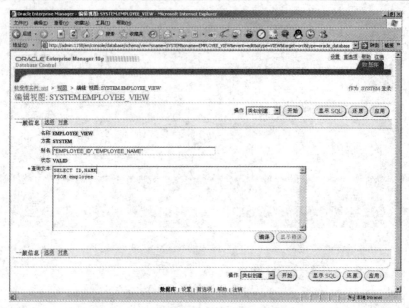

图 7.22   编辑视图

2．删除视图

（1）在 OEM 中删除视图。在 OEM 中删除视图的步骤如下：

1）以 SYSTEM 用户，Normal 连接身份登录 OEM，出现数据库主页的"主目录"属性页。单击"管理"超链接，出现"管理"属性页。单击"方案"标题下的"视图"超链接，出现"视图"页。

2）在"方案"文本框中既可以手动输入方案名称，也可以单击右边的查找图标，在"搜索和选择"窗口中选择需要的方案。如 SYSTEM，单击"开始"按钮，在"结果"列表中显示该方案中所有的视图，如图 7.23 所示。

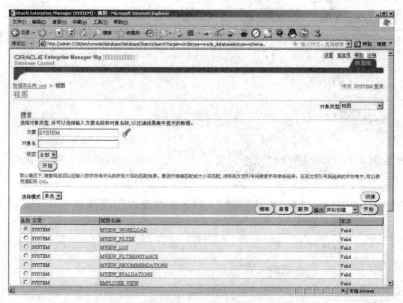

图 7.23   视图列表

3）选中需要修改的视图，如 EMPLOYEE_VIEW，单击"删除"按钮，出现"确认"页，单击"是"按钮，出现"已成功删除视图 SYSTEM.EMPLOYEE.VIEW"的更新消息，视图被删除。

（2）通过 SQL 命令删除视图。删除视图的语法格式如下所示：

DROP VIEW 视图名;

以下代码将删除前例所创建的视图 view_basic_books：

DROP VIEW view_basic_books;

7.3.4　管理视图数据

通过视图可以实现对基本数据的增、删、改和查操作，其中，增、删和改将更改数据库中的记录。由于视图的所有数据都来源于其基表，所以对视图中数据的更改操作实际上是更改基表中的数据，但通过视图更改基表中的数据有一定的限制。

如果视图中的数据来自两个或两个以上的基表，直接通过视图更改基表中的数据则只能在一个操作中更改一个基表中的数据，而不能在一条语句中同时更改两个或两个以上的基表中的数据。

1.　插入数据

在视图中插入数据的语法格式和对表中插入数据的语法格式相同。

以下代码将对前例中创建的视图 view_basic_books 插入一条新的数据：

INSERT INTO view_basic_books VALUES (1, 'Oracle 10g 管理及应用', 28);

注意，view_option_books 视图使用了 WITH CHECK OPTION 选项，则以下插入数据的语句将失败：

INSERT INTO view_option_books VALUES (2, 'Oracle 10g 管理及应用', 28);

2.　更新数据

在视图中更新数据的语法格式和更新表中数据的语法格式相同。

以下代码将把前例中插入的记录 1 的 price 改为 29：

UPDATE view_basic_books SET price = 29 WHERE bookID = 1;

但是，由于 view_option_books 视图使用了 WITH CHECK OPTION 选项，以下更新操作将失败：

UPDATE view_option_books SET price = 29 WHERE bookID = 1;

执行结果为：

已更新 0 行。

3.　删除数据

在视图中删除数据的语法格式和删除表中数据的语法格式相同。

注意，在删除视图中的记录时，只能删除在视图中可见的记录，不论创建视图时是否使用 WITH CHECK OPTION 选项。

以下代码将无法删除前例中更新 price 为 29 的记录，此记录不能通过 view_basic_books 查询到：

DELETE FROM view_basic_books WHERE bookID = 1;

但在把此记录的 price 值改成大于 30 的值后，此语句将能成功删除对应的记录。

7.4 同义词和序列

7.4.1 同义词

同义词（synonym）是对象的一个别名，在使用同义词时，Oracle 简单地将它翻译成对象的名称。通过使用同义词，一方面可以简化对象访问，另一方面可以提高对象访问的安全性。与视图相似，同义词并不占用实际存储空间，只在数据字典中保存同义词的定义。

在开发数据库应用程序时，应当普遍遵守的规则就是尽量避免直接引用表以及其他对象。否则当 DBA 改变了表的名称或改变了表的结构，应用程序中所有引用该表的代码都需要修改。因此，DBA 应当为开发人员建立对象的同义词，使他们在应用程序中使用同义词。这样即使基础表或其他对象发生了变动，也只需要在数据库中对同义词进行修改，而不必对应用程序作出任何改动。

有时，出于安全性和方便性的考虑，也需要使用同义词：
- 为重要的对象创建同义词，以便隐藏对象的实际名称和它的所有者。
- 为名称很长或很复杂的对象创建同义词以简化 SQL 语句。

Oracle 中有两种同义词：公用同义词（public synonym）和方案同义词（schema synonym）。当代码引用一个未限定的表、视图、同义词、序列、存储过程、函数等对象时，Oracle 会采用以下顺序查看是否存在被引用的对象：
- 当前用户拥有的对象。
- 由当前用户拥有的一个方案同义词。
- 公用同义词。

如果在这 3 个地方都没有找到该对象的名称，就会有错误提示。

1. 公用同义词

公用同义词由一个特殊的用户组 PUBLIC 所拥有，数据库中所有的用户都可以使用公用同义词。公用同义词用于标识一些大家都需要引用的对象。在引用这些对象时，并不需要在其前面加一个 PUBLIC 所有者名字作限定，否则反而会给出一个错误提示。

2. 方案同义词

方案同义词由创建它的用户（或方案）所拥有，也称为私有同义词（private synonym）。用户可以控制其他用户是否有权使用属于自己的方案同义词。

（1）在 OEM 中创建同义词。在 OEM 中创建同义词的步骤如下：

1）以 SYSTEM 用户，Normal 连接身份登录 OEM，出现数据库主页的"主目录"属性页。单击"管理"超链接，出现"管理"属性页。单击"方案"标题下的"同义词"超链接，出现"同义词"页，如图 7.24 所示。

2）单击"创建"按钮，出现"创建同义词"页，如图 7.25 所示。

3）在"名称"文本框中输入同义词的名称，如 EMP，"类型"单选项选为"公用"，在"对象"文本框中输入实际的对象名称，如 SYSTEM.EMPLOYEE，单击"显示 SQL"按钮，出现"显示 SQL"页，该页显示了在数据库中为 EMPLOYEE 创建同义词 EMP 的 SQL 语句，可作为参考。

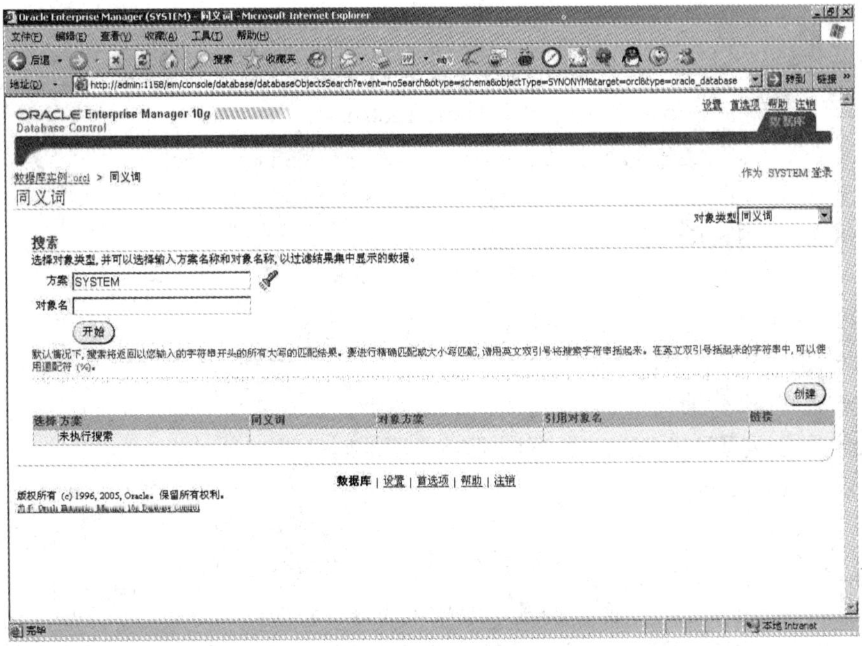

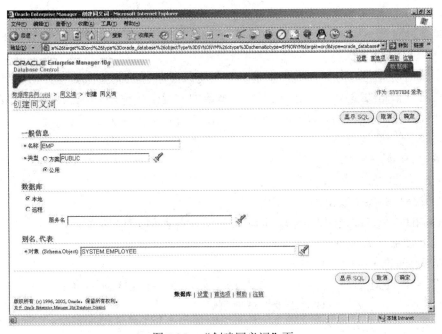

图 7.24　"同义词"页

图 7.25　"创建同义词"页

4）单击"返回"按钮，出现"同义词"页。

（2）通过 SQL 命令管理同义词。创建公用同义词的语法格式如下所示：

CREATE [OR REPLACE] PUBLIC SYNONYM 同义词名 FOR 模式名.对象名；

以下代码将创建上一节中创建的表 Books 的同义词 BookStore：

CREATE OR REPLACE PUBLIC SYNONYM BookStore FOR SYSTEM.Books；

创建私有同义词的语法格式如下所示：

CREATE [OR REPLACE] SYNONYM 同义词名 FOR 模式名.对象名;

以下代码将创建表 Books 的私有同义词 myBooks;

CREATE OR REPLACE SYNONYM myBooks FOR SYSTEM.Books;

删除公有同义词的语法格式如下所示：

DROP PUBLIC SYNONYM 同义词名;

以下代码将删除前例中创建的公有同义词 BookStore：

DROP PUBLIC SYNONYM BookStore;

删除私有同义词的语法格式如下所示：

DROP SYNONYM 同义词名;

以下代码将删除前例中创建的私有同义词 myBooks：

DROP SYNONYM myBooks;

7.4.2　序列

序列（sequence）就是一个命名的顺序编号生成器。它能够以串行方式生成一系列的顺序整数。序列可以被设置为递增或递减、有界或无界、循环或不循环等方式。序列比较像数学当中等差数列的概念，需要提供初始值和差值。

序列由 Oracle 服务器端产生，出自一处，可以在多用户并发环境中为各个用户生成不重复的顺序整数，而且不需要任何额外的 I/O。每个用户在对序列提出申请时都会得到下一个可用的整数。

如果有多个用户同时向序列提出申请，序列将按照串行机制依次处理各个用户的请求，决不会生成两个相同的整数。序列生成下一个整数的速度十分快，即使在并发用户数量很多的联机事务处理环境中，当多个用户同时对序列提出申请时也不会产生明显的延迟。在定义序列时需要提供如下信息：

- 序列的名称。
- 生成整数的顺序是递增还是递减。
- 生成整数的界限或范围，是否循环。
- 生成的两个整数之间的间隔（即等差数列中的差值）。

1. 在 OEM 中创建序列

在 OEM 中创建序列的步骤如下：

（1）以 SYSTEM 用户，Normal 连接身份登录 OEM，出现数据库主页的"主目录"属性页。单击"管理"超链接，出现"管理"属性页。单击"方案"标题下的"序列"超链接，出现"序列"页，如图 7.26 所示。

（2）单击"创建"按钮，出现"创建序列"页，在"名称"文本框中输入序列的名称，如 emp_seq，在"方案"文本框中输入或单击右边的查找图标选择方案，如 SYSTEMS，"最大值"和"最小值"文本框使用默认值，在"间隔"文本框中输入序列两个数之间的间隔，在"初始值"文本框输入序列开始的初始值，如 5，如图 7.27 所示。

（3）单击"显示 SQL"按钮，出现"显示 SQL"页，该页显示了在数据库中创建序列 emp_seq 的 SQL 语句，可作为参考。

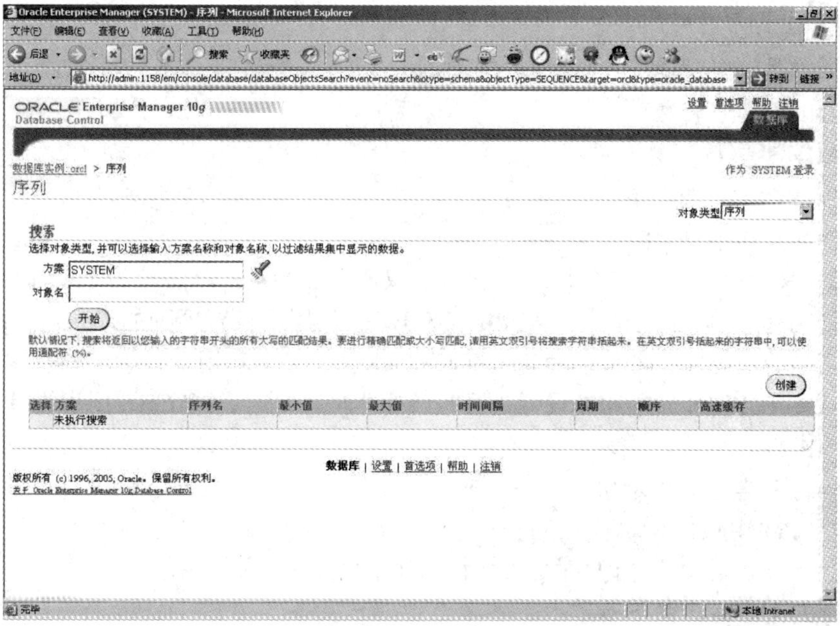

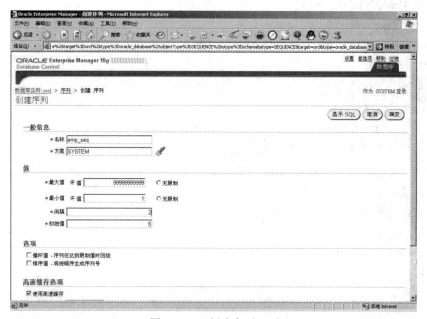

图 7.26　"序列"页

图 7.27　"创建序列"页

（4）单击"返回"按钮，返回"创建序列"页，单击"确定"按钮，出现"已成功创建序列 SYSTEM.EMP_SEQ"的更新消息。

2. 通过 SQL 命令管理序列

创建序列的语法格式如下所示：

CREATE SEQUENCE [模式名.]序列名

　　[INCREMENT BY 整数]

```
    [START BY  整数]
    [MAXVALUE  整数 |   NOMAXVALUE]
    [MINVALUE  整数]
    [CACHE  整数]
    [NOCYCLE | CYCLE]
    [NOORDER | ORDER]
```

其中，INCREMENT BY 子句用于设置每次取值后的增量，默认值为 1。START BY 子句用于设置序列的起始值，默认值为 1。MAXVALUE 值用于设置序列的最大值。MINVALUE 值用于设置序列的最小值，默认值为 1。NOCYCLE 和 CYCLE 用于设置序列在达到限制值时是否回绕。NOORDER 和 ORDER 设置是否按顺序生成序列号。CACHE 用于设置是否使用缓存以及缓存的大小。

以下代码将创建一个名为 books_sequence 的序列：

```
CREATE SEQUENCE books_sequence
    INCREMENT BY 1 START WITH 1 MINVALUE 1;
```

修改序列的语法格式如下所示：

```
ALTER SEQUENCE [模式名.]序列名
    [INCREMENT BY  整数]
    [START BY  整数]
    [MAXVALUE  整数 |   NOMAXVALUE]
    [MINVALUE  整数]
    [CACHE  整数]
    [NOCYCLE | CYCLE]
    [NOORDER | ORDER]
```

以下代码将上例中创建的序列改为按顺序生成序列号：

```
ALTER SEQUENCE books_sequence ORDER;
```

删除序列的语法格式如下所示：

```
DROP SEQUENCE [模式名.]序列名;
```

以下代码将删除前例中创建的序列：

```
DROP SEQUENCE books_sequence;
```

3．使用序列

序列对象在创建之后，可以通过它得到对应的序列号。序列对象有两种最重要的属性：NEXTVAL 和 CURRVAL。其中 NEXTVAL 代表下一个新的序列号，在访问此新的序列号后，CURRVAL 也随之更新为 NEXTVAL 的值，同时，下一次访问 NEXTVAL 值时，又将得到一个新的序列号，在访问 CURRVAL 时，序列对象的序列号不会被更新。

在 SQL 语句中，可以直接通过"序列名.NEXTVAL"得到序列的序列号。

在 SQL *Plus 中可以通过以下格式的命令查询得到序列的序列号：

```
SELECT  序列名.NEXTVAL FROM DUAL;
```

以下代码可以在插入新记录到 Books 表中时，实现自动选用合适的 bookID 值：

```
INSERT INTO Books
```

VALUES(Books_sequence.NEXTVAL, 'Oracl 10g 管理及应用第 2 版', '38');

以下代码在 SQL *Plus 中可以通过序列的 CURRVAL 查看刚插入的记录的 bookID 值：

SELECT Books_sequence.CURRVAL FROM DUAL;

本章小结

表是数据库中最基本、最重要的对象，是实际用于存储和管理数据的对象，数据的大部分操作和管理都是对表进行操作和管理。在 Oracle 中，表分为系统表和用户表，用于存储和管理用户数据以及数据库本身的数据。用户表是由用户创建的，用于存放用户数据；系统表是创建数据库时就创建好的，用于存放系统自身相关数据。

索引是一种特殊类型的数据库对象，它与表有着密切的联系。索引用来提高表中数据的查询速度。索引与其他具有独立存储结构的对象一样都需要占用实际的存储空间，创建或删除索引不会影响数据库中的表或视图，但是，索引是依赖于某个表或视图的，如果删除表或视图，存在于表或视图上的索引也自动删除。如果用户删除一个索引，对表或视图的数据不会产生影响，最多只是影响查询的速度。

索引分为单列索引、多列索引、惟一索引、非惟一索引、B 树索引和位图索引。

视图就是一个存储着的查询，它可以简化查询和提供安全性保证。更改视图的定义后必须重新编译才能生效。

同义词是对象的一个别名，在使用同义词时，Oracle 简单地将它翻译成对象的名称。通过使用同义词，一方面可以简化对象访问，另一方面可以提高对象访问的安全性。与视图相似，同义词并不占用实际存储空间，只在数据字典中保存同义词的定义。同义词分为公用同义词和方案同义词。

序列就是一个命名的顺序编号生成器。它能够以串行方式生成一系列的顺序整数。序列可以被设置为递增或递减、有界或无界、循环或不循环等方式。

实训 5　管理 Oracle 对象

1．目标

完成本实验后，将掌握以下内容：

（1）表的创建和管理。

（2）索引的创建和管理。

（3）视图的创建和管理。

（4）创建同义词。

（5）序列的创建和管理。

2．准备工作

数据库已成功地创建，同时也已创建好默认的表空间。

在进行本实验前，必须已创建表 TABLE_1。步骤如下：

（1）以 SYSTEM 用户，Normal 连接身份登录 OEM，出现数据库主页的"主目录"属性页。单击"管理"超链接，出现"管理"属性页。单击"方案"标题下的"表"超链接，出现

"表"页。

（2）单击"创建"按钮，出现"创建表"页。

（3）单击"继续"按钮，出现"创建表"的"一般信息"属性页，在"名称"文本框中输入表名 TABLE_1，包含列"ID"（NUMBER 类型）、"NAME"（VARCHAR2 类型）、"DAY"（DATE 类型）、"SALARY"（NUMBER 类型）。

（4）单击"确定"按钮，可以看见"已成功创建表 TABLE_1"的更新消息。

3. 场景

在东升软件公司的人事管理系统数据库中，需要创建各种表以用于保存各种记录，创建各种索引以提高查询速度，并提供各种视图，以提高系统安全性、屏蔽数据库的复杂性、降低应用程序开发难度，同时还需要提供同义词，以方便不同的用户访问数据库中的各种对象。

4. 实验预估时间：90 分钟

练习 1　创建表。

本练习中，将在默认的表空间中创建一个表，名为 TABLE_1，表的一般信息如表 7.6 所示。

表 7.6　TABLE_1 的一般信息

字段	类型	可否为空	备注
ID	NUMBER	N	记录流水号
NAME	VARCHAR2（40）	N	用户名
DAY	DATE	Y	任职日期
SALARY	NUMBER	Y	月薪

主键：TABLE_1_PK：ID

外键：无

实验步骤：

（1）以 SYSTEM 身份登录 SQL *Plus。

（2）在 SQL *Plus 中输入创建表的 SQL 命令，完成表的创建工作。

注意，如果在 OEM 中已创建相同的表，则请先删除此表。

练习 2　创建索引。

本练习中，创建基于 TABLE_1 的列 NAME 的升序的 B 树索引 INDEX_1。

实验步骤：

1. 在 OEM 中创建索引

（1）以 SYSTEM 用户，Normal 连接身份登录 OEM，出现数据库主页的"主目录"属性页。单击"管理"超链接，出现"管理"属性页。单击"方案"标题下的"索引"超链接，出现"索引"页。

（2）单击"创建"按钮，出现"创建索引"的"一般信息"页。

（3）在"名称"文本框中输入索引名称，如 INDEX_1，在"方案"文本框中输入方案名称，或单击右边的查找图标从列表中选择一个方案，在"表空间"文本框中输入表空间名称或单击右边的查找图标选择合适的表空间，在"索引类型"单选项中选择一个索引类型为"标准

-B 树"，单击"表名"文本框右边的查找图标选择表 TABLE_1。单击"置入列"按钮，就会将表 TABLE_1 中的所有列显示在下方的"表列"列表中。

（4）在"表列"列表中"NAME"列"排序"下拉列表中选择 ASC，在"顺序"文本框中输入"1"。

（5）单击"确定"按钮，可看见"已成功创建索引 INDEX_1"的更新消息。

2. 通过 SQL 命令创建索引

（1）以 SYSTEM 身份登录 SQL *Plus。

（2）在 SQL *Plus 中输入创建索引的语句。

注意，如果在 OEM 中已创建相同的索引，则请先删除此索引。

练习 3　创建视图。

本练习中，需要屏蔽表 TABLE_1 的敏感信息，每个员工的工资不能被人随意浏览，创建视图 VIEW_1 实现此功能。

实验步骤：

1. 在 OEM 中创建视图

（1）以 SYSTEM 用户，Normal 连接身份登录 OEM，出现数据库主页的"主目录"属性页。单击"管理"超链接，出现"管理"属性页。单击"方案"标题下的"视图"超链接，出现"视图"页。

（2）单击"创建"按钮，出现"创建视图"窗口。

（3）在"名称"文本框中输入要创建的视图的名称，如 VIEW_1，在"方案"文本框中既可以手动输入方案名称，也可以单击右边的查找图标，在"搜索和选择"窗口中选择需要的方案。在"别名"文本框中逐个输入视图中每一列的别名，如 Column_1，Column_2，Column_3，以逗号分隔这些列名。选择"替换视图（如果有的话）"复选框，在"查询文本"中输入视图所包含的查询："SELECT ID, NAME,DAY FROM TABLE_1"。

（4）单击"确定"按钮，出现"已成功创建视图 VIEW_1"的更新消息。

2. 通过 SQL 命令创建视图

（1）以 SYSTEM 身份登录 SQL *Plus。

（2）在 SQL *Plus 中输入创建视图的语句。

注意，如果在 OEM 中已创建相同的视图，则请先删除此视图。

练习 4　创建同义词。

本练习中，需要为表 TABLE_1 创建一个同义词 mytestDBTable。

实验步骤：

1. 在 OEM 中创建同义词

（1）以 SYSTEM 用户，Normal 连接身份登录 OEM，出现数据库主页的"主目录"属性页。单击"管理"超链接，出现"管理"属性页。单击"方案"标题下的"同义词"超链接，出现"同义词"页。

（2）单击"创建"按钮，出现"创建同义词"页。

（3）在"名称"文本框中输入同义词的名称，如 mytestDBTable，"类型"单选项选为"公用"，在"对象"文本框中输入实际的对象名称，如 SYSTEM. TABLE_1。

（4）单击"确定"按钮，即成功地为表 TABLE_1 创建一个别名 mytestDBTable。

2．通过 SQL 命令创建同义词

（1）以 SYSTEM 身份登录 SQL *Plus。

（2）在 SQL *Plus 中输入创建公有同义词的语句。

注意，如果在 OEM 中已创建相同的同义词，则请先删除此同义词。

习　　题

1．索引有哪几种类型？

2．为什么要使用视图？

3．为什么要使用同义词？

4．为什么要使用序列？

第8章　用户账号管理和权限控制

本章学习目标

本章主要讲解用户、角色、权限的概念以及管理，概要文件的相关知识。通过本章的学习，读者应掌握以下内容：

- 用户的概念以及如何在 OEM 中管理用户
- 角色的概念以及如何在 OEM 中管理用户
- 权限的分类
- 在 OEM 中向用户和角色授予权限
- 什么是概要文件

8.1　Oracle 10g 安全机制

安全性对于任何一个数据库管理系统来说都是至关重要的，通常情况下数据库中存放着大量的数据，这些数据可能是个人信息、客户清单或其他重要资料。如果有人未经授权访问数据库并窃取了查看和修改重要数据的权限，将会造成危害。所以在数据库管理系统中，安全性不可或缺。

数据库最大的优点就在于实现了数据共享，数据共享给数据库带来了许多好处，让更多的人能够访问和使用数据库中的数据。享受便利的同时，数据库的开放性也给数据库管理系统带来了相应的问题，能够访问的人多了，这些人鱼龙混杂，对数据安全带来了相应的威胁。Oracle 使用用户账户、角色以及概要文件等概念来保护数据库中的数据，以防止这些数据的非授权使用。

数据库中的数据的安全性主要涉及到以下几个方面：

- 身份验证：保证只有合法的用户才能登录并使用数据库，保证用户是可识别的。我们所使用的自助银行就是采用这种方式，一般使用有"银联"标识的银行卡在玻璃门上面划一下，玻璃门才会打开。这一步骤就是保证进入银行的人都是合法用户。
- 访问控制：即使是合法用户，也要控制用户对数据库对象的访问，拒绝非授权访问，防止信息泄密。通过了身份鉴别，迈过了银行的玻璃门，但是只能查询自己的余额或取款，不能查询别人的余额，更不能取走别人的钱。
- 可审计性：哪怕是非法用户的入侵行为和破坏行为也能跟踪，恢复数据。
- 语义保密性：数据库中的数据以某种加密的形式存储，这样非法用户即使得到数据文件也无法利用。假设数据文件是以记事本方式存储，一旦非法用户获得数据文件就可以获取信息。

每个用户访问 Oracle 数据库之前，都必须经过两个安全性阶段。第一个阶段是身份验证，验证用户是否具有连接权，即用户是否能够访问 Oracle 服务器。身份验证成功，用户才仅仅能够连接到 Oracle 数据库。第二个阶段就是访问控制，即验证连接到服务器上的用户是否具有访问权，只有具有相应数据库的访问权，才能够在相应的数据库上执行操作。

当用户连接到一个 Oracle 数据库时，必须经过身份认证，Oracle 有两种身份验证方式：

1. 数据库身份验证

采取数据库验证方式，就要在创建用户时为用户指定相应的密码，密码以加密的方式存储在数据库中，用户可以在任意时候修改自己的密码。如果为用户选择了数据库身份认证，则 Oracle 全权管理该用户的名称、密码并进行验证。

为了加强数据库的安全性，Oracle 建议使用口令管理（如用户账户锁定、口令过期等方式）来管理用户的密码。

采取这种方式，由数据库控制用户账户和所有验证，不涉及数据库以外的任何东西。并且 Oracle 自身提供强大的管理功能以加强安全性。

2. 外部身份验证

用户账户可以配置为不用数据库进行验证，而是由外部服务来进行验证。这些外部服务一般情况下是客户操作系统，这种身份验证模式允许用户通过 Windows NT 或 Windows 2000 用户账户来连接，也就是说 Oracle 完全信任操作系统，一旦用户通过了操作系统的验证，Oracle 就允许该用户账号连接。

因为当初在 Oracle 6 中引入这些账户时，这些 Oracle 账户前面都需要加上前缀关键字符串 OPS$，因此这些外部验证的账户有时也叫做 OPS$账户。当操作系统账户 tom 通过操作系统的验证，打算连接到 Oracle 数据库时，Oracle 就检查自己是否存在一个数据库账户 OPS$tom。如果存在该账户，则通过身份验证。

8.2　用户账号管理

8.2.1　创建用户账号

Oracle 10g 是一个多用户的数据库系统，每一个试图使用 Oracle 的用户都必须得到一个合法的用户名和口令，这样才能进入数据库系统进行相应的操作。

用户管理是实现 Oracle 系统安全性的重要手段，Oracle 为不同的用户分配不同的权限或角色，每个用户只能在自己的权限范围内进行操作，任何超越权限范围的操作都是非法的。

1. 在 OEM 中创建用户

在 OEM 中创建用户的步骤如下：

（1）以 SYSTEM 用户，Normal 连接身份登录 OEM，出现数据库主页的"主目录"属性页。单击"管理"超链接，出现"管理"属性页。单击"方案"标题下的"用户"超链接，出现"用户"页，如图 8.1 所示。

（2）单击"创建"按钮，出现"创建用户"页，如图 8.2 所示。在"名称"文本框中输入用户名称，如 ORCLUSER_1，在"输入口令"文本框和"确认口令"文本框中输入自己的口令，在"默认表空间"和"临时表空间"文本框中选择合适的表空间，其他使用默认值。

图 8.1　用户列表

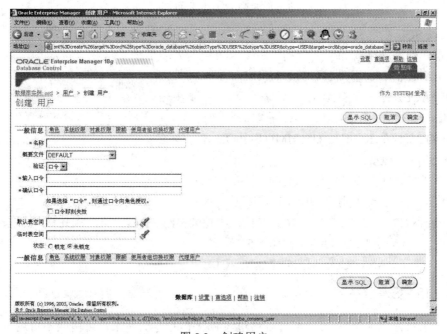

图 8.2　创建用户

（3）单击"显示 SQL"按钮，出现"显示 SQL"页，该页显示了在数据库中创建用户 ORCLUSER_1 的 SQL 语句，可作为参考。

（4）单击"返回"按钮，返回"创建用户"页，单击"确定"按钮，返回"用户"页，可看见"已成功创建对象"的更新消息，此时在"用户"页即可看见新创建的用户 ORCLUSER_1，如图 8.3 所示。

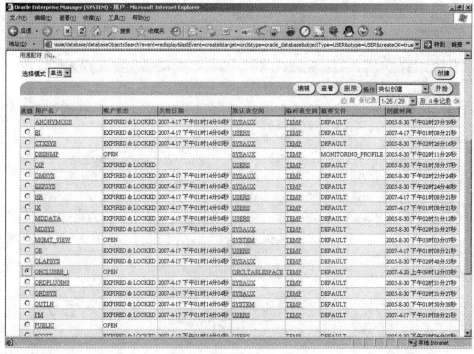

图 8.3   "用户"页

2. 通过 SQL 命令创建用户

创建用户的语法格式如下所示：

    CREATE USER 用户名 IDENTIFIED BY 口令

    [DEFAULT TABLESPACE 默认表空间]

    [TEMPORARY TABLESPACE 临时表空间]

    [QUOTA[数值 K| M] | [UMLIMITED] ON 表空间名]

    [PROFILE 概要文件名]

    [ACCOUNT LOCK] | [ACCOUNT UNLOCK]

以下代码创建了一个用户 ORCLUSER_1：

    System> CREATE USER "ORCLUSER_1" PROFILE "DEFAULT" IDENTIFIED BY

          "AAA" ACCOUNT UNLOCK;

          GRANT "CONNECT" TO "ORCLUSER_1";

8.2.2 用户账号状态

用户的账号有两种状态，DBA 可以通过设置状态的方法使账户可用或不可用。

1. 账号锁定

锁定账号可以使某个账号不可用，通常我们使用银行卡，三次密码错误就会自动吞卡，这个账号就会自动锁定。账户锁定可以防止黑客使用破解软件不停地试探密码。

2. 账户解锁

该状态下，账号可以正常登录。

8.2.3　修改用户账号

1. 在 OEM 中修改用户账号

在 OEM 中修改用户的步骤如下：

（1）以 SYSTEM 用户，Normal 连接身份登录 OEM，出现数据库主页的"主目录"属性页。单击"管理"超链接，出现"管理"属性页。单击"方案"标题下的"用户"超链接，出现"用户"页，如图 8.3 所示。

（2）选中需要修改的用户名称，如 ORCLUSER_1，单击"编辑"按钮，出现"编辑用户"页，如图 8.4 所示。可以修改除了用户名以外的其他信息，某个用户一旦创建，用户名就不能修改。

图 8.4　编辑用户

（3）单击"限额"超链接，出现如图 8.5 所示页面，可以看见用户在任何表空间中都没有限额，也就是说用户 ORCLUSER_1 不能在任何表空间中创建对象。把表空间 ORCLTABLESPACE 对应的下拉列表框选为值，在对应的"值"文本框输入 200，在"单位"下拉列表中选择 MB。

（4）单击"显示 SQL"按钮，出现"显示 SQL"页，该页显示了在数据库中为用户 ORCLUSER_1 给予表空间限额的 SQL 语句，可作为参考。

（5）单击"返回"按钮，返回"编辑用户"页，单击"应用"按钮，可看见"已成功修改用户 ORCLUSER_1"的更新消息，如图 8.6 所示。

2. 通过 SQL 命令修改用户账号

修改用户账号的语法格式如下所示：

ALTER USER　用户名　IDENTIFIED BY 口令

[DEFAULT TABLESPACE　默认表空间]

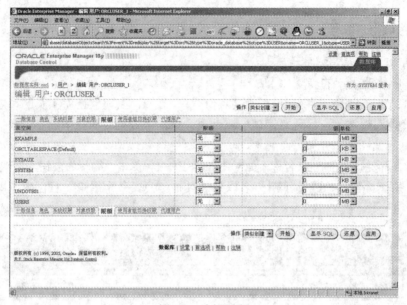

图 8.5　编辑用户

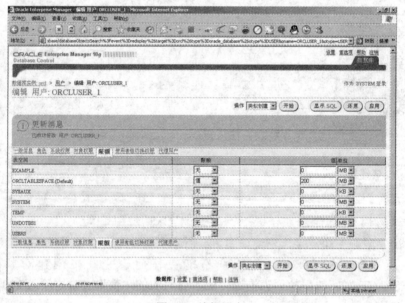

图 8.6　编辑用户

[TEMPORARY TABLESPACE 临时表空间]

[QUOTA[数值 K| M] | [UMLIMITED] ON 表空间名]

[PROFILE 概要文件名]

[ACCOUNT LOCK] | [ACCOUNT UNLOCK]

以下代码修改了用户账号：

ALTER USER "ORCLUSER_1" IDENTIFIED BY "AAA" QUOTA 20M ON
    "ORCLTABLESPACE";

8.2.4　锁定和解锁用户账号

1. 锁定用户

（1）在 OEM 中锁定用户账号。在 OEM 中锁定用户的步骤如下：

1）以 SYSTEM 用户，Normal 连接身份登录 OEM，出现数据库主页的"主目录"属性页。单击"管理"超链接，出现"管理"属性页。单击"方案"标题下的"用户"超链接，出现"用户"页，选中需要锁定的用户名如 ORCLUSER_1，在"操作"下拉列表框中选择"锁定用户"。

2）单击"开始"按钮，出现"确认"页，单击"是"按钮，出现"用户 ORCLUSER_1 已成功成为锁定"的更新消息。在页面下方的列表中查看 ORCLUSER_1 的账户状态，发现已成为 LOCKED，如图 8.7 所示。

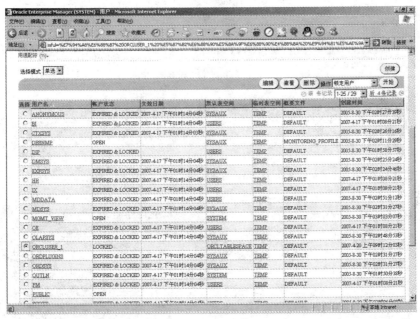

图 8.7　用户锁定

（2）通过 SQL 命令锁定用户账号。

ALTER USER "ORCLUSER_1" ACCOUNT LOCK;

2. 解除锁定

（1）在 OEM 中解除用户账号的锁定。在 OEM 中解除锁定的步骤如下：

1）以 SYSTEM 用户，Normal 连接身份登录 OEM，出现数据库主页的"主目录"属性页。单击"管理"超链接，出现"管理"属性页。单击"方案"标题下的"用户"超链接，出现"用户"页，选中需要锁定的用户名如 ORCLUSER_1，在"操作"下拉列表框中选择"解除用户的锁定"，如图 8.8 所示。

2）单击"开始"按钮，出现"确认"页，单击"是"按钮，返回"用户"页，出现"用户 ORCLUSER_1 已成功成为未锁定"的更新消息。在页面下方的列表中查看 ORCLUSER_1 的账户状态，发现已成为 OPEN，如图 8.9 所示。

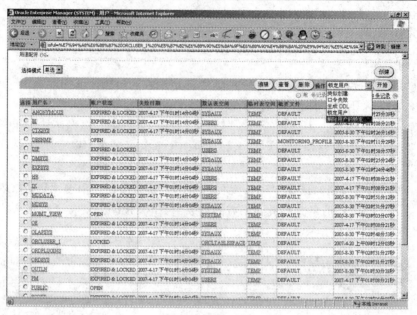

图 8.8　用户列表

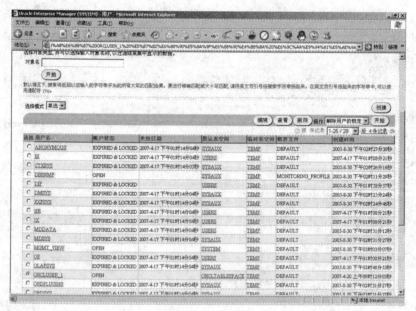

图 8.9　用户解锁

（2）通过 SQL 命令解除用户账号锁定。

ALTER USER "ORCLUSER_1" ACCOUNT UNLOCK;

8.2.5　删除用户

1．在 OEM 中删除用户账号

在 OEM 中解除锁定的步骤如下：

（1）以 SYSTEM 用户，Normal 连接身份登录 OEM，出现数据库主页的"主目录"属性页。单击"管理"超链接，出现"管理"属性页。单击"方案"标题下的"用户"超链接，出现"用户"页，如图 8.3 所示。

（2）选中需要删除的用户，如 ORCLUSER_1，单击"删除"按钮，出现"确认"页，单击"是"按钮，返回"用户"页，出现"已成功删除用户 ORCLUSER_1"的更新消息，如图 8.10 所示。

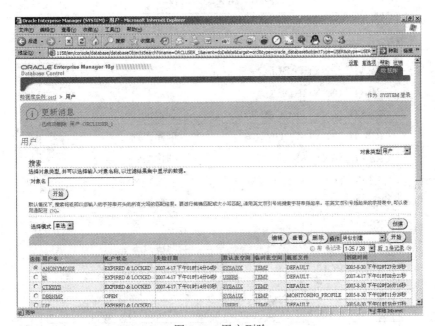

图 8.10　用户删除

2. 通过 SQL 命令删除用户账号

DROP USER "ORCLUSER_1" CASCADE;

其中，CASCADE 表示级联，即删除用户之前，先删除它所拥有的实体。

8.3　权限管理

8.3.1　数据库权限的种类

权限指用户对数据库进行操作的能力，如果不对新建的用户赋予一定的权限，该用户是不能对数据库进行任何操作的。通过给用户授予适当的权限，用户就能够登录数据库，在自己或其他用户方案中创建、删除、修改数据库对象，或在数据库中执行特定的操作。通过回收权限，可以减少用户的能力。

总之，用户在数据库中能够做什么和不能做什么，完全取决于他能够访问的数据和能执行的操作。用户不可能在数据库中执行任何超过他所拥有的权限的操作。Oracle 数据库就是使用权限来控制用户对数据库的操作，以此保证数据库的安全。

权限是执行某一种操作的能力，在 Oracle 数据库中是利用权限来进行安全管理的，Oracle 系统通过授予和撤销权限来实现对数据库安全的访问控制，这些权限可以分为两类：

（1）系统权限。指在系统级控制数据库的存取和使用的机制。如是否能启动、停止数据库，是否能修改数据库参数等。Oracle 提供了众多的系统权限，如表 8.1 所示，每一种系统权限指明用户进行某一种或某一类特定的数据库操作。系统权限中带有 ANY 关键字指明该权限的范围为数据库中的所有方案。

表 8.1　常见的系统权限

名称	说明
CREATE [ANY] CLUSTER	创建聚簇
CREATE [ANY] TABLE	创建表
CREATE [ANY] INDEX	创建索引
CREATE [ANY] PROCEDURE	创建过程
CREATE [ANY] SEQUENCE	创建序列
CREATE [ANY] SNAPSHOT	创建快照
CREATE [ANY] SYNONYM	创建同义词
CREATE [ANY] TRIGGER	创建触发器
CREATE [ANY] TYPE	创建类型
CREATE [ANY] VIEW	创建视图
CREATE ROLE	创建角色
CREATE SESSION	创建会话
CREATE TABLESPACE	创建表空间
CREATE USER	创建用户
DEBUG ANY PROCEDURE	调试任何过程
DELETE ANY TABLE	删除任何表
DROP ANY CLUSTER	删除任何聚簇
DROP ANY INDEX	删除任何索引
DROP ANY PROCEDURE	删除任何过程
DROP ANY ROLE	删除任何角色
DROP ANY SEQUENCE	删除任何序列
DROP ANY SNAPSHOT	删除任何快照
DROP ANY SYNONYM	删除任何同义词
DROP ANY TABLE	删除任何表
DROP ANY TRIGGER	删除任何触发器
DROP ANY TYPE	删除任何类型
DROP ANY VIEW	删除任何视图
DROP PROFILE	删除概要文件
DROP USER	删除用户
EXECUTE ANY PROCEDURE	执行任何过程

续表

名称	说明
GRANT ANY PRIVIEGE	授予任何系统权限
GRANT ANY ROLE	授予任何角色
INSERT ANY TABLE	插入任何表
LOCK ANY TABLE	锁定任何表
RESTRICTED SESSION	限制会话
SELECT ANY DICTIONARY	选择任何数据字典
SELECT ANY SEQUENCE	选择任何序列
SYSDBA	系统管理员权限
SYSOPER	一般系统操作员权限
UNLIMITED TABLESPACE	无限额的表空间
BACKUP ANY TABLE	备份任何表
ANALYZE ANY	分析任何数据库对象
ALTER ANY CLUSTER	修改任何聚簇
ALTER ANY INDEX	修改任何索引
ALTER ANY PROCEDURE	修改任何过程
ALTER ANY ROLE	修改任何角色
ALTER ANY TYPE	修改任何类型
ALTER ANY TRIGGER	修改任何触发器
ALTER ANY TABLE	修改任何表
ALTER ANY SNAPSHOT	修改任何快照
ALTER ANY SEQUENCE	修改任何序列
ALTER RESOURCE COST	修改资源代价
ALTER PROFILE	修改概要文件
ALTER DATABASE	修改数据库
ALTER SYSTEM	修改系统
ALTER USER	修改用户
ALTER TABLESPACE	修改表空间
ALTER SESSION	修改会话
AUDIT ANY	审计任何数据库对象

（2）对象权限。对象权限指在特定数据库对象上执行某项操作的能力。与系统权限相比，对象权限主要是在 Oracle 对象上能够执行的操作，如查询、插入、修改、删除、执行等。这里的 Oracle 对象主要包括表、视图、聚簇、索引、序列、快照、函数、包等。不同的 Oracle 对象具有不同的对象权限，如表具有插入的对象权限，而序列却没有，而序列具有的执行对象权限表也没有。

创建对象的用户拥有该对象的所有权限，不需要授予。对象权限的设置实际上是为对象的所有者给其他用户提供操作该对象的某种权力的一种方法。

表 8.2 列出了常用的 Oracle 对象及其相应的对象权限。表中注有"*"的表示该 Oracle 对象具有相关联的对象权限。

表 8.2　常见的对象权限

类型	表	视图	序列	过程/函数/包
SELECT	*	*	*	
INSERT	*	*		
UPDATE	*	*		
DELETE	*	*		
EXECUTE				*
ALTER	*		*	
INDEX	*			
REFERENCES	*			

8.3.2　授予系统权限

1. 在 OEM 中进行用户授权

在 OEM 中授予用户系统权限的步骤如下：

（1）以 SYSTEM 用户，Normal 连接身份登录 OEM，出现数据库主页的"主目录"属性页。单击"管理"超链接，出现"管理"属性页。单击"方案"标题下的"用户"超链接，出现"用户"页，选中需要授予权限的用户名，如 ORCLUSER_1，单击"编辑"按钮，出现"编辑用户"页，如图 8.11 所示。

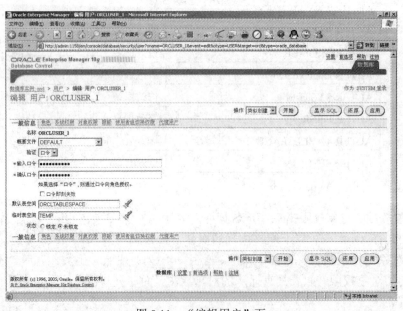

图 8.11　"编辑用户"页

（2）单击"系统权限"超链接，出现"系统权限"页，如图 8.12 所示。

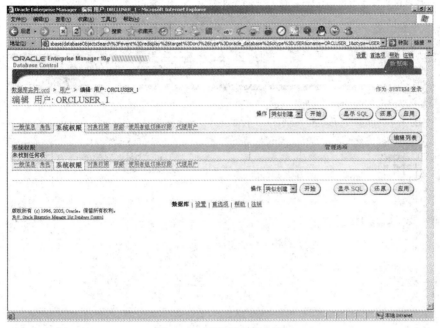

图 8.12　"系统权限"页

（3）单击"编辑列表"按钮，出现"修改系统权限"页，如图 8.13 所示。"可用系统权限"列表框中列出了所有的系统权限，通过"移动"按钮可以选择需要的权限到"所选系统权限"列表框中，如将 CREATE ANY INDEX 系统权限授予用户。

图 8.13　"修改系统权限"页

（4）单击"确定"按钮，返回"编辑用户"页，如图 8.14 所示。可以看见用户 ORCLUSER_1 具有 CREATE ANY INDEX 系统权限。

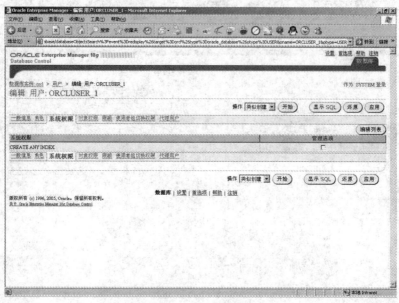

图 8.14   "编辑用户"页

（5）单击"显示 SQL"按钮，出现"显示 SQL"页，该页显示了在数据库中为用户 ORCLUSER_1 授予 CREATE ANY INDEX 系统权限的 SQL 语句，可作为参考。

（6）单击"返回"按钮，返回"编辑用户"页，如图 8.15 所示。选中"管理选项"复选框，则用户除了拥有 CREATE ANY INDEX 系统权限以外，还能将 CREATE ANY INDEX 系统权限授予其他的用户，也就是"授予权"。

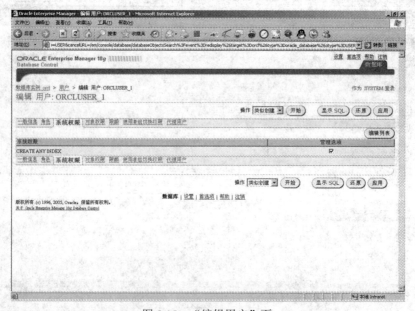

图 8.15   "编辑用户"页

（7）单击"显示 SQL"按钮，出现"显示 SQL"页，该页显示了在数据库中为用户 ORCLUSER_1 授予 CREATE ANY INDEX 系统权限并能将该系统权限授予其他用户的 SQL 语句，可作为参考。

2. 通过 SQL 命令对用户授权

GRANT [系统权限] | [,]

TO [用户]

[WITH ADMIN OPTION];

8.3.3　授予对象权限

1. 在 OEM 中进行用户授权

在 OEM 中授予用户对象权限的步骤如下：

（1）单击"对象权限"超链接，出现"对象权限"页，如图 8.16 所示。可以看见对象权限下显示"未找到任何项"，也就是说用户 ORCLUSER_1 无任何对象权限。

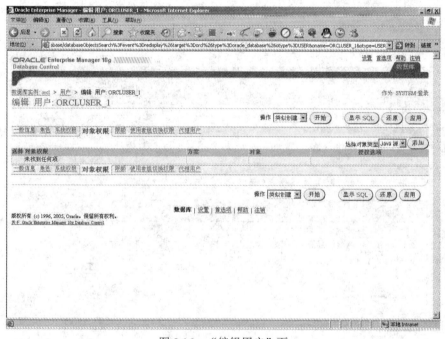

图 8.16　"编辑用户"页

（2）在"选择对象类型"下拉列表框中选择合适的对象，单击右边的"添加"按钮，出现"添加表对象权限"页，如图 8.17 所示。

（3）在"选择表对象"框中输入或单击右边的手电筒图标选择合适的表对象，如 EMPLOYEE，通过"移动"按钮将右边"可用权限"列表中的权限移动到"所选权限"列表框中，为用户授予某个对象相应的权限，如 INSERT 和 SELECT 权限。单击"确定"按钮，返回"编辑用户"页，如图 8.18 所示。可以看见对象权限中出现了刚才添加的两种权限。

（4）单击"显示 SQL"按钮，出现"显示 SQL"页，该页显示了在数据库中为用户 ORCLUSER_1 授予表 EMPLOYEE 对象的 INSERT 和 SELECT 权限的 SQL 语句，可作为参考。

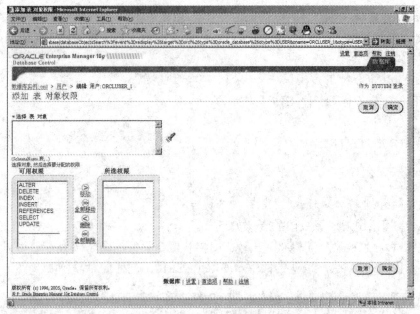

图 8.17   "添加表对象权限"页

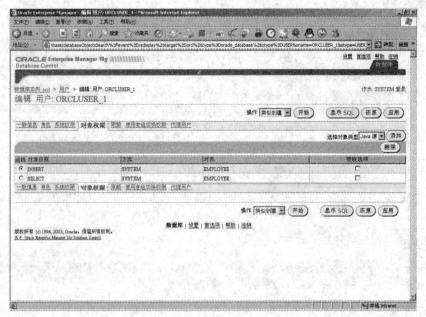

图 8.18   "编辑用户"页

（5）单击"返回"按钮，返回"编辑用户"页，如图 8.19 所示。

（6）选中"授权选项"复选框，单击"显示 SQL"按钮，出现"显示 SQL"页，该页显示了在数据库中为用户 ORCLUSER_1 授予表 EMPLOYEE 对象的 INSERT 和 SELECT 权限并能将该对象权限授予其他用户的 SQL 语句，可作为参考。

（7）单击"返回"按钮，返回"编辑用户"页，单击"应用"按钮，出现"已成功修改用户 ORCLUSER_1"的更新消息。

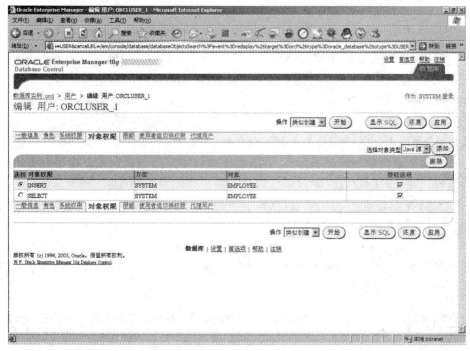

图 8.19　"编辑用户"页

2. 通过 SQL 命令对用户授权

GRANT [对象权限] | [,]

TO　用户

[WITH GRANT OPTION];

8.4　角色管理

8.4.1　角色概述

权限是 Oracle 数据库定义好的执行某些操作的能力。角色是权限管理的一种工具，即有名称的权限的集合。权限和角色是密不可分的。DBA 可以利用角色来简化权限的管理。

为了能够更好地理解角色的概念，我们来看一个例子：某大型商场有很多顾客，根据消费额划分为普通顾客、银卡和金卡顾客。只要年消费满 2000 元可成为银卡顾客，年消费满 20000元可成为金卡用户，现在给金卡用户购物 9 折、银卡用户购物 8.5 折以提高用户对商场的忠诚度。如果没有角色的概念，则需要为数据库中的每个用户单独修改他所拥有的折扣，因此引入角色的概念，为数据库中的每个顾客根据消费额指定相应的角色，一旦出现促销活动，直接修改角色的权限即可，省去为每个顾客修改权限的操作，大大减轻 DBA 的负担。

在许多情况下，用户的工作往往都是分类的，因此可以将用户分为不同的种类，每一种用户的权限都是相同的，即扮演了相同的角色。因此，Oracle 数据库就借用了角色这一概念来实现这种权限管理的方法，达到简化权限管理的目的。角色是对权限进行集中管理（授予、回收）的一种方法，它是一组相关权限的组合，即将不同的权限组合到一起就形成了角色。

8.4.2 创建角色

在创建数据库时，Oracle 数据库会自动创建一些常见角色，即预定义的角色。这些角色已经由 Oracle 数据库默认地授予了相应的系统权限。DBA 可以直接将这些预定义的角色授予用户，完成简单的权限管理工作。

虽然 Oracle 数据库预定义了许多角色，但是这些预定义的角色远远满足不了实际应用的需要，这是 DBA 可以创建新的角色，利用角色进行相应权限的分组和集中管理，使数据库管理员能够更好地、更简便地管理数据库。DBA 应该按实际情况只给用户授予最少的权限来满足用户的需要，并及时回收过大的权限，避免可能出现的安全隐患。

1. 在 OEM 中创建角色

在 OEM 中创建角色的步骤如下：

（1）以 SYSTEM 用户，Normal 连接身份登录 OEM，出现数据库主页的"主目录"属性页。单击"管理"超链接，出现"管理"属性页。单击"方案"标题下的"角色"超链接，出现"角色"页，如图 8.20 所示。

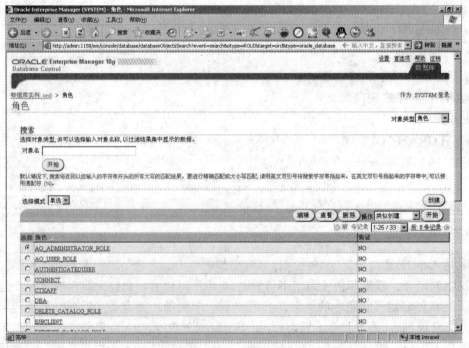

图 8.20 角色列表

（2）单击"创建"按钮，出现"创建角色"页，如图 8.21 所示。

（3）在"名称"文本框中输入角色的名称，如 ORCLROLE_1，单击"显示 SQL"按钮，出现"显示 SQL"页，该页显示了在数据库中创建角色 ORCLROLE_1 的 SQL 语句，可作为参考。

（4）单击"返回"按钮，返回"创建角色"页，单击"确定"按钮，返回"角色"页，如图 8.22 所示。可以看见"已成功创建对象"的更新消息。

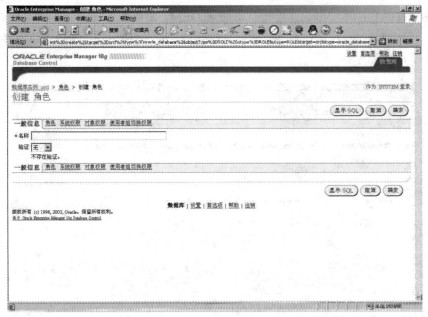

图 8.21　"创建角色"页

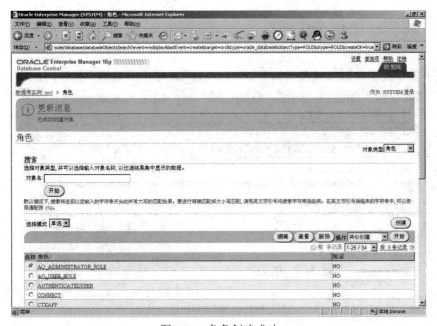

图 8.22　角色创建成功

2. 通过 SQL 命令创建角色

CREATE ROLE 角色名 [IDENTIFIED BY 口令];

8.4.3　给角色授予权限

1. 为角色授予系统权限

（1）在 OEM 中进行角色授权。在 OEM 中为角色授予系统权限的步骤如下：

1）以 SYSTEM 用户，Normal 连接身份登录 OEM，出现数据库主页的"主目录"属性页。单击"管理"超链接，出现"管理"属性页。单击"方案"标题下的"角色"超链接，出现"角色"页，如图 8.23 所示。

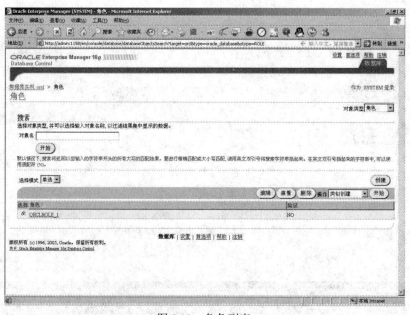

图 8.23　角色列表

2）选中需要授予权限的角色，如 ORCLROLE_1，单击"编辑"按钮，出现"编辑角色"页，单击"系统权限"超链接，出现"系统权限"页，如图 8.24 所示。

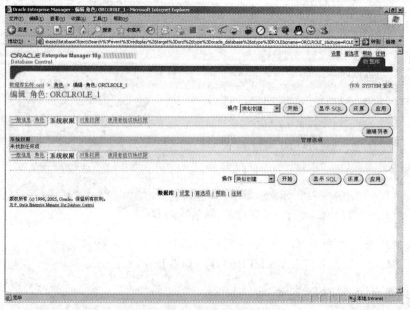

图 8.24　"系统权限"页

3）单击"编辑列表"按钮，出现"修改系统权限"页，如图 8.25 所示。"可用系统权限"

列表框中列出了所有的系统权限，通过"移动"按钮可以选择需要的权限到"所选系统权限"列表框中，如将 CREATE ANY SEQUENCE、CREATE ANY SQL PROFILE、CREATE ANY SYNONYM、CREATE ANY TABLE 系统权限授予角色。

图 8.25　"修改系统权限"页

4）单击"确定"按钮，返回"编辑角色"页，所选的系统权限出现在列表下方，如图 8.26 所示。

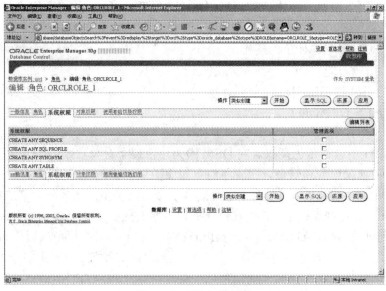

图 8.26　系统权限列表

5）单击"显示 SQL"按钮，出现"显示 SQL"页，该页显示了在数据库中为角色 ORCLROLE_1 授予 CREATE ANY SEQUENCE、CREATE ANY SQL PROFILE、CREATE ANY SYNONYM、CREATE ANY TABLE 系统权限的 SQL 语句，可作为参考。

6）单击"返回"按钮，返回"编辑角色"页，选中"管理选项"复选框，如图 8.27 所示。单击"显示 SQL"按钮，出现"显示 SQL"页，该页显示了在数据库中为角色 ORCLROLE_1 授予 CREATE ANY SEQUENCE、CREATE ANY SQL PROFILE、CREATE ANY SYNONYM、CREATE ANY TABLE 系统权限并能将该系统权限授予其他角色的 SQL 语句，可作为参考。

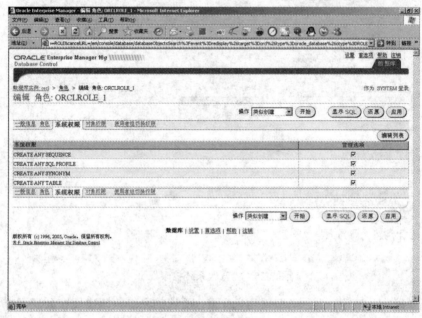

图 8.27　授予系统权限

7）单击"返回"按钮，单击"应用"按钮，可以看见"已成功修改角色 ORCLROLE_1"的更新消息。

（2）通过 SQL 命令进行角色授权。

GRANT [系统权限] | [,]

TO　[角色] | [PUBLIC] | [,]

[WITH ADMIN OPTION];

2. 为角色授予对象权限

（1）在 OEM 中进行角色授权。在 OEM 中为角色授予对象权限的步骤如下：

1）单击"对象权限"超链接，出现"对象权限"页，如图 8.28 所示。

2）单击"选择对象类型"下拉列表框，选择一个对象类型，如表列，单击右边的"添加"按钮，出现"添加表列对象权限"页，在"选择列对象"文本区域中输入或单击右边的手电筒图标从中选择列对象名称，如 SYSTEM.EMPLOYEE.NAME，从"可用权限"列表框中选择权限，如 UPDATE，通过"移动"按钮将该权限移动到"所选权限"列表框，如图 8.29 所示。

3）单击"确定"按钮，返回"编辑角色"页，可见 UPDATE(NAME)对象权限出现在页面下方。

4）单击"显示 SQL"按钮，出现"显示 SQL"页，该页显示了在数据库中为角色 ORCLROLE_1 授予 SYSTEM 用户的 EMPLOYEE 表的列 NAME 的更新权限的 SQL 语句，可作为参考。

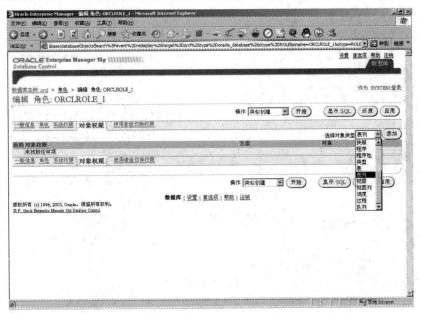

图 8.28　"对象权限"页

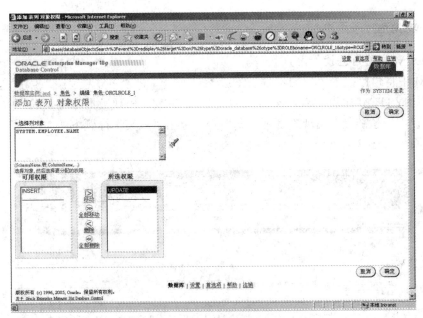

图 8.29　"添加表列对象权限"页

5）单击"返回"按钮，返回"编辑角色"页，单击"应用"按钮，可看见"已成功修改角色 ORCLROLE_1"的更新消息。

（2）通过 SQL 命令进行角色授权。

GRANT [对象权限] | [,]

TO　[角色] | [PUBLIC] | [,]

[WITH GRANT OPTION];

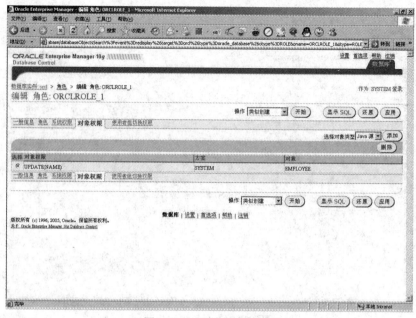

图 8.30　"编辑角色"页

8.4.4　将角色授予用户

1. 在 OEM 中将角色授予用户

在 OEM 中将角色授予用户的步骤如下：

（1）以 SYSTEM 用户，Normal 连接身份登录 OEM，出现数据库主页的"主目录"属性页。单击"管理"超链接，出现"管理"属性页。单击"方案"标题下的"用户"超链接，出现"用户"页，如图 8.31 所示。

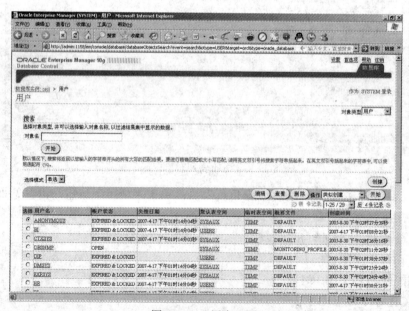

图 8.31　"用户"页

（2）选中需要授予角色的用户，如 ORCLUSER_1，单击"编辑"按钮，出现"编辑用户"页，如图 8.32 所示。

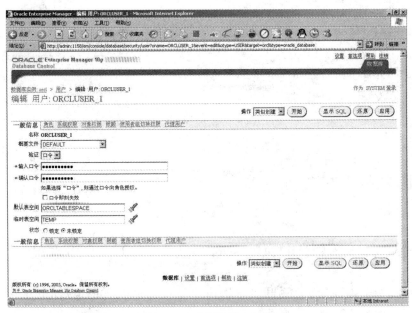

图 8.32　"编辑用户"页

（3）单击"角色"超链接，出现"角色"页，如图 8.33 所示。用户有默认的角色 connect，即只能连接数据库，而不能在数据库中进行其他操作。

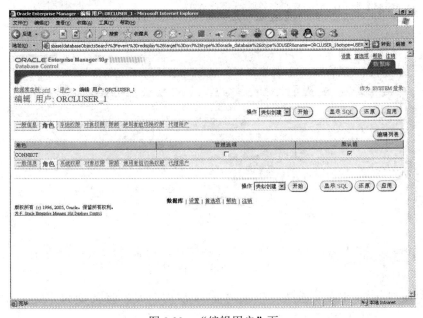

图 8.33　"编辑用户"页

（4）单击"编辑列表"按钮，出现"修改角色"页，从"可用角色"列表框中选择角色，如 ORCLROLE_1，通过"移动"按钮将该角色移动到"所选角色"列表框，如图 8.34 所示。

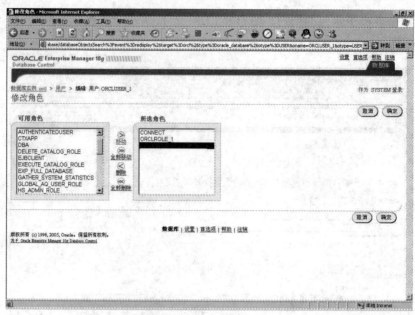

图 8.34 "修改角色"页

（5）单击"确定"按钮，返回"编辑用户"页，角色 ORCLROLE_1 已经授予用户 ORCLUSER_1，如图 8.35 所示。

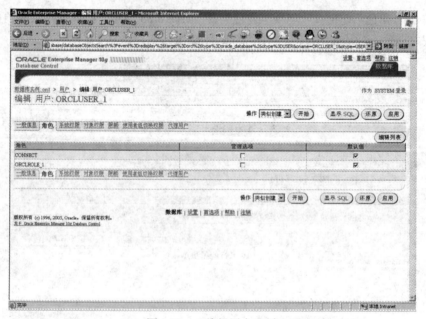

图 8.35 "编辑用户"页

（6）单击"显示 SQL"按钮，出现"显示 SQL"页，该页显示了在数据库中将角色 ORCLROLE_1 授予用户 ORCLUSER_1 的 SQL 语句，可作为参考。

（7）单击"返回"按钮，返回"编辑用户"页，单击"应用"按钮，可以看见"已成功修改用户 ORCLUSER_1"的更新消息。

2．通过 SQL 命令将角色授予用户

GRANT 角色;

TO 　用户;

8.4.5　删除角色

1．在 OEM 中删除角色

在 OEM 中删除角色的步骤如下：

（1）以 SYSTEM 用户，Normal 连接身份登录 OEM，出现数据库主页的"主目录"属性页。单击"管理"超链接，出现"管理"属性页。单击"方案"标题下的"角色"超链接，出现"角色"页。

（2）选中需要删除的角色，如 ORCLROLE_1，单击"删除"按钮，出现"确认"页，单击"是"按钮，返回"角色"页，可看见"已成功删除角色 ORCLROLE_1"的更新消息。

2．通过 SQL 命令删除角色

DROP ROLE 　角色名;

8.5　概要文件

8.5.1　概要文件概述

概要文件（profile）是一个命名的资源限定的集合，它是 Oracle 安全策略的重要组成部分。利用概要文件，可以限制用户对数据库或资源的使用，更多地是为用户设置口令策略。通常情况下，可以按角色建立不同的概要文件，依据每个用户所属的角色为它分配不同的概要文件，而不用为每个用户创建单独的概要文件。

在安装数据库时，Oracle 会自动创建一个名为 default 的默认概要文件，默认概要文件对资源没有任何限制，所以 DBA 常常需要创建自定义概要文件，如果在自定义的概要文件中没有指定某项参数，Oracle 将使用默认概要文件中的相应参数值。

创建用户时必须明确地为该用户指定概要文件，如果没有明确地为用户指定概要文件，那么就使用默认概要文件。

8.5.2　创建和分配概要文件

1．在 OEM 中创建概要文件

在 OEM 中创建概要文件的步骤如下：

（1）以 SYSTEM 用户，Normal 连接身份登录 OEM，出现数据库主页的"主目录"属性页。单击"管理"超链接，出现"管理"属性页。单击"方案"标题下的"概要文件"超链接，出现"概要文件"页，如图 8.36 所示。

（2）单击"创建"按钮，出现"创建概要文件"页的"一般信息"页，如图 8.37 所示。

（3）"一般信息"页涉及到 Oracle 底层机制，建议不改变默认选项，在"名称"文本框中输入概要文件的名称，如 ORCLPROFILE，单击"口令"超链接，出现"口令"页，如图 8.38 所示。

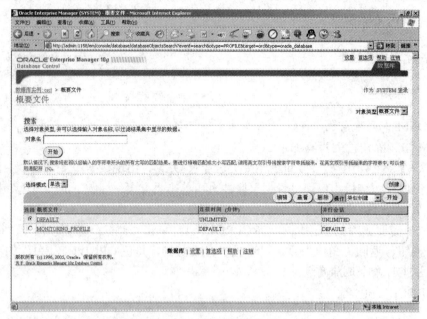

图 8.36　"概要文件"页

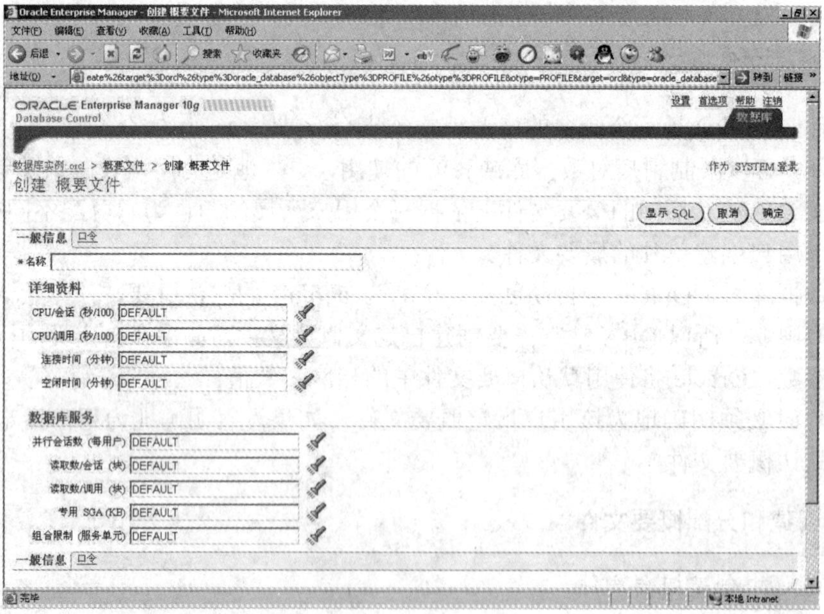

图 8.37　"创建概要文件"页的"一般信息"页

（4）在"有效期"文本框中输入有效天数，如 60，表明口令有效期只有 60 天，在"锁定前允许的最大失败登录次数"文本框中输入次数，如 3，表明可以允许三次密码错误，第四次登录则锁定账户，这种锁定机制最常见于我们常使用的银行卡中，三次密码错误则自动吞卡，这样防止非法用户通过多次试探找到密码，保证数据库的安全性。

单击"显示 SQL"按钮，出现"显示 SQL"页，该页显示了在数据库中创建概要文件 ORCLPROFILE 的 SQL 语句，可作为参考。

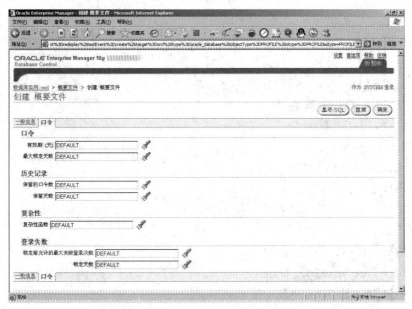

图 8.38　"创建概要文件"页的"口令"页

（5）单击"返回"按钮，返回"概要文件"页，可看见"已成功创建对象"的更新消息。

（6）在"创建用户"的过程中，概要文件 ORCLPROFILE 出现在"概要文件"下拉列表中，如图 8.39 所示。

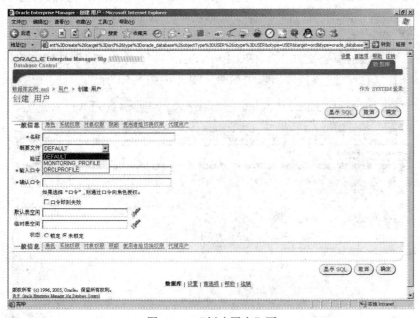

图 8.39　"创建用户"页

2. 通过 SQL 命令创建概要文件

CREATE PROFILE 概要文件名 LIMIT

CONNECT_TIME 数值

IDLE_TIME 数值

CPU_PER_CALL 数值

CPU_PER_SESSION 数值

LOGICAL_READS_PER_CALL 数值

LOGICAL_READS_PER_SESSION 数值

SESSIONS_PER_USER 数值

COMPOSITE_LIMIT 数值

PRIVATE_SGA 数值

FAILED_LOGON_ATTEMPTS 数值

PASSWORD_LIFE_TIME 数值

PASSWORD_GRACE_TIME 数值

PASSWORD_LOCK_TIME 数值

PASSWORD_REUSE_TIME 数值

PASSWORD_REUSE_MAX 数值

PASSWORD_VERIFY_FUNCTION 数值;

8.5.3　修改和删除概要文件

1. 修改概要文件

（1）在 OEM 中修改概要文件。在 OEM 中修改概要文件的步骤如下：

1）以 SYSTEM 用户，Normal 连接身份登录 OEM，出现数据库主页的"主目录"属性页。单击"管理"超链接，出现"管理"属性页。单击"方案"标题下的"概要文件"超链接，出现"概要文件"页。

2）选中需要修改的概要文件，如 ORCLPROFILE，单击"编辑"按钮，出现"编辑概要文件"页，单击"口令"超链接，出现"口令"页，如图 8.40 所示。

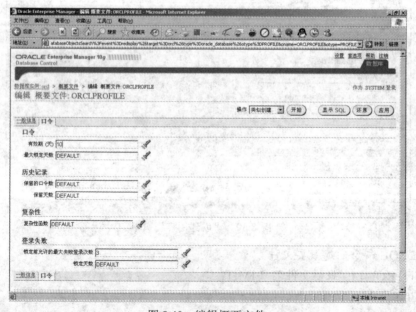

图 8.40　编辑概要文件

3）修改其中的信息。如将有效期改为 10 天，单击"显示 SQL"按钮，出现"显示 SQL"页，该页显示了在数据库中将概要文件 ORCLPROFILE 的口令有效期改为 10 天的 SQL 语句，可作为参考。

4）单击"返回"按钮，返回"编辑概要文件"页，可看见"已成功修改概要文件 ORCLPROFILE"的更新消息。

（2）通过 SQL 命令创建概要文件。

ALTER PROFILE　概要文件名　LIMIT

CONNECT_TIME　数值

IDLE_TIME 数值

CPU_PER_CALL 数值

CPU_PER_SESSION 数值

LOGICAL_READS_PER_CALL 数值

LOGICAL_READS_PER_ SESSION 数值

SESSIONS_PER_USER 数值

COMPOSITE_LIMIT 数值

PRIVATE_SGA 数值

FAILED_LOGON_ATTEMPTS 数值

PASSWORD_LIFE_TIME 数值

PASSWORD_GRACE_TIME 数值

PASSWORD_LOCK_TIME 数值

PASSWORD_REUSE_TIME 数值

PASSWORD_REUSE_MAX 数值

PASSWORD_VERIFY_FUNCTION 数值

2．删除概要文件

（1）在 OEM 中删除概要文件。在 OEM 中删除概要文件的步骤如下：

1）以 SYSTEM 用户，Normal 连接身份登录 OEM，出现数据库主页的"主目录"属性页。单击"管理"超链接，出现"管理"属性页。单击"方案"标题下的"概要文件"超链接，出现"概要文件"页。

2）选中需要修改的概要文件，如 ORCLPROFILE，单击"删除"按钮，出现"确认"页。单击"是"按钮，返回"概要文件"页，可看见"已成功删除概要文件 ORCLPROFILE"的更新消息。

（2）通过 SQL 命令删除概要文件。

DROP PROFILE　概要文件名　[CASCADE]

当要删除的概要文件已经分配给了用户，则必须加上 CASCADE 关键字。

本章小结

数据库中通过身份验证、访问控制、可审计性和语义保密性来保证安全性。

用户管理是实现 Oracle 系统安全性的重要手段，Oracle 为不同的用户分配不同的权限或角色，每个用户只能在自己的权限范围内进行操作，任何超越权限范围的操作都是非法的。

权限指用户对数据库进行操作的能力，如果不对新建的用户赋予一定的权限，该用户是不能对数据库进行任何操作的。通过给用户授予适当的权限，用户就能够登录数据库，在自己或其他用户方案中创建、删除、修改数据库对象，或在数据库中执行特定的操作。通过回收权限，可以减少用户的能力。

权限分为系统权限和对象权限。

可以将权限授予角色或用户使之获得相应的权限。

利用概要文件，可以限制用户对数据库或实例中资源的使用，可以为用户设置口令策略。

实训 6　创建概要文件、用户和授予权限

1. 目标

完成本实验后，将掌握以下内容：

（1）创建概要文件。

（2）创建用户。

（3）向用户授予权限。

2. 准备工作

在进行本实验前，必须已完成实训 6 的练习 1。（在"实训\Ch8\实训练习"文件夹中要提供"建立实训环境.sql"文件，此文件为创建实训环境所需的脚本，并在此处写明，在实训前，如果没有完成实训 6 中的内容，则执行此脚本以创建实训环境。）

3. 场景

为确保东升软件股份有限公司的人事管理系统数据库的安全，需要限制未得到授权的用户访问数据库中的数据，为此需要单独创建用户 USER_1，并授予它一定的权限，来保证数据库的安全。

4. 实验预估时间：90 分钟

练习 1　创建概要文件。

1. 在 OEM 中创建概要文件

本练习中，创建一个口令有效期为 7 天，锁定前允许的最大失败登录次数为 3 的概要文件 MYPROFILE。

实验步骤：

（1）以 SYSTEM 用户，Normal 连接身份登录 OEM，出现数据库主页的"主目录"属性页。单击"管理"超链接，出现"管理"属性页。单击"方案"标题下的"概要文件"超链接，出现"概要文件"页。

（2）单击"创建"按钮，出现"创建概要文件"页的"一般信息"页，在"名称"文本框中输入概要文件的名称 MYPROFILE。

（3）单击"口令"超链接，出现"口令"页。

（4）在"有效期"文本框中输入有限天数"7"，在"锁定前允许的最大失败登录次数"文本框中输入次数"3"。

（5）单击"确定"按钮，可看见"已成功创建对象"的更新消息。

2. 通过 SQL 命令创建概要文件

（1）以 SYSTEM 身份登录 SQL *Plus。

（2）在 SQL *Plus 中输入创建概要文件的语句。

注意，如果在 OEM 中已创建相同的概要文件，则请先删除此概要文件。

练习 2　创建用户。

本练习中，　创建一个使用 MYPROFILE 概要文件的用户 USER_1。

实验步骤：

1. 在 OEM 中创建用户

（1）以 SYSTEM 用户，Normal 连接身份登录 OEM，出现数据库主页的"主目录"属性页。单击"管理"超链接，出现"管理"属性页。单击"方案"标题下的"用户"超链接，出现"用户"页。

（2）单击"创建"按钮，出现"创建用户"页，在"名称"文本框中输入用户名称 USER_1，在"概要文件"下拉列表框选择 MYPROFILE，在"输入口令"文本框和"确认口令"文本框中输入自己的口令，在"默认表空间"和"临时表空间"文本框中选择合适的表空间，其他使用默认值。

（3）单击"确定"按钮，返回"用户"页，可看见"已成功创建对象"的更新消息。此时在"用户"页即可看见新创建的用户 USER_1。

2. 通过 SQL 命令创建用户

（1）以 SYSTEM 身份登录 SQL *Plus。

（2）在 SQL *Plus 中输入创建用户的语句。

注意，如果在 OEM 中已创建相同的用户，则请先删除此用户。

练习 3　授予权限。

本练习中，将表 TABLE_1 的所有权限授予用户 USER_1。

实验步骤：

1. 在 OEM 中授予权限

（1）以 SYSTEM 用户，Normal 连接身份登录 OEM，出现数据库主页的"主目录"属性页。单击"管理"超链接，出现"管理"属性页。单击"方案"标题下的"用户"超链接，出现"用户"页，选中需要授予权限的用户名，如 USER_1，单击"编辑"按钮，出现"编辑用户"页。

（2）单击"对象权限"超链接，出现"对象权限"页，可以看见对象权限下显示"未找到任何项"，也就是说用户 USER_1 无任何对象权限。

（3）在"选择对象类型"下拉列表框中选择合适的对象，如表，单击右边的"添加"按钮，出现"添加表对象权限"页。

（4）单击"选择表对象"框右边的手电筒图标选择表 TABLE_1，通过"全部移动"按钮将右边"可用权限"列表中的所有权限移动到"所选权限"列表框中，为用户授予表对象 TABLE_1 所有的权限。

（5）单击"确定"按钮，返回"编辑用户"页，可以看见表对象 TABLE_1 的所有权限出现在列表中。

（6）单击"应用"按钮，出现"已成功修改用户 USER_1"的更新消息。

2. 通过 SQL 命令授予权限

（1）以 SYSTEM 身份登录 SQL *Plus。

（2）在 SQL *Plus 中输入授予权限的语句。

注意，如果在 OEM 中已授予相同的权限，则请先回收权限。

习　　题

1．用户账号有哪几种状态？

2．什么是权限？权限有哪些分类？

3．什么是概要文件？

第 9 章 PL/SQL 程序设计

本章学习目标

本章主要在简介 SQL 语言的基本上重点讲解 PL/SQL 语言及 Oracle 中相关的程序设计技术，包括：PL/SQL 中的游标、过程、函数、触发器以及异常处理等技术。通过本章学习，读者应该掌握以下内容：

- 了解 PL/SQL 并掌握 PL/SQL 控制结构
- 掌握 PL/SQL 记录及表类型
- 掌握游标的概念及应用
- 完成过程与函数的设计
- 掌握触发器的设计技术
- 熟练运用异常处理技术

SQL（Structured Query Language）是一种标准化的结构化查询语言，在数据库领域有着广泛的应用和重大影响。PL/SQL（Procedure Language/SQL）是 Oracle 公司对 SQL 语言的扩展，全面支持所有的 SQL 数据操作、游标控制和事务控制命令，以及所有的 SQL 函数和运算符；PL/SQL 同时完全支持 SQL 数据类型，PL/SQL 程序中可以创建和处理 SQL 数据定义、数据控制。PL/SQL 是一种块结构语言，构成 PL/SQL 程序的基本单位是程序块。PL/SQL 程序块由过程、函数和无名块 3 种形式组成。

在 SQL *Plus 中可以输入 PL/SQL 程序块，并能得到执行，同时，Oracle 公司还提供了各种功能强大的 PL/SQL 程序设计工具，如：Oracle SQL Developer 和 Oracle JDeveloper 10g 都是功能强大、使用方便而且免费的工具。

本章主要介绍 PL/SQL 程序设计的关键性技术，在此基础上完成各种 PL/SQL 程序的设计和开发。为完成本章的示例，请先执行建立环境的脚本（实训\Ch6\实训练习\建立实训环境.sql）。

9.1 PL/SQL 基础

PL/SQL 是一种块结构语言，在完成完整的 PL/SQL 程序设计之前，必须先对 PL/SQL 的基础知识进行了解和掌握，本节将介绍 PL/SQL 程序设计的基础知识，包括变量及其声明、数据类型、表达式、PL/SQL 程序块结构、PL/SQL 程序运行环境等。

以下是一个简单的 PL/SQL 程序块的示例：

```
CREATE OR REPLACE PROCEDURE my_first_proc
IS
    greetingMSG VARCHAR2(50);
```

```
BEGIN
    greetingMSG := '欢迎来到 PL\SQL 的世界！";    --以变量赋值
    DBMS_OUTPUT.PUT_LINE(greetingMSG);        /*输出指定的内容*/
END my_first_proc;
/
```

其中最后一行的"/"是在 SQL *Plus 环境中用于执行程序块的指令，"--"用于行注释，"/* */"用于块注释。

9.1.1　变量及声明

变量是存储值的内存区域，在 PL/SQL 中，除了一些特殊的情况外，在使用任何变量之前，必须首先声明它，即必须指定变量的名称和数据类型。在 PL/SQL 中，变量的名称必须遵循以下规定：

- 变量名必须以字母开头，由字母、数字、下划线、美元和英镑符号等特殊符号组成，但最好不要用中文。
- 变量名不区分大小写。
- 变量名最长为 30 个字符。
- 变量名中不能包括任何形式的空白（如空格或制表符等）。
- 不能使用 SQL 或 PL/SQL 的保留字为变量名，因为它们对于 SQL 和 PL/SQL 有特殊含义。

以下是正确的变量命名，如 my_first_value，my$_second_value，my#_third_value 等。

以下是不正确的变量命名，如 1my_first_value，my second_value，BEGIN 等。

在 PL/SQL 中，声明变量的语法格式为：

变量名 [CONSTRANT] 数据类型 [NOT NULL] [DEFAULT | := 默认值];

其中带"[]"的为可选项，CONSTRANT 用于声明常量，NOT NULL 用于指定变量不能为空，DEFAULT 或 :=（赋值符号）用于指定变量或常量的默认值。

以下为声明一个变量，变量名为 greetingMSG，变量的数据类型为 VARCHAR2，长度为 50：

greetingMSG VARCHAR2(50);

以下示例声明一个常量，常量名为 PI，数据类型为 NUMBER，默认值为 3.14159，常量在声明时就要赋值，并且在程序块中不能再次修改值：

PI NUMBER := 3.14159;

9.1.2　数据类型

PL/SQL 中除了可以使用基本数据类型外，还允许用户自定义数据类型，其中应用最多的为 VARCHAR2、NUMBER、DATE 和 BOOLEAN 四种。数据类型的应用可参见 9.1.1 节中声明变量的示例。

PL/SQL 的数据类型之间可以很方便地相互转换，PL/SQL 提供了一些类型转换函数。常见的类型转换函数如表 9.1 所示。

表 9.1　常用的类型转换函数

函数	说明
TO_CHAR	转换为 CHAR 类型
TO_DATE	转换为 DATE 类型
TO_TIMESTAMP	转换成 TIMESTAMP 类型
TO_NUMBER	转换成 NUMBER 类型
HEX_TO_RAW	将十六进制转化为二进制
RAW_TO_HEX	将二进制转化为十六进制
TO_BINARY_FLOAT	转换为 BINARY_FLOAT 类型
TO_BINARY_DOUBLE	转换为 BINARY_DOUBLE 类型
TO_LOB	转换为大对象类型
TO_BLOB	转换为 BLOB 类型
TO_CLOB	转换为 CLOB 类型
TO_NCLOB	转换为 NCLOB 类型

类型转换函数的示例将在后续内容中展示，在此不多示例。

9.1.3　表达式

PL/SQL 中的表达式由操作对象和运算符组成。操作对象可以是变量、常量、数字和函数；运算符可以是一元运算符、二元运算符，最常用的是赋值运算符、算术运算符、逻辑运算符等。运算符如表 9.2 所示。

表 9.2　PL/SQL 中的运算符

运算符	说明
:=	赋值符
+, -	加号、减号
*, /	乘号、除号
‖	字符串连接符
=, <, >, <=, >=, <>	等于、小于、大于、小于等于、大于等于、不等于
IS NULL	为空
LIKE，%	字符串模式、通配符
BETWEEN　　AND	在…和…之间
IN	在…之内
NOT，AND，OR	逻辑非、逻辑与、逻辑或

由于各种运算符和表达式与其他各种高级语言以及 SQL 语言非常相似，所以在此不再单独示例，在后续内容中进行示例。

注意，在表达式的各种运算符前后各空一个空格，以使语句更易于阅读，实现代码规范化，但对于"$>=$"之类的运算符中间不能加空格或其他任何字符；同时，对于表达式中的关键词，推荐使用全部大写方式。

9.1.4　PL/SQL 程序块结构

PL/SQL 中真正起作用的部分都是由基本块组成的，PL/SQL 的程序块分为匿名块和命名块。匿名块是指没有标题或未命名的 PL/SQL 程序块，匿名块可以在 SQL *Plus 中运行，也可以用于 PL/SQL 的函数、过程和触发器。命名块是指已命名的过程、函数、触发器和包等。

PL/SQL 基本块由 4 个部分组成：标题部分、可选的声明部分、执行部分和可选的异常处理部分，如：

[DECLARE
--声明部分]
BEGIN
--执行部分
[EXCEPTION
--异常处理部分]
END;

其中，DECLARE 声明部分用于定义 PL/SQL 中使用到的变量和常量等，BEGIN 部分是 PL/SQL 程序块的主体部分，这里包含 PL/SQL 实际执行的各种对数据库操作的语句，以及可选的以 EXCEPTION 开头的异常处理部分。

1．标题部分

块的标题部分根据块的性质不同而存在区别。过程、函数和匿名块都由基本块组成，函数、过程或触发器的顶层基本块的标题部分是它们的规范。对于匿名块，标题部分只包含关键词 DECLARE。对于标记的块，标题部分在"$<<$"和"$>>$"符号之间包含标记名称，再跟着DECLARE，如下所示：

<<块名称>>
DECLARE

块的标记对于方便阅读代码有很大帮助。

2．声明部分

声明部分是可选的。如果使用声明部分，它从标题部分之后立即开始，并且在关键词BEGIN 之前结束。声明部分包含 PL/SQL 要用到的变量、常量、异常、函数和过程的声明。在声明部分，所有的变量和常量声明必须位于所有的函数或过程声明之前。

当 PL/SQL 基本块终止时，声明部分的所有内容都将不再存在，基本块的声明部分所声明的内容只能用于相同的块中，因为声明部分中的内容是基本块的私有部分，只可以由该基本块自身使用。

3．执行部分

执行部分从关键词 BEGIN 开始，以 END 结束。在执行时，如果基本块中存在异常处理部分，那么执行部分可能只执行到 EXCEPTION 关键词之前，如果程序在执行过程中发生了异常，那么，程序可能将执行 EXCEPTION 内的语句，然后到 END 结束。

4．异常处理部分

在执行部分执行 PL/SQL 语句的过程中，很可能会碰到某种异常，导致程序不能正常地继续执行而终止。为了使调用此过程的用户了解发生了异常情况，也为了让软件工程师知道异常的原因从而做出适当的处理，则可以应用 PL/SQL 提供的异常处理技术，实现对 PL/SQL 程序的异常处理。

异常处理部分从关键词 EXCEPTION 开始，一直到基本块的结束。在异常处理部分，对于每种异常情况，都有对应的 WHEN 语句指定该种异常发生时将要执行的处理措施。

9.2　PL/SQL 控制结构

PL/SQL 具有一般过程化语言的特征，有顺序结构、选择结构、循环结构以及 GOTO 跳转结构等各种结构。本节将介绍 PL/SQL 的各种控制结构，由于 GOTO 结构破坏了执行流程，容易导致代码的理解和维护困难，所以应该尽量避免使用，本节将不介绍此结构。

9.2.1　顺序结构

PL/SQL 的顺序结构与一般程序设计语言的顺序结构类似，程序的执行将按照代码的书写顺序依次被执行。

在设计 PL/SQL 的顺序结构过程中，主要注意设计程序执行过程语句的先后顺序，以代码编写的先后次序来控制语句的执行，如下例所示：

```
CREATE OR REPLACE PROCEDURE my_first_proc
IS
    greetingMSG VARCHAR2(50);
BEGIN
    greetingMSG := '欢迎来到 PL/SQL 的世界！";
    DBMS_OUTPUT.PUT_LINE(greetingMSG);
END my_first_proc;
/
```

在此代码中，先以变量 greetingMSG 赋值，赋值后其值为字符串：欢迎来到 PL/SQL 的世界，然后，再通过输出包的输出功能，把变量 greetingMSG 中的值输出。

注意，如果要看到执行后的输出语句，需要设置变量 SERVEROUTPUT 的值为 ON。

9.2.2　选择结构

选择结构是根据程序运行时条件表达式的具体值来决定执行不同的语句的控制结构。在 PL/SQL 程序中，可用的选择结构有 IF 语句和 CASE 语句。

1．IF 语句

IF 语句的语法结构如下所示：

```
IF 条件表达式 1 THEN
    语句组 1;
[ELSIF 条件表达式 2 THEN
```

```
        语句组 2;]
    …
    [ELSE
        语句组 n;]
    END IF;
```

其中每一个 IF 都必须有一个 THEN，必定会跟随着一定的语句组，每一个 IF 最多只能有一个 ELSE 语句组，但可以有多个 ELSIF 语句组，同时，必须有一个 END IF 语句作为 IF 选择结构的结束。IF 语句块中的条件表达式，运算结果为 BOOLEAN 类型的值，即只能是 TRUE 或 FALSE，当条件表达式的计算结果为 TRUE 时，则执行紧接着的语句组，否则，依次执行下一条判断的条件表达式，直到 END IF。

IF 语句控制的选择结构如下所示：

```
DECLARE
    x NUMBER := 2;
BEGIN
    IF x <= 0 THEN
        DBMS_OUTPUT.PUT_LINE('X 的值小于等于 0');    --语句组 1
    ELSIF x <=1 THEN
        DBMS_OUTPUT.PUT_LINE('x 大于 0 且小于等于 1');    --语句组 2
    ELSIF x <= 2 THEN
        DBMS_OUTPUT.PUT_LINE('x 大于 1 且小于等于 2');    --语句组 3
    ELSE
        DBMS_OUTPUT.PUT_LINE('x 大于 2');      --语句组 4
    END IF;
END;
/
```

程序执行结果为：

x 大于 1 且小于等于 2

在程序执行过程中，由于 x 变量被声明为 NUMBER 类型并被赋初值为 2，所以在程序执行过程中，先进行判断：x <= 0 结果为 FALSE，语句组 1 不被执行；再判断 x <=1，仍不成立，语句组 2 也不被执行；然后再判断 x <= 2，结果成立，所以语句组 3 被执行，输出指定内容，然后直接跳转到 END IF 语句，结束 IF 选择结构。

2. CASE 语句

CASE 语句也可以实现选择结构的 PL/SQL 程序结构，其语法结构如下所示：

```
CASE
    WHEN  条件表达式 1 THEN
        语句组 1;
    WHEN  条件表达式 2 THEN
        语句组 2;
    [ELSE   语句组 n]
```

```
END CASE;
```

如下例所示为应用 CASE 实现选择结构的形式之一：

```
--CASE 语句实现选择结构示例
DECLARE
    x NUMBER := 2;
BEGIN
    CASE x
        WHEN 0 THEN
            DBMS_OUTPUT.PUT_LINE('x 等于 0');    --语句组 1
        WHEN 1 THEN
            DBMS_OUTPUT.PUT_LINE('x 等于 1');    --语句组 2
        WHEN 2 THEN
            DBMS_OUTPUT.PUT_LINE('x 等于 2');    --语句组 3
        WHEN 3 THEN
            DBMS_OUTPUT.PUT_LINE('x 等于 3');    --语句组 4
    END CASE;
END;
/
```

执行结果为：

x 等于 2

其中，CASE 关键词之后的 x 是用于和 WHEN 之后的值进行比较的变量，执行时，由于 x 的值为 2，所以语句组 3 被执行，其余的语句组没有被执行。

CASE 语句形式的选择结构，还有其余的实现形式。在 CASE 关键词之后，可以不写变量名，而在 WHEN 语句中直接写条件表达式，但此时的条件表达式必须为一逻辑结果，同时，CASE 语句也可以返回值，作为整个 CASE 结构的返回值，如下例所示：

```
--CASE 语句实现选择结构并返回指定值示例
DECLARE
    grade CHAR(1) := 'B';
    appraisal VARCHAR2(10);
BEGIN
    appraisal :=
    CASE
        WHEN grade = 'A' THEN '优'
        WHEN grade = 'B' THEN '良'
        WHEN grade = 'C' THEN '中'
        WHEN grade = 'D' THEN '及格'
        WHEN grade = 'E' THEN '不及格'
        ELSE '未定义的等级'
    END;
```

```
    DBMS_OUTPUT.PUT_LINE('grade ' || grade || ' 是 ' || appraisal);
END;
/
```

执行结果为：

grade B 是良

此时，注意 THEN 之后的语句不能输入语句结束符："；"，只能通过表达式运算并得到一个运算结果，此结果将作为整个 CASE 结构的结果被赋值到 CASE 前的变量 appraisal 中。

9.2.3   NULL 结构

PL/SQL 中还有一类特殊的结构，用于表示空操作，名为 NULL 结构，又称为空值结构。NULL 结构实际上不执行任何语句，只起到占位符的作用，用于保证 PL/SQL 结构的完整性和合法性。如下例所示：

```
--NULL 结构示例，NULL 语句只用于确保语句的完整性，不做任何操作
DECLARE
    n NUMBER := 1;
BEGIN
    IF n <= 0 THEN
        NULL;      --空语句，什么也不做
    ELSE
        DBMS_OUTPUT.PUT_LINE('n 是大于 0 的数');
    END IF;
END;
/
```

其中的 NULL 部分只是为了使 IF 语句的结构完整而在 THEN 之后填充一个空语句，实际上什么也没做。

注意，在 CASE 结构中，不能有 WHEN NULL 这样的结构，如果要判断是否为 NULL，则应用 IS NULL 语句进行判断。

9.2.4   循环结构

循环结构是指重复执行一组语句，直至达到指定循环条件的结束要求。PL/SQL 可用的循环结构有 LOOP 语句、FOR 语句和 WHILE 语句。

1. LOOP 循环

LOOP 循环的语法格式如下所示：

```
    <<循环体名称>>
    LOOP
        循环体内语句;
        EXIT 循环体名称
        [WHEN 循环结束条件表达式;]
        循环体内语句;
```

```
END LOOP;
```

在 PL/SQL 语句执行过程中，循环体内的语句都会重复执行。在每个重复或迭代循环中，如果使用 WHEN 子句，则检查其中的循环结束条件表达式是否成立，如果循环结束条件表达式成立，则执行过程将会在此时跳过 EXIT 后的所有语句，直接执行 END LOOP 后面的语句，并且不再进行重复执行。如果没有使用 WHEN 子句，则 LOOP 和 EXIT 之间的语句只会执行一次。

以下示例计算了 1 累加到 10 的和：

```
--LOOP 循环结构示例
DECLARE
  loopValue NUMBER := 1;
  sumValue NUMBER := 0;
BEGIN
  <<LOOP_Demo>>
  LOOP
    sumValue := sumValue + loopValue;
    EXIT LOOP_Demo
    WHEN (loopValue >= 10);
    loopValue := loopValue + 1;
  END LOOP;
  DBMS_OUTPUT.PUT_LINE('1 累加到 10 的和是：' || sumValue);
END;
/
```

执行结果是：

1 累加到 10 的和是：55

在循环执行过程中，每次重复执行循环 LOOP_Demo 内的语句时，和都在原有的值的基础上累加当前循环变量 loopValue 的值，而且每次循环时，loopValue 的值也会被加 1。

注意，循环体名称是可选的，可以不写，而且循环体名称的命名规则和变量名的命名规则一致，但请尽量不用中文。在循环结束条件表达式外侧，最好写上一对刮号。

结束循环的控制子句可以用 IF 选择结构来替代 WHEN 子句，如上例可以改为：

```
--LOOP 循环结构示例
DECLARE
  loopValue NUMBER := 1;
  sumValue NUMBER := 0;
BEGIN
  <<LOOP_Demo>>
  LOOP
    sumValue := sumValue + loopValue;
    IF (loopValue >= 10) THEN
      EXIT LOOP_Demo;
```

```
        END IF;
        loopValue := loopValue + 1;
    END LOOP;
    DBMS_OUTPUT.PUT_LINE('1 累加到 10 的和是：' || sumValue);
END;
/
```

2. WHILE 循环

另一种应用广泛的循环结构为 WHILE 循环。在程序运行前不知道循环的迭代次数时，使用 WHILE 循环比较适合。WHILE 循环的语法格式如下所示：

```
WHILE  循环进行条件表达式
LOOP
    循环体内语句;
END LOOP;
```

当 WHILE 子句中的循环进行条件表达式成立时，循环体内语句将一直循环执行，直到此条件表达式不再成立时，循环结束，直接执行 END LOOP 后的语句，这与 LOOP 循环不同。

以下示例为用 WHILE 循环实现 1 到 10 的累加和：

```
--WHILE 循环结构示例
DECLARE
    loopValue NUMBER := 1;
    sumValue NUMBER := 0;
BEGIN
    WHILE (loopValue <= 10) LOOP <<WHILE_LOOP_DEMO>>
        sumValue := sumValue + loopValue;
        loopValue := loopValue + 1;
    END LOOP WHILE_LOOP_DEMO;
    DBMS_OUTPUT.PUT_LINE('1 累加到 10 的和是：' || sumValue);
END;
/
```

其中，WHILE_LOOP_DEMO 为循环体的名称，可以不写。

注意，在 WHILE 循环中，如果循环进行条件表达式一开始就不成立，则循环体将一次也不会被执行，这与 LOOP 循环的运行特点不同。

3. FOR 循环

FOR 循环也是常用的循环结构，在 FOR 循环中，常常使用循环计数计算迭代的次数。在每次迭代开始时，循环计数器都从指定的最小界限开始递增，或从指定的最大界限开始递减，如果循环读数器超出指定的范围，则循环结束。FOR 循环的语法格式如下所示：

```
FOR  循环计数器  IN [REVERSE] 最小界限…最大界限
LOOP
    循环体内语句;
END LOOP;
```

以下为顺序打印出 1 到 10 这 10 个数的示例：

```
--FOR 循环示例：输出 1 到 10 这 10 个数
DECLARE
  loopCounter NUMBER;
BEGIN
  FOR loopCounter IN 1 .. 10
  LOOP <<FOR_LOOP_DEMO>>
    DBMS_OUTPUT.PUT_LINE(loopCounter);
  END LOOP FOR_LOOP_DEMO;
END;
/
```

以下是从最大界限开始循环到最小界限的示例，输出从 10 到 1 这 10 个数，同时，对于 FOR 结构中的循环计数器也没有进行声明而直接使用：

```
--FOR 循环示例：输出 10 到 1 这 10 个数，同时，没有声明循环计数器
BEGIN
  FOR loopCounter IN REVERSE 1 .. 10
  LOOP <<FOR_LOOP_DEMO>>
    DBMS_OUTPUT.PUT_LINE(loopCounter);
  END LOOP FOR_LOOP_DEMO;
END;
/
```

9.3　PL/SQL 记录

在 PL/SQL 程序中，除了可以应用 SQL 中可以运用的各种类型外，还可以自定义数据类型以及通过%TYPE 和%ROWTYPE 等引用表中的列和行数据类型。

9.3.1　使用%TYPE

在 PL/SQL 程序中，由于常需要把表中的数据读取到指定的变量中，为了使变量的数据类型和表中的对应列的数据类型一致，可以直接通过%TYPE 引用表中指定列的数据类型，这样一旦表中指定列的数据类型被修改，则在程序执行时，将自动引用新的对应数据类型，因此，应用%TYPE 可以不必知道变量对应列的数据类型，同时，可以使程序运行时自动适应对应列的数据类型。

使用%TYPE 常常是用在声明变量时，使用的语法格式如下所示：

变量名　表名.列表%TYPE;

如对于表 Employee 中的列 EmployeeName，如果需要变量来存储此列的数据，则可以声明一个变量，同时设置此变量的数据类型为对应列中的数据类型。

my_name Employee.EmployeeName%TYPE;

由于表中的 EmployeeName 的数据类型为 VARCHAR2(50)，所以变量 my_name 的数据类

型也自动为 VARCHAR2(50)。

以下示例应用%TYPE 声明变量，并读取对应记录的指定列的数据：

/*应用%TYPE 声明变量，使变量自动引用指定列 EmployeeName 的数据类型*/

```
DECLARE
    my_name Employee.EmployeeName%TYPE;
BEGIN
    SELECT EmployeeName INTO my_name
        FROM Employee
        WHERE EmployeeID = 1;
    DBMS_OUTPUT.PUT_LINE('1 号员工是： ' || my_name);
END;
/
```

执行结果是：

1 号员工是：王磊

9.3.2　记录类型

如前 9.3.1 节所示，如果需要从数据库中读取相应的数据，并进行处理时，需要把读取到的数据存储到指定的变量以方便处理，但如果需要一次把一行记录中的多列的数据读取出来，并用于处理时，应用一般的变量则不能方便地实现，此时需要应用记录类型。

记录类型是用户自定义数据类型，记录类型可以包含一个或多个相关的字段，每个字段都被指定自己的名称和数据类型，在从数据库中读取数据时，可以一次性地读取多列的值，然后又可以在程序中对记录类型变量中各字段分别进行处理。记录类型定义后，即可作为数据类型用于声明变量。

定义记录类型的语法格式如下所示：

```
TYPE 记录类型名称  IS RECORD
    (字段名 1     数据类型,
     字段名 2     数据类型,
     ……);
```

以下示例定义了一种记录类型 employee_type，其中包含 3 个字段的内容：员工姓名、Email 地址以及登录名称：

```
--应用记录类型一次读取多个列的数据示列
DECLARE
    /*定义记录类型*/
    TYPE employee_type IS RECORD
        (my_name Employee.EMPLOYEENAME%TYPE,
        my_email Employee.EEMAIL%TYPE,
        my_login_name Employee.ELOGINNAME%TYPE);
    /*声明记录类型的变量*/
    my_employee employee_type;
```

```
BEGIN
   /*读取对应列数据到变量中，变量的对应字段内将存储记录中的对应列数据*/
   SELECT EmployeeName, Eemail, EloginName INTO my_employee
      FROM Employee
      WHERE EmployeeID = 1;
   /*分别读取变量中的各字段的值*/
   DBMS_OUTPUT.PUT_LINE(my_employee.my_name || '的 Email 是：' ||
            my_employee.my_email || '，登录名是：' || my_employee.my_login_name);
END;
/
```

执行结果是：

王磊的 Email 是：Wanglei@RisingSoft.com，登录名是：wanglei

9.3.3　使用%ROWTYPE

通过记录类型可以方便地一次读取多列的数据到指定的变量中。当需要一次性地读到所有列数据到变量中时，定义记录类型将比较麻烦，此时可以应用 PL/SQL 提供的%ROWTYPE技术来自动提取表中行的结构信息，并自动生成对应的行数据类型。

%ROWTYPE 常用于声明行数据类型的变量，其语法格式如下所示：

变量名　表名%ROWTYPE;

以下示例声明了一个变量用于读取 Employee 表中的行的所有列的数据：

```
--应用%ROWTYPE 一次读取所有列的数据示列
DECLARE
   /*声明变量，用于存储表 Employee 中行的所有列数据*/
   my_employee Employee%ROWTYPE;
BEGIN
   /*读取行中的所有列的值到指定的变量中*/
   SELECT * INTO my_employee
      FROM Employee
      WHERE EmployeeID = 1;
   /*分别读取变量中的各字段的值，此时变量中的字段名与表中的列名完全一致*/
   DBMS_OUTPUT.PUT_LINE(my_employee.EmployeeName || '的 Email 是：' ||
            my_employee.Eemail || '，登录名是：' || my_employee.EloginName);
END;
/
```

执行结果是：

王磊的 Email 是：Wanglei@RisingSoft.com，登录名是：wanglei

在此程序中，由于声明变量 my_employee 时，使用的是表 Employee 的行数据类型，所以此时必须在查询语句中使用通配符"*"，以查询得到所有列的数据；而且，变量 my_emplyoee中包含的列的个数以及所有列的名称、数据类型都与表 Employee 中的完全一致。

9.4   游标

在 PL/SQL 程序中，经常需要把查询出来的数据中的所有记录按照某种要求全部进行处理，此时，使用记录类型已不能满足要求，PL/SQL 提供了游标技术来实现相应的功能。PL/SQL 是极为重要的 PL/SQL 类型，它是 PL/SQL 和 SQL 共同作用的核心部分，游标是一种 PL/SQL 控制结构，可以对 SQL 语句的处理进行显式控制，以便于对表的行数据逐条进行处理，同时，还可能通过游标修改数据库中的数据。在 PL/SQL 程序中，游标分为隐式游标和显式游标两种。

9.4.1   游标基本操作

在通过游标对表的行数据进行处理的操作过程，主要包括以下 4 步：声明游标、打开游标、提取数据和关闭游标。

1. 声明游标

声明游标就是声明变量，使变量成为指定的 PL/SQL 控制结构。

声明游标的语法格式如下所示：

CURSOR   游标名   IS   SELECT 语句

其中，CURSOR 是关键词，SELECT 语句是为建立游标所使用的查询语句。

以下示例声明一个游标，用于处理表 Department 中的所有行：

CURSOR   cur_dept   IS SELECT * FROM Department;

2. 打开游标

在游标声明以后，读取数据之前，必须先打开游标才能使用游标，打开游标使用 OPEN 语句，其语法格式如下所示：

OPEN   游标名;

如下所示 OPEN 语句打开前例声明的游标 cur_dept：

OPEN   cur_dept;

3. 提取数据

提取数据操作是通过游标处理表中的各数据行，提取数据时，需要把游标中的数据行提取到对应结构的变量中，在实际应用中，如果游标声明为查询得到表中所有列的数据，则可直接使用表的%ROWTYPE 类型声明变量来保存从游标中提取的数据。提取数据的命令为 FETCH，其语法格式如下所示：

FETCH   游标名   INTO   变量 1, 变量 2, ……

注意：变量 1、变量 2 等要注意变量的个数、顺序及数据类型都要与游标中的字段保持一致。同时，FETCH 操作每次只返回一行数据，并自动将记录指针移动到下一行，而且不能后退，所以在实际应用中，常常通过循环来处理所有的数据行。

下例为提取前例中游标的当前行数据到变量。

--提取数据示例：通过 FETCH 循环读取游标的所有数据行

```
DECLARE
   CURSOR cur_dept IS
      SELECT * FROM Department;              --声明游标
```

```
   dept_record Department%ROWTYPE;          --声明记录变量
BEGIN
   OPEN cur_dept;                           --打开游标
   LOOP                                     --通过循环处理所有的数据行
      FETCH cur_dept INTO dept_record;      --提取数据到记录变量中
      EXIT WHEN cur_dept%NOTFOUND;          --如果不再有行数据，结束循环
      DBMS_OUTPUT.PUT_LINE(dept_record.DEPTNAME || '的职责是：'
                        || dept_record.DESCRIPTION);
   END LOOP;
   CLOSE cur_dept;                          --关闭游标
END;
/
```

执行结果为：

人事部的职责是：人事管理与人力资源管理

财务部的职责是：财务制度制定及财务管理

行政部的职责是：一般事务性工作管理

销售部的职责是：公司产品销售及销售政策制定

研发部的职责是：产品研发以及技术研究

信息部的职责是：公司信息联络

4. 关闭游标

在游标使用完之后，必须关闭游标。关闭游标使用 CLOSE 语句，其语法格式如下所示：

CLOSE　游标变量名;

关闭游标的示例可以参考前例。

5. 使用游标更新数据

在使用游标时，还可以通过游标来更新表中的数据。为了使用游标能支持数据的更新操作，在声明游标时，需要应用 FOR UPDATE 选项，并通过 UPDATE 语句完成更新数据操作，此时游标声明的语法格式如下所示：

CURSOR　游标名　IS　SELECT 语句　FOR　UPDATE;

以下示例通过游标更新数据：

```
--通过游标更新数据示例
DECLARE
   CURSOR cur_dept IS
      SELECT * FROM Department FOR UPDATE;       --声明游标支持更新操作
   dept_record Department%ROWTYPE;               --声明记录变量
BEGIN
   OPEN cur_dept;                                --打开游标
   FETCH cur_dept INTO dept_record;              --提取数据到记录变量中
   WHILE (cur_dept%FOUND) LOOP                   --通过循环处理所有的数据行
      IF (dept_record.DeptID = 1) THEN
```

```
        UPDATE Department SET DeptName = DeptName || '_tmp'
            WHERE CURRENT OF cur_dept;              --更新数据操作
        END IF;
        FETCH cur_dept INTO dept_record;            --提取数据到记录变量中
    END LOOP;
    CLOSE cur_dept;                                 --关闭游标
    COMMIT;                                         --提交事务
END;
/
```

其中，更新数据操作的语句是：

UPDATE Department SET DeptName = DeptName || '_tmp' WHERE CURRENT OF cur_dept;

更新数据时，UPDATE 关键词后要跟被更新的表名，SET 之后是被更新字段值的更新规则，最后必须使用"WHERE CURRENT OF 游标名"。更新数据时，游标的当前行中指定的字段值即被更新为新的值。

9.4.2 游标的属性操作

在游标的使用过程中，经常需要应用到游标的 4 个属性，以确定游标当前和总体状态。表 9.3 列出了游标的属性。

表 9.3 游标属性

属性名	说明
%ISOPEN	逻辑值，判断游标是否已打开。若游标未打开其值为 false，否则为 true
%FOUND	逻辑值，判断游标是否指向数据行。若游标当前指向一行数据则返回 true，否则为 false。本属性常用于控制游标循环的结束
%NOTFOUND	逻辑值，判断游标是否没指向数据行。其值是%FOUND 属性值的非。本属性常用于控制游标循环的结束
%ROWCOUNT	返回游标当前已提取的记录的行数，每成功提取一次数据行其值加 1

注意，游标的属性值为读取其值时的状态值，各种属性值可能在不同的阶段取值不同，而且在某些情况下可能产生异常，特别是%FOUND、%NOTFOUND 以及%ROWCOUNT 属性在游标打开前或关闭后再操作则将引发异常；而在使用 FETCH 进行数据提取前，属性%FOUND 和%NOTFOUND 的值全都为 NULL，所以在循环的终止判断条件中，常要判断相应属性是否为 NULL。

以下示例展示了游标各属性的基本操作方法：

```
--提取数据示例：通过 FETCH 循环读取游标的所有数据行，并使用游标的各种属性
DECLARE
    CURSOR cur_dept IS
        SELECT * FROM Department;                   --声明游标
    dept_record Department%ROWTYPE;                 --声明记录变量
```

```
BEGIN
    OPEN cur_dept;                                  --打开游标
    IF (cur_dept%ISOPEN) THEN                       --判断游标是否已打开
        DBMS_OUTPUT.PUT_LINE('游标已打开');
    ELSE
        DBMS_OUTPUT.PUT_LINE('游标未打开，请打开游标后再操作');
    END IF;
    FETCH cur_dept INTO dept_record;                --提取数据到记录变量中
--通过循环处理所有的数据行
    WHILE (cur_dept%FOUND OR cur_dept%FOUND IS NULL) LOOP
        DBMS_OUTPUT.PUT_LINE('记录的当前行数是：' || cur_dept%ROWCOUNT);
        DBMS_OUTPUT.PUT_LINE(dept_record.DEPTNAME || '的职责是：'
                            || dept_record.DESCRIPTION);
        FETCH cur_dept INTO dept_record;            --提取数据到记录变量中
    END LOOP;
        DBMS_OUTPUT.PUT_LINE('记录的总行数是：' || cur_dept%ROWCOUNT);
    CLOSE cur_dept;                                 --关闭游标
END;
/
```

执行结果为：

游标已打开

记录的当前行数是：1

人事部的职责是：人事管理与人力资源管理

记录的当前行数是：2

财务部的职责是：财务制度制定及财务管理

记录的当前行数是：3

行政部的职责是：一般事务性工作管理

记录的当前行数是：4

销售部的职责是：公司产品销售及销售政策制定

记录的当前行数是：5

研发部的职责是：产品研发以及技术研究

记录的当前行数是：6

信息部的职责是：公司信息联络

记录的总行数是：6

9.4.3　参数化游标和隐式游标

游标在实际应用中除了前面介绍的普通游标外，还有参数化游标和隐式游标。

1．参数化游标

在对数据库进行查询操作时，经常需要指定查询条件，所以在游标的应用中也常需要使用参数以控制游标查询数据时对数据行进行按条件过滤，这类带参数的游标称为参数化游标。
声明参数化游标语法格式如下所示：

    CURSOR   游标名 (参数声明) IS   SELECT 语句;

    其中的参数声明必须指定参数的名称以及参数的数据类型，在实际应用中，参数的数据
类型常直接使用表中字段的类型。

    注意，如果参数数据类型为 VARCHAR2 类型，则只需要指定参数的数据类型为
VARCHAR2，而不需要指定参数的长度。

    打开参数化游标时，必须为参数指定相应的数值，以用于过滤相关的数据行。

    以下示例参数化游标的使用：

```
--参数化游标示例：通过参数对数据行进行过滤
DECLARE
    CURSOR cur_dept (v_deptID Department.DEPTID%TYPE) IS
        SELECT * FROM Department WHERE deptID = v_deptID;      --声明参数化游标
    dept_record Department%ROWTYPE;                            --声明记录变量
BEGIN
    OPEN cur_dept(1);                                         --打开游标时指定参数值
    IF (cur_dept%ISOPEN) THEN                                 --判断游标是否已打开
        DBMS_OUTPUT.PUT_LINE('游标已打开');
    ELSE
        DBMS_OUTPUT.PUT_LINE('游标未打开，请打开游标后再操作');
    END IF;
    FETCH cur_dept INTO dept_record;                          --提取数据到记录变量中
--通过循环处理所有的数据行
    WHILE (cur_dept%FOUND OR cur_dept%FOUND IS NULL) LOOP
        DBMS_OUTPUT.PUT_LINE('记录的当前行数是：' || cur_dept%ROWCOUNT);
        DBMS_OUTPUT.PUT_LINE(dept_record.DEPTNAME || '的职责是：'
                            || dept_record.DESCRIPTION);
        FETCH cur_dept INTO dept_record;                      --提取数据到记录变量中
    END LOOP;
        DBMS_OUTPUT.PUT_LINE('记录的总行数是：' || cur_dept%ROWCOUNT);
    CLOSE cur_dept;                                           --关闭游标
END;
/
```

执行结果为：

游标已打开

记录的当前行数是：1

人事部的职责是：人事管理与人力资源管理

记录的总行数是：1

在上例中，打开游标时，把值"1"设置到参数"v_deptID"中，则游标只能操作表中"DeptID"

字段的值为"1"的数据行。对参数化游标的其他操作与一般游标方法相同。

2．隐式游标

隐式游标是指 PL/SQL 程序在执行一个 SQL 查询语句时，Oracle 服务器自动创建的未命名的游标。隐式游标是内存中处理此查询语句的工作区域。与显式游标不同的是，隐式游标不需要声明、打开以及关闭操作，系统将自动完成这些操作。

以下语句示例隐式游标的使用：

```
--隐式游标应用示例
DECLARE
    dept_record Department%ROWTYPE;        --声明记录变量
BEGIN
    SELECT * INTO dept_record FROM Department WHERE DeptID = 1;
    DBMS_OUTPUT.PUT_LINE(dept_record.DEPTNAME || '的职责是：'
                        || dept_record.DESCRIPTION);
END;
/
```

执行结果为：

人事部的职责是：人事管理与人力资源管理

由于 SELECT　INTO 语句只能读取一行数据到记录变量或一组变量，所以隐式游标只能用于只有一行数据需要处理的情况，对于有多行数据需要处理时，只能使用显式游标而不能使用隐式游标。

9.4.4　游标变量

在实际应用中，有时需要通过游标执行不同的 SQL 查询语句，通过前面介绍的游标和参数化游标都不能实现这一功能，因为这两种游标只能执行在声明游标时指定的查询语句。为了能使用游标执行不同的查询语句，Oracle 提供了游标变量。游标变量是一种动态的游标，在运行期间，可以与不同的查询语句相关联。

在使用游标变量时，基本方法与一般游标相似，一般要包含以下步骤：定义游标变量类型，声明游标变量，打开游标变量，提取数据和关闭游标变量。

定义游标变量类型的语法格式如下所示：

TYPE　游标变量类型名称　IS　REF　CURSOR　[RETURN　返回类型]；

其中的返回类型是一个记录类型，是可选项。如果指定了返回类型，则此游标变量类型为强类型，否则称为弱类型。对于弱类型的游标变量，系统不会对返回的值进行类型检查，但使用过程中如果出现类型不匹配则会产生异常，所以建议定义时使用强类型，以对返回值的类型进行检查。

声明游标变量的语法格式如下所示：

游标变量名称　游标变量类型名称；

打开游标变量的语法格式如下所示：

OPEN　游标变量名　FOR SELECT 语句；

以下为使用游标变量的示例：

```
--游标变量示例：通过游标变量执行指定的查询操作
DECLARE
    TYPE cur_dept_type IS REF CURSOR RETURN Department%ROWTYPE;--声明游标类
型
    cur_dept cur_dept_type;                               --声明游标变量
    dept_record Department%ROWTYPE;                       --声明记录变量
BEGIN
    IF NOT cur_dept%ISOPEN THEN
        OPEN cur_dept FOR SELECT * FROM Department;       --打开游标变量，指定查询语句
    END IF;
    FETCH cur_dept INTO dept_record;                      --提取数据到记录变量中
--通过循环处理所有的数据行
    WHILE (cur_dept%FOUND OR cur_dept%FOUND IS NULL) LOOP
        DBMS_OUTPUT.PUT_LINE(dept_record.DEPTNAME || '的职责是：'
                                        || dept_record.DESCRIPTION);
        FETCH cur_dept INTO dept_record;                  --提取数据到记录变量中
    END LOOP;
        DBMS_OUTPUT.PUT_LINE('记录的总行数是：' || cur_dept%ROWCOUNT);
    CLOSE cur_dept;                                       --关闭游标
END;
/
```

9.5 过程与函数

在 PL/SQL 中，程序块除了有匿名块外，还有命名块。匿名程序块如果要重复使用，必须存储在文件中，再通过调用文件的形式来执行，在 Oracle 中，匿名程序块在执行完成后，即不再存在于服务器中，而且每次运行匿名程序块时，都要先编译对应的程序块，然后再执行，即使是连续多次执行同一个匿名块。为了把程序块保存在服务器中，实现多次调用，Oracle 提供了过程和函数技术，它们统称为 PL/SQL 子程序，其中过程又称为存储过程。

过程和函数的结构相似，都可以接收输入值，不同之处在于，过程不返回值，过程的调用即是一条 PL/SQL 语句；函数则包含 RETURN 子句，总是向调用者返回一个函数值，函数的调用只能在一个表达式中进行。

9.5.1 过程创建和调用

1. 创建过程

过程在调用前，必须先在服务器中创建好。创建过程的语法格式如下所示：

```
CREATE  [OR  REPLACE]  PROCEDURE  过程名
    [参数 1  [{IN  |  OUT  |  IN  OUT}]  类型,
     参数 2  [{IN  |  OUT  |  IN  OUT}]  类型  …]
```

```
{IS  |  AS}
BEGIN
    --过程体内的执行语句;
[EXCEPTION
    --异常处理程序]
END  [过程名];
```

其中，**OR REPLACE** 关键词是可选项，如果包含此关键词，则在创建过程时，如果相同的过程名已在服务器中存在，则用新的过程覆盖原有的过程，在实际开发中，推荐加上此关键词。如果需要，过程可以包含多个参数，所有参数的传递方式都可以用 **IN**、**OUT** 或 **IN　OUT** 三种中的一种，默认的方式为 **IN**，有关参数的传递方式请参见 **9.5.2** 节的相关内容。IS 和 AS 的作用完全相同，只是起到声明的作用。在 BEGIN 关键词之后，程序的结构和一般的程序块相似。

注意，创建存储过程的语句完成后，必须执行后，才能在服务器中创建完成对应的存储过程。所以，创建存储过程可以在 SQL *Plus、SQL　Developer 或其他工具中完成。创建存储过程时，必须有相应的权限才能完成，同样，也必须得到相应授权后，才能执行相应的存储过程。

以下示例为向数据库中添加存储过程，以实现添加系统配置信息：

```
/****** 对象: 存储过程  sp_InsertConfig      ******/
CREATE OR REPLACE PROCEDURE sp_InsertConfig
(
    vType VARCHAR2,
    vName VARCHAR2,
    vData VARCHAR2
)
AS
BEGIN
    INSERT INTO Config(ConfigID, Type, Name, Data) VALUES(config_sequence.NEXTVAL,
vType, vName, vData);

    EXCEPTION
      WHEN PROGRAM_ERROR THEN
        ROLLBACK;
      WHEN OTHERS THEN
        ROLLBACK;

END sp_InsertConfig;
/
```

在执行相关的存储过程创建代码时，Oracle 将对代码的正确性进行检查，如果代码不正确，则将输出错误提示信息。为了修订存储过程的创建代码，经常需要查看详细的错误提示内容，可在 SQL *Plus 中输入显示错误信息的指令：

SHOW　ERROR;

则可看到代码的哪一行有什么错误。

2．调用过程

在创建完成存储过程后，可以在 PL/SQL 程序中或各种程序设计工具中调用存储过程，调用存储过程的语法格式在不同的环境中略有不同。

在 PL/SQL 程序块中，可直接通过存储过程的名称来调用存储过程，同时在存储过程名称后跟一对括号，并在括号中输入对应的参数，最后以 ";" 结束语句，以下代码为在匿名块中调用上例所创建的存储过程：

```
BEGIN
    sp_InsertConfig('系统示例', '临时文件名', 'C:\demo.sql');
END;
/
```

程序块执行完成后，对应 Config 表中添加了新的一行数据。

在 SQL *Plus 等工具中，也可直接调用存储过程，与在 PL/SQL 程序块中调用方式基本相似，但需要在存储过程名之前添加关键词 "EXEC" 或 "EXECUTE"。以下示例完成上例一样的功能，调用存储过程 sp_InsertConfig：

```
EXEC sp_InsertConfig('系统示例', '临时文件名', 'C:\demo.sql');
```

9.5.2　过程参数设置与传递

在过程和函数中，经常需要使用到参数，通过参数来向过程和函数传递所需的数据，也可以通过参数从过程和函数中得到处理的结果。

在过程和函数的声明部分中定义的参数称为形参，调用过程时，需要为这些形参设置相应的数值，这些传递数据给形参的变量或表达式称为实参。在实参与形参相互传递数据时，实参的值是否取得过程和函数中更新后的形参值，取决于实参和形参相结合的模式。

在实参和形参传递数据时，一定条件下可以相互转换数据类型，但尽量使实参和形参的数据类型和个数一致，避免引起程序的异常发生。

1．参数传递

在调用存储过程和函数时，参数传递有 3 种方式：按位置传递、按名称传递以及按混合方式传递。

（1）按位置传递参数。调用过程和函数时，实参与形参依靠其排列的先后次序一一结合，对应位置上的实参和形参相互传递数据。在使用按位置传递参数时，要求实参的数据类型、个数和形参一一对应，不然，将产生错误。以下示例即是按位置传递参数：

```
BEGIN
    sp_InsertConfig('系统示例', '临时文件名', 'C:\demo.sql');
END;
/
```

（2）按名称传递参数。按名称传递参数调用过程和函数时，使用带名的参数，通过符号 "=>" 连接实参和形参，形成 "形参名 => 实参名" 的传递方式。按名称传递参数代码的可读性更好。

以下示例按名称传递参数：

```
BEGIN
    sp_InsertConfig (vName => '系统示例',vType    => '临时文件名', vData => 'C:\demo.sql');
END;
/
```

（3）按混合方式传递参数。按混合方式传递参数调用过程和函数时，前一部分参数的结合按位置进行，后一部分参数的结合按名称方式进行，但实际使用时不利于代码的阅读，不推荐使用这各方法。

2．参数模式

在调用存储过程和函数时，实参与形参进行结合，相互传递数据，根据形参在函数和过程执行完成后，形参是否会改变实参的值，参数模式分为 3 种：IN、OUT 和 IN　OUT。

（1）IN 模式。用于把实参中的值单向传递到形参中。

（2）OUT 模式。用于把形参中的值在过程和函数执行后，传递给实参。

（3）IN OUT 模式。用于先通过实参把值传递给形参，在过程和函数执行完后，再把形参的新值传递给实参。

在使用过程中，IN 模式的形参在过程和函数中不能通过赋值符修改参数的值。如果在声明参数时不指定参数的模式，则使用默认的模式为 IN 模式。

以下示例一个存储过程用于计算两数的和：

```
CREATE OR REPLACE PROCEDURE sp_Math_Add
(
    v1 NUMBER,
    v2 NUMBER,
    sum_value OUT NUMBER
)
AS
BEGIN
    sum_value := v1 + v2;
END sp_Math_Add;
/
```

以下代码在匿名程序块中调用此存储过程，并通过 OUT 模式把过程中计算后的和返回给实参 c：

```
DECLARE
    a NUMBER;
    b NUMBER;
    c NUMBER;
BEGIN
    a := 10;
    b := 12;
    sp_Math_Add(a, b, c);
```

```
    DBMS_OUTPUT.PUT_LINE('c = ' || c);
END;
/
```

执行结果为：

c = 22

3. 参数默认值

在过程和函数的调用过程中，有时部分参数在大部分情况下都是相同的值，为了方便和简化程序，可以为过程和函数的参数设置默认值，则在调用过程和函数时，可以不必向这些设置了默认值的形参传递数据。参数默认值在声明参数时设置，其语法格式如下所示：

参数名　参数类型　　[{DEFAULT | :=} 默认值];

注意，在过程和函数的参数列表中，设置默认值的参数一般放置在参数列表的右侧。

以下示例为创建一个存储过程，接收学生信息，指定学生所在系为软件技术系：

```
CREATE OR REPLACE PROCEDURE sp_add_student
(
    sName VARCHAR2,
    sDept VARCHAR2 := '软件技术系'
)
AS
BEGIN
    DBMS_OUTPUT.PUT_LINE(sName || '所在的系为：' || sDept);
END sp_add_student;
/
```

以下代码为对上述过程的调用：

```
DECLARE
    studentName VARCHAR2(20);
BEGIN
    studentName := '张三';
    sp_add_student(studentName);
END;
/
```

执行结果为：

张三所在的系为：软件技术系

9.5.3　函数的创建与调用

函数和过程一样，是存储在数据库中的 PL/SQL 程序，函数与过程的最大区别在于函数通过 RETURN 语句返回一个返回值；此外，调用函数时，将把函数用在表达式中进行调用。

1. 创建函数

创建函数的基本语法和过程相似，语法格式如下所示：

CREATE　OR　REPLACE　FUNCTION　函数名

```
[参数 1   {IN  |  OUT  |  IN  OUT}   类型,
参数 2   {IN  |  OUT  |  IN  OUT}   类型, …]
RETURN  返回类型
{ IS   |  AS}
[变量声明]
BEGIN
    --函数体
END   [函数名];
```

其中，RETURN 返回类型是必需的部分，同时在函数体中，最好处理异常处理。

以下是一个创建函数的示例，此函数根据输入的登录名找到对应员工的 ID 号，如果没有找到对应的登录名，则返回值-1：

```
CREATE OR REPLACE   FUNCTION sp_GetEmployeeID
(
    vloginName    VARCHAR2
)
RETURN NUMBER
AS
  vEmpID NUMBER := 0;
BEGIN
    SELECT EmployeeID INTO vEmpID
    FROM Employee
    WHERE ELoginName = vloginName;

    RETURN vEmpID;

    EXCEPTION
      WHEN PROGRAM_ERROR THEN
        RETURN -1;
      WHEN OTHERS THEN
        RETURN -1;

END sp_GetEmployeeID;
```

2. 调用函数

在调用函数时，要注意函数的调用要求在表达式中，而不能直接通过关键词 EXECUTE 来完成。以下示例代码调用了上例创建的函数：

```
DECLARE
  EmployeeName VARCHAR2(20);
BEGIN
  EmployeeName := 'wanglei';
```

```
    DBMS_OUTPUT.PUT_LINE(sp_GetEmployeeID(EmployeeName));
END;
/
```
执行结果为：

wanglei 的 ID 为：1

注意，在函数的定义中也可以为形参指定默认值。

9.5.4　删除过程和函数

过程和函数的程序块一旦被成功执行，则在数据库中自动地存储了相应的对象，在过程和函数创建后，如果想进行修改，则可以重新执行修改后的创建过程和函数的程序块，但此时必须在声明时加上 OR REPLACE 关键词。

如果过程和函数不再需要，最好在数据库中删除对应的对象。删除过程的语法格式如下所示：

DROP PROCEDURE　过程名;

以下示例代码将删除前例所创建的过程 sp_add_student：

DROP PROCEDURE sp_add_student;

删除函数的语法如下所示：

DROP FUNCTION　函数名;

如下代码将删除前例所创建的函数 sp_GetEmployeeID：

DROP FUNCTION sp_GetEmployeeID;

删除过程和函数还可以在 Oracle SQL Developer 或 OEM 等各种工具中完成。

9.5.5　子程序的权限

过程和函数在创建和调用时，Oracle 都将对对应的用户权限进行检查，如果没有相应的创建过程和函数权限的用户连接数据后，也无权创建过程和函数。同样，对于未被授权的用户，也无权调用相应的过程和函数。无权限创建、调用过程和函数的用户执行对应无权限的操作之后，将使程序引发异常。

有关权限和安全管理的内容，请参见第 8 章的相关内容，本节主要讨论对过程和函数的权限管理。

当一个用户或角色在数据库中被创建后，不能直接拥有创建和调用过程和函数的权限，只有被分别得到创建过程和函数的授权后，用户或角色才能创建过程和函数。而且，授权者本身要具有相应的权限才能授予其他用户或角色相应的权限。

授予一个用户创建过程和函数的语法格式为：

GRANT CREATE PROCEDURE TO　用户名;

以下示例为先创建一个用户 TESTUSER，然后为此用户授予创建过程的权限：

CREATE USER "TESTUSER1" PROFILE "DEFAULT"

    IDENTIFIED BY "password" DEFAULT TABLESPACE "DATASPACE"

    TEMPORARY TABLESPACE "TEMP" ACCOUNT UNLOCK;

GRANT CREATE PROCEDURE TO "TESTUSER";

此后，此用户即可创建过程和函数。

除了通过 PL/SQL 语句为用户授权外，还可以通过 OEM 等工具完成相关授权。

授予一个角色创建过程的语法格式为：

GRANT CREATE PROCEDURE TO 角色名;

在授予用户或角色权限时，可以同时使被授权用户或角色能把相应的权限再授予其他用户或角色，此时，在授权语句后再加上 WITH ADMIN OPTION 选项，如下所示：

GRANT CREATE PROCEDURE TO {角色名 | 用户名} WITH ADMIN OPTION;

在把一个过程或函数的调用权限授予一个用户或角色的语法格式如下所示：

GRANT EXECUTE "过程名 | 函数名" TO {角色名 | 用户名};

在授予用户或角色执行权限时，可以同时使被授权用户或角色能把相应的过程和函数的执行权限再授予其他用户或角色，此时，在授权语句后再加上"WITH　ADMIN　OPTION"选项，如下所示：

GRANT EXECUTE "过程名 | 函数名" TO {角色名 | 用户名}

　　　　WITH　ADMIN　OPTION;

同样，角色或用户被授予的相关权限也可能被收回，从用户或角色收回创建过程和函数的权限的语法格式如下所示：

REVOKE CREATE PROCEDURE FROM {角色名 | 用户名};

从用户 TESTUSER 收回创建过程和函数的创建权限的语句如下所示：

REVOKE CREATE PROCEDURE FROM "TESTUSER";

从用户或角色收回执行过程和函数的调用权限的语法格式如下所示：

REVOKE EXECUTE ON {过程名 | 函数名} FROM {角色名 | 用户名};

如从用户 TESTUSER 收回调用过程 sp_InsertEmployee 权限的语句如下所示：

REVOKE EXECUTE ON sp_InsertEmployee FROM "TESTUSER";

注意，收回权限时，也必须由具有相关权限的用户才能完成。

在对用户进行权限管理时，推荐把用户放入相应的角色，通过对角色的权限管理实现对用户权限的管理，相关内容参见第 8 章。

9.6　触发器

触发器（Trigger）是一种特殊类型的 PL/SQL 程序块。触发器的结构与过程和函数类似，包括声明部分、执行部分和异常处理部分。触发器创建后，将存储在数据库服务器中，当触发器对应的事件发生时，将会自动被触发而执行相应的操作。

触发器具有如下优点：

（1）实现数据库中跨越相关表的级联修改。

（2）实现比 CHECK 约束更复杂的数据完整性。

（3）实现自定义的错误信息。

（4）维护非规范化数据。

（5）比较修改前后数据的状态。

使用触发器时应注意以下几点：

（1）触发器与过程、函数有所不同，不能接受参数，不能显式调用。

（2）如果通过约束能完成相应的功能，则尽量使用约束。

（3）不要创建递归触发器。

（4）触发器中不能使用事务控制命令。

（5）触发器大小不能超过 32KB，否则可设计合适的存储过程替代触发器或在触发器代码中调用存储过程。

（6）不能对 SYS 拥有的表创建触发器。

9.6.1　触发器的类型

触发器主要分为：DML 触发器、DDL 触发器及系统触发器，DML 触发器中又主要包括行级触发器、语句级触发器及替换触发器（INSTEAD　OF 触发器）。

1. DML 触发器

DML 触发器是由 INSERT、UPDATE 和 DELETE 语句所触发的触发器。DML 触发器可以为这些事件创建 BEFORE 触发器（事前触发器）和 AFTER 触发器（事后触发器）。DML 触发器还可以根据是对于每一个 SQL 语句触发一次还是对每行数据的处理分别触发一次而创建对应的语句级触发器和行级触发器。对于试图一次性操作两个或两个以上表的数据要求，可以通过替代触发器实现。

2. DDL 触发器

DDL 触发器是由 DDL 语句（CREATE、ALTER 或 DROP 等 DDL 语句）触发的触发器。DDL 触发器也分 BEFORE 触发器和 AFTER 触发器。

3. 系统触发器

系统触发器分为数据库级（DATABASE）和模式级（SCHEMA）两种。数据库级触发器的触发事件对于所有用户都有效，模式级触发器仅被指定模式的用户才有效。系统触发器的触发事件主要包括 LOGON、LOGOFF、SERVERERROR、STARTUP 和 SHUTDOWN 等。

9.6.2　创建触发器

创建触发器的语法格式如下所示：

```
CREATE [OR REPLACE] TRIGGER [模式.]触发器名
{BEFORE | AFTER | INSTEAD OF}
{DML 事件 | DDL 事件 | DATABASE 事件}
ON {[模式.]表 | [模式.]视图 | DATABASE}
[FOR EACH ROW [WHEN 触发条件]]
[DECLARE
    --声明变量;]
BEGIN
    --触发器执行代码;
    [EXCEPTIOIN
        --异常处理代码;]
END [[模式.]触发器名;
```

　　其中，TRIGGER 为触发器关键词，BEFORE 和 AFTER 表示触发器在对应事件发生前触发还是在事后触发。DML 触发事件可以是 INSERT、UPDATE 或 DELETE，DDL 触发事件可以是 CREATE、ALTER 或 DROP，DATABASE 触发事件可以是 SERVERERROR、LOGON、LOGOFF、STARTUP 或 SHUTDOWN。FOR EACH ROW 表示触发器是行级触发器，设定对于每一行的操作都触发一次，是可选项，如果没有此选项，则表示触发器是默认的语句级触发器。

1. DELETE 触发器

DELETE 触发器是在表中的行被删除前或删除后自动触发的触发器。

以下示例为在 Department 表中删除行之后将自动触发的触发器：

```
CREATE OR REPLACE TRIGGER td_Department
AFTER DELETE ON Department
FOR EACH ROW
DECLARE
    dcount NUMBER;
BEGIN
    SELECT COUNT(*) INTO dcount FROM Department;
    DBMS_OUTPUT.PUT_LINE('现在还有部门数量为: ' ||   dcount);
END td_Department;
/
```

以上代码执行后，将在服务器中创建对应的触发器。每当 Department 表中有一行记录被删除之后，触发器将被触发，自动统计部门表中记录条数，并输出当前部门的数量。

再执行以下代码从数据库中删除所有的记录：

```
system@ORCL>DELETE FROM Department;
```

则当前情况下 Department 表中有多少行记录就将触发多少次上例创建的触发器，依次输出删除一条记录后 Department 表中的记录数。

在触发器的执行过程，为了实现对触发触发器的数据行原有的数据或新的数据进行访问的控制，Oracle 在触发器中提供了两种特殊的表：new 表和 old 表。new 表只出现在 INSERT 触发器和 UPDATE 触发器中，指向新的数据行或行的新数据；old 表只出现在 DELETE 触发器和 UPDATE 触发器中，指向被删除的数据行或行的原有数据。在使用 new 表和 old 表时，利用 ":new" 或 ":old" 指向对应表正在操作的数据行。

以下示例展示了 old 表在 DELETE 触发器中的应用：

```
CREATE OR REPLACE TRIGGER tdEmployee
BEFORE DELETE ON Employee
FOR EACH ROW
DECLARE
  delEmployeeName VARCHAR2(50);
BEGIN
  delEmployeeName := :old.EmployeeName;    /*:old.EmployeeName 指向将被删除行的 EmployeeName 列*/
  DBMS_OUTPUT.PUT_LINE(delEmployeeName || '将被删除!');
END tdEmployee;
/
```

2. INSERT 触发器

INSERT 触发器是表中插入新数据行时触发的触发器。

```
CREATE OR REPLACE TRIGGER tiEmployee
BEFORE INSERT ON Employee
FOR EACH ROW
DECLARE
    inEmployeeID NUMBER;
BEGIN
    inEmployeeID := :new.EmployeeID;      /*:new.EmployeeID 指向将被插入的新的数据行 EmployeeID 列*/
    DBMS_OUTPUT.PUT_LINE(inEmployeeID || '号员工将被插入!');
END tiEmployee;
/
```

3. UPDATE 触发器

UPDATE 触发器是表中数据行被更新时触发的触发器。

在 UPDATE 触发器中,对于被更新的数据行,可以访问其原有的值,也可以访问其新的值。

以下示例在 UPDATE 触发器中访问了被更新行的两个特殊表中的值:

```
CREATE OR REPLACE TRIGGER tuEmployee
BEFORE UPDATE ON Employee
FOR EACH ROW
DECLARE
    upNewEmployeeName VARCHAR2(50);
    upOldEmployeeName VARCHAR2(50);
BEGIN
    upNewEmployeeName := :new.EmployeeName;          /*:new.EmployeeName 指被更新行新的姓名列*/
    upOldEmployeeName := :old.EmployeeName;          /*:old.EmployeeName 指被更新行原有的姓名列*/
    DBMS_OUTPUT.PUT_LINE(upOldEmployeeName || '已被更名为: ' || upNewEmployeeName);
END tuEmployee;
/
```

然后执行以下更新操作:

```
UPDATE Employee SET EmployeeName = '新姓名' WHERE EmployeeID = 7;
```

执行结果为:

刘兴已被更名为: 新姓名

4. 替换触发器

替换触发器是操纵语句触发器的一种,同时也可以作为行集的触发器,但替换触发器只能建到视图上。

由于视图不能同时更新多表,但应用替换触发器就可以解决多表更新问题,这就是替换触发器的主要应用环境。

如果有一视图(v_emp_dept),建立在两个基表(deptment、emp)之上,可用如下触发器实现通过视图同时更新两个以上基表:

```
CREATE OR REPLACE TRIGGER tr_v_e_d
INSTEAD OF INSERT ON v_emp_dept
FOR EACH ROW
BEGIN
```

```
INSERT INTO deptment VALUES(:new.id, :new.name);
INSERT INTO emp(eid, ename, sex, id) VALUES(:new.eid, :new.ename, :new.sex, :new.id);
END;
/
```

实际上是用多条针对基表的独立的 INSERT 语句替换一条视图的 INSERT 语句。

对于其余的各种触发器，由于篇幅原因，在此不再逐一示例，请读者自行试验和完成。

注意，在本节的示例中使用了 DBMS_OUTPUT 包，但在实际应用中不要使用 DBMS_OUTPUT 包。

9.7 异常处理

PL/SQL 程序运行过程中，可能发生各种情况的异常，在程序发生异常后，如果不进行处理，程序的运行将被中止。为处理程序异常，Oracle 提供了系统预定义异常和用户自定义异常以及异常处理技术。

异常处理程序使程序更为健壮。

异常处理的语法格式如下所示：

```
EXCEPTION
    WHEN  异常类型 1  [OR  异常类型 2]  THEN
    异常处理代码；
    …
    WHEN  异常类型 n  THEN
    异常处理代码；
    WHEN  OTHERS  THEN
    其他类型异常的处理代码；
```

在异常处理程序块所在的 PL/SQL 程序块运行过程中发生异常时，系统自动转到异常处理处理块中，按照异常处理程序块中 WHEN 的先后次序，依次检测所发生的异常类型是否和 WHEN 后的异常类型相匹配，如果匹配，则执行对应的 THEN 之后的异常处理代码，直到下一个 WHEN 时，程序自动跳转到所有异常处理程序之后。如果所有的 WHEN 子句中的异常都和发生的异常不匹配，则将执行 OTHERS 之后的其他异常处理代码。在实际应用中，为了使异常处理程序块能处理所有类型的异常，在处理一部分指定的异常之后，推荐在异常处理程序块的最后加上 OTHERS 异常的处理代码。

注意，异常处理程序块放置在 PL/SQL 程序块的最后。

9.7.1　系统预定义异常

Oracle 为了方便对系统中经常出现的一些异常进行处理，预定义了一些系统预定义异常，在使用中，系统预定义异常不需要声明可以直接使用，而且当系统中检测到对应的异常时，Oracle 会自动抛出异常。

表 9.4 中列出了常见的 Oracle 系统预定义异常。

表 9.4　常见 Oracle 系统预定义异常

异常名称	异常代码	说明
ACCESS_INTO_NULL	ORA-06530	访问没有初始化的对象
CASE_NOT_FOUND	ORA-06592	没有合适的 CASE 结构的 WHEN 分支
COLLECTION_IS_NULL	ORA-06531	访问没有初始化集合的方法
CURSOR_ALREADY_OPEN	ORA-06511	试图打开一个已经打开的游标
DUP_VAL_ON_INDEX	ORA-00001	违反了表中的惟一键结束
INVALID_CURSOR	ORA-01001	无效的游标
INVALID_NUMBER	ORA-01722	字符串转换数字无效
LOGIN_DENIED	ORA-01017	登录被拒绝
NO_DATA_FOUND	ORA-01403	没有找到数据
NOT_LOGGED_ON	ORA-01012	没有登录到数据库
PROGRAM_ERROR	ORA-06501	PL/SQL 内部错误
ROWTYPE_MISMATCH	ORA-06504	游标类型不匹配
SELF_IS_NULL	ORA-30625	引用了没有初始化的对象
STORAGE_ERROR	ORA-06500	内存溢出错误
TOO_MANY_ROWS	ORA-01422	数据行太多
VALUE_ERROR	ORA-06502	所赋变量的值与变量类型不一致
ZERO_DIVIDE	ORA-01476	被零除

以下代码将引发异常：

```
system@ORCL> DECLARE
aEmployee   Employee%ROWTYPE;
BEGIN
    SELECT * INTO aEmployee   FROM   Employee   WHERE   EmployeeID = -1;
END;
/
```

执行后的结果为：

```
Error starting at line 1 in command:
DECLARE
aEmployee   Employee%ROWTYPE;
BEGIN
    SELECT * INTO aEmployee   FROM   Employee   WHERE   EmployeeID = -1;
END;
Error report:
ORA-01403: 未找到数据
ORA-06512: 在  line 4
01403. 00000 -   "no data found"
*Cause:
*Action:
```

其中，ORA-01403 为指示发生了 NO_DATA_FOUND 类型的系统预定义异常。

9.7.2　用户自定义异常

用户在 PL/SQL 程序块中定义的异常称为用户自定义异常。用户自定义异常用在要处理系统预定义异常中没有定义的异常情况。用户自定义异常在使用前必须先声明，然后才能使用，在使用时，一般先在程序中抛出用户自定义异常，再对异常进行处理。

用户自定义异常声明时，应在 PL/SQL 程序块的声明部分中进行，声明用户自定义异常的语法格式如下所示：

异常名　EXCEPTION;

发生用户自定义异常时，系统不会自动抛出对应的异常，必须在程序中通过代码抛出指定异常。抛出异常的语法格式如下所示：

RAISE　异常名;

处理用户自定义异常的方法和处理系统预定义异常的方法一样。

9.7.3　处理异常

异常处理的代码不会独立出现，一般用在 PL/SQL 程序块中，对非正常或预期情况进行处理。

以下示例是在更新员工薪水的过程中，对被更新薪水值下限进行检查，如果值低于相关法令的下限则抛出用户自定义异常：

```
CREATE OR REPLACE PROCEDURE sp_updateSalary
(
    vemployeeID NUMBER,
    vnewSalary    NUMBER
)
AS
    salary_out_of_range_exception    EXCEPTION;         /*声明用户自定义异常*/
BEGIN
    IF (vnewSalary < 800) THEN
        RAISE salary_out_of_range_exception;             /*抛出用户自定义异常*/
    END IF;
    UPDATE Employee SET EBasicSalary = vnewSalary WHERE EmployeeID = vemployeeID;
    /*处理异常*/
    EXCEPTION
        /*处理用户自定义异常*/
        WHEN salary_out_of_range_exception THEN
            DBMS_OUTPUT.PUT_LINE('基本薪水太低，更新失败！');
        /*处理其他所有异常*/
        WHEN OTHERS THEN
            DBMS_OUTPUT.PUT_LINE('更新失败！');
END sp_updateSalary;
/
```

执行以下代码更新员工薪水：

```
exec sp_updateSalary(1, 500);
```

结果为：

基本薪水太低，更新失败！

异常处理在程序发生异常时对于保证程序继续顺利进行有关非常关键的作用，所以推荐在实际应用中，尽可能地应用异常处理技术实现异常处理。

9.8 包

在 Oracle 中，对于逻辑上相关的类型、变量及子程序等可以集成在一起，组成命名的 PL/SQL 程序块，这种特殊的程序块称为包。使用包有以下优点：

（1）有效地隐藏信息。

（2）实现集成化模块程序设计。

（3）有利于 PL/SQL 程序的维护和升级。

包通常由包头和包体两部分组成。包头和包体将分别存储在数据库的不同位置。包头在包中是必不可少的组成部分，但包体有时可以不出现。在包中所有的子程序和游标等必须在包头中进行声明，然后再在包体中使用。在编译过程中，由于先进行包头的编译，所以如果包头编译不成功，则包体必定不能编译成功，只有包头和包体全部都编译成功后包才能使用。

9.8.1 包管理

包的管理包括包的创建、包的修改及包的删除。

包的创建由包头和包体的两部分组成，包头和包体的创建按照其自身的结构要求进行。

1. 创建包头

创建包头的语法格式如下所示：

```
CREATE [OR REPLACE] PACKAGE  包名
{IS | AS}
类型声明 | 变量声明 | 游标声明 | 异常声明 | 函数声明 | 过程声明
END [包名];
```

以下代码创建了一个名为 pkg_procedure 的包头：

```
CREATE OR REPLACE PACKAGE pkg_procedure
AS
TYPE cursor_type IS REF CURSOR;
PROCEDURE sp_GetDeptAttendSummary
(
vdeptID NUMBER,
vstartTime DATE,
vendTime DATE,
cursor_value OUT cursor_type
);
END;
/
```

在此包头中声明了一个游标变量类型，类型名为 cursor_type，实际上为游标变量，此类型将可以应用在包中，用于声明游标变量；此外，在包头中还声明了一个存储过程，存储过程名为 sp_GetDeptAttendSummary，存储过程的参数也声明在其中，存储过程的实现将在包体中完成。

在实际应用中，推荐使用 OR　REPLACE 选项，以实现对同名包的修改。

在实际应用中，只有包头的包通常用来存储一些共享变量，实现对静态数据值的引用。

2. 创建包体

包体的创建语法格式如下所示：

```
CREATE [OR REPLACE] PACKAGE BODY 包名
{IS|AS}
变量声明 | 类型声明 | 过程实现 | 函数实现
END [包名];
/
```

以下示例为对应上例中包头的包体创建部分代码：

```
CREATE OR REPLACE PACKAGE BODY pkg_procedure
AS
/****** 对象: 存储过程 sp_GetDeptAttendSummary      ******/
PROCEDURE sp_GetDeptAttendSummary
(
vdeptID NUMBER,
vstartTime DATE,
vendTime DATE,
cursor_value OUT cursor_type
)
IS
sqlstr VARCHAR2 (500);
BEGIN
        INSERT INTO Employee_TEMP select EDeptID, EmployeeID, EmployeeName, EVacationRemain
as LateCount, EVacationRemain as EarlyCount, EVacationRemain as AbsenceCount
    FROM Employee
    WHERE EDeptID = edeptID;

        UPDATE Employee_TEMP
    SET LateCount= (
            SELECT count(t2.AttendID)
            FROM Attendance t2
            WHERE   Employee_TEMP.EmployeeID = t2.EmployeeID AND
t2.DateTime >= vstartTime AND t2.DateTime <=vendTime AND t2.type='迟到'
            );

    OPEN cursor_value FOR 'SELECT * FROM Employee_TEMP';
END sp_GetDeptAttendSummary;
END pkg_procedure;
/
```

在上例中，通过包的封装实现了在存储过程中输出游标，以方便应用程序开发中完成对所需要数据行的遍历。

3．删除包

在包不需要后，一般需要删除相应的包，删除包时，包头和包体将被一起删除。删除包的语法格式如下所示：

DROP PACKAGE 包名;

以下代码将删除前两例中创建的包头和包体：

DROP PACKAGE pkg_procedure;

9.8.2　系统预定义包

在 Oracle 中，为了方便数据库开发和 DBA 对数据库的管理，Oracle 提供了系统预定义包，这些系统预定义包扩展了 PL/SQL 程序的功能。在 Oracle 中系统预定义包以 DBMS_ 或 UTL_ 开头，可以在 PL/SQL、Java 或其他程序设计环境中调用。表 9.5 中列出了部分常用的 Oracle 预定义包。

表 9.5　部分常用 Oracle 预定义包

包名称	说明
DBMS_OUTPUT	实现 PL/SQL 程序终端输出
DBMS_ALERT	实现数据改变时，触发器向应用发出警告
DBMS_DDL	实现访问 PL/SQL 中不允许直接访问的 DDL 操作
DBMS_JOB	实现作业管理
DBMS_DESCRIBE	实现描述存储过程与函数 API
DBMS_PIPE	实现数据库会话使用管道通信
DBMS_SQL	实现在 PL/SQL 程序内部执行动态 SQL
UTL_FILE	实现 PL/SQL 程序处理服务器上的文本文件
UTL_HTTP	实现在 PL/SQL 程序中检索 HTML 页面
UTL_SMTP	实现电子邮件特性
UTL_TCP	实现 TCP/IP 特性

9.8.3　包的调用

在包外部的过程、函数、触发器以及其他的 PL/SQL 程序块中，可以在包名后通过点号来调用包中的类型、子程序等。在以前的示例中，曾经多次调用 DBMS_OUTPUT 包中的 PUT_LINE 子程序以实现在输出提示信息。

以下代码实现了数据库中创建的包中的过程 sp_DeptAllEmployee，并通过遍历游标的方法遍历了所有的数据行：

```
DECLARE
    emps pkg_procedure.cursor_type;
    rec_emp    viewEmployeeList%ROWTYPE;
BEGIN
    pkg_procedure.sp_DeptAllEmployee('人事部', emps);
    IF (emps%ISOPEN) THEN
```

```
    LOOP
      FETCH emps INTO rec_emp;
      EXIT WHEN emps%NOTFOUND;
      DBMS_OUTPUT.PUT_LINE(rec_emp.EmployeeName || '在人事部工作');
    END LOOP;
    CLOSE emps;
  END IF;
END;
/
```

本章小结

PL/SQL 程序设计是 Oracle 开发中的重要技术和内容，其中包括 PL/SQL 程序块、游标、过程、函数、触发器以及异常等重要技术。

PL/SQL 程序块的结构语法是所有程序的基本组成内容的格式，在学习中需要熟练地掌握，同时注意程序的顺序、选择和循环 3 种结构。

游标是 PL/SQL 程序中用于控制结果集中数据行的类型，结合循环结构，在结果集中通过游标可以实现对所有数据行的遍历操作。

过程和函数在实际数据库系统中是非常重要的内容，在数据库的表、视图等内容创建完成后，常需要创建大量的存储过程和函数，通过存储过程和函数，可以更好地简化应用程序对数据库的操作，降低开发难度，同时还能提高数据库的安全性。

触发器的主要作用是能够实现由主键和外键所不能保证的复杂的参照完整性和数据的一致性，实现比 CHECK 约束更复杂的数据完整性。当使用 UPDATE、INSERT 或 DELETE 中的一种或多种数据修改操作在指定表中对数据进行修改时，触发器会生效并自动执行。此外，替换触发器还能实现在视图上同时更新多个基表的功能，进一步简化应用程序的开发难度。

实训 7　PL/SQL 程序设计

1. 目标

完成本实验后，将掌握以下内容：

（1）PL/SQL 程序块结构。

（2）PL/SQL 程序块控制结构。

（3）过程和函数的创建。

（4）触发器的创建。

（5）异常处理。

2. 准备工作

在进行本实训前，必须先建立实训用环境。先通过执行练习前创建实训环境的脚本（实训\Ch9\实训练习\建立实训环境.sql）创建相应实训环境。

3. 场景

东升软件公司的人事管理系统数据库，在系统日常运行过程中，员工为了安全起见，可能需要修改自身的登录密码，为了方便应用程序开发人员的开发工作，同时提高系统安全性，需要创建相应的过程，以完成修改登录密码的工作。为实现员工的请假功能，同时简化应用程序的开发，对员工修改其未批准的申请和部门负责人对申请的处理，都需要处理更新员工请假申请记录。由于公司对于员工的请假需要员工所在部门的部门经理批准，在员工提交请假申请时，员工的请假时间已经变更到数据库中，当部门经理对请假申请否决后，需要把这部分的时间再还原到减少前的状态。为了方便应用程序的开发，减少代码的复杂性，通过触发器完成请假时间的还原功能。

4. 实验预估时间：180 分钟

练习 1   创建过程

本练习中，将创建存储过程，创建的存储过程将完成修改员工登录密码的功能，在更新登录密码时，必须提供对应员工的登录名、原登录密码以及新的登录密码。在存储过程中，将对数据库中当前数据进行查询，以确定对应员工的登录名和登录用密码是否正确，如果有对应的员工存在，则把对应员工的登录密码修改为新的指定的密码。本存储过程创建完成后，在应用程序开发过程中，可直接调用存储过程完成员工密码的修改，简化了应用程序开发的难度，同时提高了数据库安全性。

实验步骤：

（1）打开 SQL *Plus 或其他工具，连接到数据库实例。

（2）在 SQL *Plus 中输入以下语句，创建对应的存储过程：

```
/****** 对象: 存储过程 sp_ChangePassword    ******/
CREATE OR REPLACE PROCEDURE sp_ChangePassword
(
        vloginName VARCHAR2,
        voldPassword VARCHAR2,
        vnewPassword VARCHAR2
)
AS
   empID NUMBER;
BEGIN

   select EmployeeID INTO empID
   from Employee
   where ELoginName = vloginName and EPassword = voldPassword;

   IF (empID <> 0    AND NOT (empID IS NULL)) THEN
      Update Employee
      set EPassword = vnewPassword
      where EmployeeID = empID;
   END IF;

   EXCEPTION
      WHEN PROGRAM_ERROR THEN
         NULL;
      WHEN OTHERS THEN
```

```
        NULL;

END sp_ChangePassword;
/
```

练习 2　创建函数

当员工提交完请假申请后，员工可以修改其申请内容，同时，申请需要员工所在部分负责人处理申请。对请假申请的处理可以批准相关的申请，也可以否决请假申请。为实现此功能，创建对应的函数，返回被影响的行数，如果没有数据行被更新，或发生异常，返回-1。

实验步骤：

（1）打开 Oracle SQL Developer，连接到数据库实例，如图 9.1 所示。

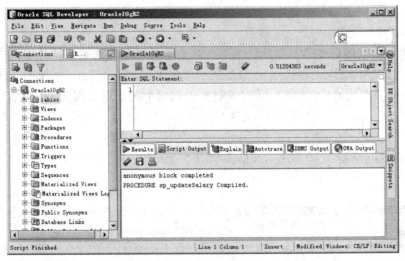

图 9.1　Oracle SQL Developer

（2）在 Oracle SQL Developer 的代码窗口（Enter SQL Statement 窗口）中输入以下语句，创建对应的函数：

```
/****** 对象: 函数  sp_ChangeLeaveStatus    ******/
CREATE OR REPLACE FUNCTION sp_ChangeLeaveStatus
(
vLeaveID NUMBER,
vStatus VARCHAR2,
vDenyReason VARCHAR2 :="
)
RETURN NUMBER
AS
   vhours NUMBER;
BEGIN
   update Leave
      set Status = VStatus, DenyReason = VDenyReason
      where LeaveID = VLeaveID;

   SELECT hours INTO vhours FROM Leave WHERE (Leave.LeaveID = vLeaveID);
```

```
IF vStatus = '已否决' THEN
    update Employee set EVacationRemain = EVacationRemain + vhours;
END IF;

RETURN SQL%ROWCOUNT;

EXCEPTION
    WHEN PROGRAM_ERROR THEN
        RETURN -1;
    WHEN OTHERS THEN
        RETURN -1;
END sp_ChangeLeaveStatus;
/
```

练习 3　创建触发器

本练习中，将创建触发器，当部门经理否决员工的请假申请时，把该申请中的请假时间还原到员工信息表中。通过触发器来还原员工的请假时间，可以简化应用程序的开发难度，在应用程序中只需要调用对应的存储过程、函数或发送对应的更新数据指令，当请假申请被否决后，触发器将被自动触发，请假申请中被扣除的假期时间将自动还原。

实验步骤：

（1）打开"浏览器"，登录到 OEM，单击"管理"→"程序"→"触发器"，打开如图9.2 所示的触发器管理页面。

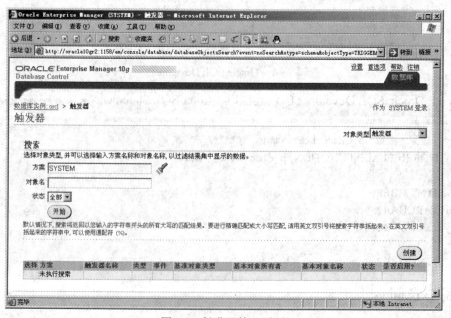

图 9.2　触发器管理页面

（2）在触发器管理页面中单击右下角的"创建"按钮，打开如图 9.3 所示的创建触发器页面。在"名称栏"中输入 tRejectRequest，在"触发器主体"栏中输入以下触发器主体代码：

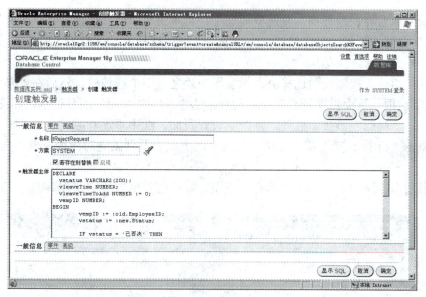

图 9.3　创建触发器

```
DECLARE
    vstatus VARCHAR2(200);
    vleaveTime NUMBER;
    vleaveTimeToAdd NUMBER := 0;
    vempID NUMBER;
BEGIN
    vempID := :old.EmployeeID;
        vstatus := :new.Status;

        IF vstatus = '已否决' THEN
            vleaveTime := :old.EndTime - :old.StartTime;
            WHILE (vleaveTime > 24) LOOP
                vleaveTimeToAdd := vleaveTimeToAdd + 8;
                vleaveTime := vleaveTime - 24;
            END LOOP;

            IF (vleaveTime < 24 AND vleaveTime > 8) THEN
                vleaveTimeToAdd := 8;
            ELSE
                vleaveTimeToAdd := vleaveTime;
            END IF;

            UPDATE Employee
            SET EVacationRemain = EVacationRemain + vleaveTimeToAdd
            where Employee.EmployeeID = vempID;
        END IF;

END;
```

（3）确保"若存在则替换"复选框被选中，再单击"事件"链接，在"事件"控制页面中单击"表"右侧的查找按钮，然后在弹出的对话框中选择表 SYSTEM.LEAVE，再单击"选择"按钮。

（4）在"事件"控制页面选择触发触发器为"之后"单选按钮，然后在"事件"项选择"列更新"复选框，页面将展开表 Leave 的列，选择 STATUS 列后的复选框，如图 9.4 所示。

（5）单击"高级"链接，展开"高级"设置页面，选中"逐行触发"复选框。

（6）单击"查看 SQL"按钮，可以在展开的页面中看到创建对应触发器对应的 PL/SQL 代码块。

（7）最后单击页面右下脚的"确定"按钮，完成创建触发器的过程。

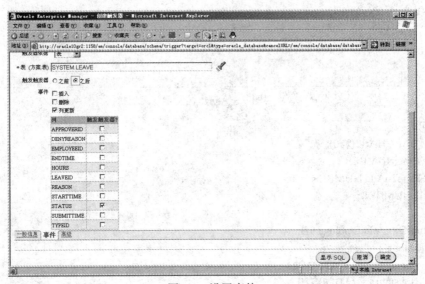

图 9.4　设置事件

习　　题

1．变量命名的主要规则有哪些？
2．简述 PL/SQL 程序块的控制结构。
3．简述%TYPE 和%ROWTYPE 的用法。
4．简述游标的使用方法。
5．什么是触发器？触发器分为哪几种？
6．简述异常处理的方法。
7．简述过程和函数的结构。

第 10 章　审计与优化

本章学习目标

本章主要讲解 Oracle 应用中两个高级技术审计与优化。审计是对数据库中发生的动作进行审计，以跟踪数据库的活动。优化是对数据库性能进行分析，并进行修改优化，以提高系统性能。通过本章学习，读者应该掌握以下内容：
- 了解 Oracle 数据库的审计
- 了解 Oracle 数据库审计的主要方法
- 了解 Oracle 优化的重要性
- 掌握 Oracle 基本的优化方法和技术

10.1　审计

Oracle 能够对数据库中发生的一切进行审计。审计的记录可以记录到操作系统中，也可以保存到 SYS.AUD$表中。利用审计信息，可以审查可疑的数据库活动，发现非法操作。

Oracle 中值得审计的操作行为主要有三大类：登录尝试、对象存取及数据库动作。在默认设置中，Oracle 审计功能激活后，Oracle 的审计功能把成功和不成功的命令都记录下来，但实际应用中，常常不需要对两种行为都进行跟踪。

为完成本章的示例，先执行建立环境的脚本（实训\Ch10\实训练习\建立实训环境.sql）。

10.1.1　准备审计

由于在默认情况下，Oracle 系统关闭了审计功能，所以在审计前必须先激活审计功能，为进行审计做好准备。

由于部分对象或动作被审计后，可能将影响 Oracle 系统的性能，同时由于审计日志的迅速增大，将占用许多存储空间，所以在开始审计前必须先对被审计的内容进行设计和规划。

要想激活数据库的审计功能，需要在这个数据库的初始化参数文件中设置 audit_trail 参数的值。audit_trail 参数的取值如表 10.1 所示。

表 10.1　audit_trail 参数的取值

参数值	说明
none	禁用审计功能
false	禁用审计功能
true	激活审计功能，审计记录将写到 SYS.AUD$表中
db	激活审计功能，审计记录将写到 SYS.AUD$表中
db_extended	激活审计功能，审计记录将写到 SYS.AUD$表中
os	激活审计功能，审计记录将写到操作系统的审计跟踪中

注意，如果数据库是从 spfile 启动的，则需执行以下命令，然后，再重启数据库才能激活审计功能。

ALTER SYSTEM SET AUDIT_TRAIL = TRUE SCOPE = spfile;

以下命令可以显示审计功能是否已被激活：

SHOW PARAMETER AUDIT_TRAIL;

如果准备把审计记录保存到 sys.aud$ 表中，则要注意 Oracle 不会主动对此表中的记录进行清理，但由于审计记录的数量可能快速增长，所以如果 DBA 不对这个表进行定期清理，就可能使表空间对应的数据文件空间用完，因此，DBA 应该定期对这个表中的内容进行备份或归档。

10.1.2 登录审计

数据库攻击者往往采用猜测口令的方法来尝试登录到各种账户上，为了提高数据库的安全性，可以对数据库的每一次登录尝试都进行审计。

审计的语法格式如下所示：

AUDIT {语句选项 | 对象选项}

    [BY SESSION | ACCESS]

    [WHENEVER [NOT] SUCCESSFUL]

BY SESSION 设置在一个会话中对相同类型的语句只添加一条审计记录；BY ACCESS 设置对每条被审计语句都分别添加一条审计记录；WHENEVER SUCCESSFUL 指定当语句成功执行时才被审计，而 NOT 选项则设置只当语句执行失败时才进行审计。

以下指令将开始审计所有的登录尝试：

AUDIT SESSION;

在实际应用中，由于登录尝试会有很多，所以应重点关注那些没有成功登录的尝试。以下指令分别用于激活针对成功登录尝试的审计功能和激活针对失败登录尝试的审计功能：

审计成功登录尝试：

AUDIT SESSION WHENEVER SUCCESSFUL;

审计失败的登录尝试：

AUDIT SESSION WHENEVER NOT SUCCESSFUL；

对于审计结果，可以通过 DBA_AUDIT_SESSION 视图查看保存在 SYS.AUD$ 表中的审计记录。以下指令显示了审计记录的部分内容，其中通过 DECODE 指令解析了 Returncode 列，其取值含义如表 10.2 所示。

SELECT OS_Username, Username, DECODE(Returncode, '0', '登录成功', '1005', '密码为空', '1017', '登录失败', Returncode) FROM DBA_AUDIT_SESSION;

表 10.2 Returncode 列的值含义

值	说明
0	本次登录成功
1005	登录尝试失败，登录者输入了一个用户名但没有输入密码
1017	登录尝试失败，登录者输入了一个错误的密码

关闭审计功能的指令为：

NOAUDIT SESSION;

10.1.3　操作审计

对影响数据库的对象（表、表空间、同义词、回退段、用户等）的操作也可以进行审计。

系统级命令也是可以审计的操作，因为这些命令的数量比较多，所以把多个命令组合在一组进行审计可以减少审计记录的数量、减少需要设置的审计参数、简化审计工作的管理负担。

审计影响到角色的一切命令：

AUDIT ROLE;　　　/*对创建、修改、删除和设置角色的语句进行审计，不论成功与否*/

结束影响到角色的审计：

NOAUDIT ROLE;

在数据库中，能够被审计的操作行为都是用数据代码来代表的，这些代码所对应的操作行为可以在 AUDIT_ACTIONS 视图中查询得到，以下命令将把数据库中的操作行为代码显示出来：

SELECT ACTION, NAME FROM AUDIT_ACTIONS;

以下命令可以通过 DBA_AUDIT_OBJECT 视图查询操作行为对数据库对象所产生的影响：

SELECT OS_Username, Username, Terminal, Owner, Obj_Name, Action_Name,
　　　DECODE(Returncode, '0', '执行成功', Returncode),
　　　TO_CHAR(Timestamp, 'YYYY-MON-DD HH24:MI:SS')
　　　FROM DBA_AUDIT_OBJECT;

10.1.4　对象审计

Oracle 不仅能对数据库对象上的系统级操作行为进行审计，还可以对数据库对象上的数据操作行为进行审计。数据操作行为主要指对表的 SELECT、INSERT、UPDATE 和 DELETE 操作。

对数据操作行为的审计与对系统级操作行为的审计命令语法格式相似。

对用户 scott 和 systerm 查询表和更新表的操作进行审计：

AUDIT SELECT TABLE, UPDATE TABLE BY SCOTT, SYSTERM;

对表中的删除操作进行审计：

AUDIT DELETE ANY TABLE;

对数据库中新建对象的 ALTER、GRANT、INSERT、UPDATE 和 DELETE 操作停止审计的命令为：

NOAUDIT ALTER, GRANT, INSERT, UPDATE, DELETE ON DEFAULT;

Oracle 主要对象上可进行审计的操作如表 10.3 所示。

对象审计工作可以通过使用子句 BY SESSIOIN 或 BY ACCESS 来控制根据会话还是访问来进行审计。BY SESSION 表示对象审计记录将每个会话写一次，BY ACCESS 表示对象审计记录将在该对象每被访问一次时写一次。

表 10.3　Oracle 主要对象上可进行审计的操作

操作　　　　対象	表	视图	序列	过程/函数/包
ALTER	√		√	
AUDIT	√	√	√	√
SELECT		√	√	
DELETE	√	√		
UPDATE	√	√		
INSERT	√	√		
EXECUTE				√
GRANT	√	√	√	√
LOCK	√	√		
RENAME	√			√
COMMENT	√	√		
INDEX	√			

以下命令激活了 SCOTT.EMP 上的所有 DELETE 操作，表上的每次 DELETE 操作都将被记录到审计记录中：

AUDIT DELETE ON SCOTT.EMP BY ACCESS;

激活审计功能后，要注意保护好 SYS.AUD$表中的所有审计记录，因为攻击者可能会删除有关的审计记录。保护 SYS.AUD$表中的审计记录可以使用以下指令：

AUDIT ALL ON SYS.AUD$ BY ACCESS;

此外，要特别注意一点，如果 DBA 不能及时对审计跟踪做出检查和分析，那么审计就没有太大的实际意义，同时，每隔三到六个月就应该对审计工作进行评估，确定是否需要对被审计项目进行调整。

10.2　优化

作为数据库的设计和开发人员，为了确保系统运行的性能，必须注意数据库的性能，作为 DBA，也迟早需要面对系统的性能问题，数据库的性能是评价数据库的重要指标。

Oracle 中常见的性能状况有：

（1）DBA 发现 CPU、I/O、Memory 越来越繁忙。

（2）应用系统响应变慢或不稳定，例如报表生成时间大大增长。

（3）很多电话抱怨系统变慢。

（4）报表生成时间不能满足需求。

（5）顾客排队越来越长。

（6）网上客户半途取消交易越来越频繁。

（7）应用程序经常报告超时错误。

如果有以上的现象之一，则表示系统需要进行优化。

由于数据库的优化是一种全面、难度较大的技术，本节将介绍一些设计和优化数据库性能的基本概念和技术，然后展示优化的实践技术。

10.2.1　优化的基本概念

1．80/20 法则

在日常工作和生活中，常常使用 80/20 法则，在数据库开发过程中，使用 80/20 法则也能得到较好的结果。在开发一个全新的系统过程中，根据 80/20 法则，在设计阶段工作做得越充分，则最终的效果会越理想，所以在应用程序和数据库的设计阶段就开始一直注意性能优化工作，则最终实现的数据库不会有太大的性能问题。

2．响应时间

响应时间（response time）可以分解成服务（或工作）时间和等待时间两部分。服务时间指的是数据库响应一个请求或完成一定工作所需要花费的时间。等待时间指的是用户或进程等待一个运行或一定工作全部完成所需要花费的时间。

3．吞吐量

吞吐量（throughput）是在给定时间内得到处理的事务数量或规模。

4．优化工作目标

优化工作的目的主要有两个方面：一是改善响应时间；二是改善吞吐量。

响应时间分为服务时间和等待时间两部分，因此改善响应时间也包括改善服务时间或改善等待时间。改善响应时间的工作应该从调整最消耗时间的那部分开始着手。

改善吞吐量的目的通常是为了能够在同样的系统资源条件下在同样长的时间里完成更多的事务。改善吞吐量的主要方法有两种：一种简单但昂贵的解决方案是增加一些速度更快的硬件设备；另一种解决方案是设法让每个批处理进程或用户进程在同一个 CPU 循环里做更多的事情。

10.2.2　性能问题的常见原因

无论用什么方法进行优化，都有可以发现性能问题的根源是由于系统设计方面的缺陷。以下是几种性能问题的常见原因及其解决办法。

1．应用程序和数据库设计缺陷

应用程序中的某些瓶颈通常是由于系统在设计方面的缺陷而形成的，这类设计缺陷可能发生在任何地方并有着各种各样的表现形式。如单线程的序列表，可能会在警报日志中看到系统出现了死锁现象，也可能发现某个锁的访问操作非常频繁。这些问题常会造成各种数据库事务的等待时间非常长。

对于应用程序或数据库设计缺陷，发现得越晚，就越难以纠正，所以最好在开发周期中对系统做全面而大量的测试。

2．低效率的数据库布局和存储配置

如果随着数据库规模的扩大以及工作负载的增加而出现 I/O 争用现象，则通常表明系统在设计方面存在缺陷，如 I/O 操作分布不当、数据库对象的布局不合理等。解决方法一般是把用户访问比较频繁的那些数据文件转移到另外的不太繁忙的硬盘上去，同时对不同的数据库对象

要合理地分配到不同的表空间，以实现数据文件的分散放置。

3. 应用程序的 DB_BLOCK_SIZE 参数设置不合适

数据库的块尺寸决定着 Oracle 数据库中的读操作每次能把多少信息读到内存中来。因为物理性的读操作是代价昂贵的操作，所以块的尺寸对系统的整体性能往往有着重要的影响。但块的尺寸也不是越大越好。

确定 DB_BLOCK_SIZE 大小的较好的原则是：如果系统是 OLTP 型的，那就应该设置为 4KB 或 8KB。如果系统大体是批处理型的，就应该设置成 8KB 或更大。如果造成应用程序响应时间过长的原因是需要把数据读入缓冲区的 I/O 操作过于频繁，则说明系统中块的尺寸设置得偏小，反之，如果造成响应时间过长的原因是把数据读入缓冲区所花费时间过多或者块的锁争用现象过多，则说明块尺寸设置偏大。

4. 回退段的尺寸和数据设置不合适

回退段上的争用在 V$SYSTEM_WAITak V$SESSION_WAIT 视图里表现为以下几种等待事件：undo header（撤销头部）、undo block（撤销块）、system undo header（系统撤销头部）和 system undo block（系统撤销块）。如果这些等待事件的数值大于系统里已经完成的读操作总次数的 1%，就应该增加更多的回退段。

5. 低劣的应用程序设计方案

一般而言，设计低劣的应用程序通常是系统上性能问题的主要原因，系统设计需要丰富的经验。以下是应用程序设计常常引起的性能问题：

（1）应用程序代码优化不当。通过 V$SQL 视图把运行时间过长或引起大量读磁盘操作的应用程序代码找出来，并对这些代码进行优化。

（2）与共享缓冲池有关的问题。如果能把共享缓冲池（shared pool）中的碎片情况降到最低，并把用来分析一条 SQL 语句的时间压缩到最短，则系统的性能会得到明显的改善。

Oracle 对 SQL 语句的分析包括两部分工作，第一部分是检查语句是否正确；第二部分是生成一个用来执行该语句的查询计划。减少 SQL 语句分析工作的办法之一是尽可能多地利用现有的、已分析过的语句。让尽可能多的事务共享共享缓冲池中的 SQL 语句有助于提高 Oracle 重复使用现有的已分析语句的水平。

要提高语句的重复使用率，要把相关的语句写得一模一样，其中包括字母的大小写和空格也完全一样。

绑定变量（bind variable）是另一个影响 SQL 语句重复使用水平的因素。利用绑定变量机制来传递的参数将在执行阶段传递到 SQL 语句中，加大了语句的共享机会。

（3）初始化参数。有些初始化参数会对系统的性能产生很大的影响，以下列举几个重要的参数：

- optimizer_mode：此参数控制数据库服务器使用哪一个优化器来生成 SQL 语句的执行计划。如果这个参数的值为 RULE，则表示将使用基于规则的优化器，这对使用了索引的查询特别有好处。如果这个参数的值为 CHOOSE，则表示只要 SQL 语句涉及的某个表有统计信息，就使用基于成本的优化器来优化。

- sort_area_size：此参数控制每个进程在 PGA（Process Global Area，进程全局区）里分配到用来进行排序处理的内存空间大小。如果在 V$SYSSTAT 视图中发现被转移到磁盘的排序操作所占的比例较大时，就需要增加这部分内存。

注意，不要随意改动此参数值，因为此参数值会影响到所有的会话。

以下查询能显示系统上的排序情况：

```
SELECT a.Name, Value FROM SYS.V$STATNAME a, SYS.V$SYSSTAT
    WHERE a.Statistic# = SYS.V$SYSSTAT.Statistic#
        AND a.Name IN ('sorts (disk)', 'sorts (memory)', 'sorts (rows)');
```

执行结果为：

```
NAME                                               VALUE
---------------------------------------------- ----------------------
sorts (memory)                                     28137
sorts (disk)                                        0
sorts (rows)                                        887324
```

从结果可以确定，只有很少的排序操作是在磁盘上进行的。

- sort_direct_write：如果设置合适，此参数将改善系统的排序功能，如果排序操作在系统负载中的比例很大，那么系统的整体性能也会有所提高。
- db_cache_size：此参数的计量单位是数据库块，控制用来临时存放数据块的缓冲区高速缓存能够分配到多大的内存空间。
- db_file_multi_block_read_count：此参数控制全表扫描操作中的读操作每次读入缓冲区高速缓存的块的个数。

10.2.3　Oracle SQL 优化

在 Oracle 程序中，对 SQL 进行有效的优化能有效地提高系统的性能。以下是一些常用的 SQL 语句优化的规则。在实际应用过程中，以下规则可能由于数据库中记录的数量较少等原因，可能使测试得到的效率和预计的不一致。

1. 在 SELECT 子句中避免使用 "*"

在 SQL 语句中，如果在 SELECT 子句中列出所有的列时，使用动态 SQL 列引用 "*" 虽然方便，但是此方法效率较低，因为在实际执行过程中，Oracle 需要在解析阶段把 "*" 转换成所有的列名，转换过程中需要查询数据字典，所以在需要查询所有字段时，明确地在 SQL 语句中列出字段名，能提高 SQL 语句执行的效率。

2. 使用联接操作替代 EXISTS、IN 以及多次查询表

对于 SCOTT 模式中的 EMP 表，以下代码可以查询出人事部负责人的姓名：

```
SELECT EmployeeName FROM Employee
    WHERE EmployeeID IN (
    SELECT MANAGERID FROM Department
        WHERE DeptName = '人事部');
```

以下代码通过多次查询表，也可以查询出人事部负责人的姓名：

```
DECLARE
    EmpID NUMBER;
    ManagerName VARCHAR2(20);
BEGIN
    SELECT ManagerID INTO EmpID FROM Department WHERE DeptName = '人事部';
```

```
SELECT EmployeeName INTO ManagerName FROM Employee WHERE EmployeeID = EmpID;
DBMS_OUTPUT.PUT_LINE(ManagerName);
END;
```

以上两种方法虽然都能实现功能，但是效率都不太高，以下代码通过联接的方式实现同样的功能，但是效率能更高：

```
SELECT e.EmployeeName FROM Employee e, Department d
    WHERE (e.EmployeeID = d.ManagerID AND d.DeptName = '人事部');
```

3. 尽量多地使用 COMMIT

在数据操作过程中，由于 Oracle 为了实现回滚操作，会把数据存放到回滚段中，直到事务被提交，所以在程序中尽量多地使用 COMMIT 命令，可以使系统所消耗的资源得到减少。同时，由于在事务操作过程中，为确保事务的 ACID 属性，需要加锁，加锁后系统的并发性受到影响，所以应尽可能多地使用 COMMIT 命令，以尽可能快地释放锁定的资源。

4. 用 TRUNCATE 替代 DELETE

在删除表中的记录时，如果删除数据时不需要准备回滚，那么使用 TRUNCATE 会比使用 DELETE 操作更快，回为在使用 DELETE 语句删除数据时，Oracle 会将数据存放在回滚段中，直到提交事务；但是，在使用 TRUNCATE 时，Oracle 则不会把数据存放到回滚段中，资源更少被调用，执行效率也就会高。

5. 用 WHERE 子句替代 HAVING 子句

使用 HAVING 子句时，命令只会在检索出所有记录之后才对结果集进行过滤，其中需要进行排序、总计等操作；而通过 WHERE 子句则能限制记录的数目，减少排序和总计的操作。

以下代码使用 HAVING 子句计算每部门员工的基本工资的平均值：

```
SELECT AVG(EBasicSaLary) FROM Employee
    GROUP BY EDeptID
    HAVING EDeptID != 1;
```

以下代码使用 WHERE 子句计算每部门员工的基本工资的平均值：

```
SELECT AVG(EBasicSalary) FROM Employee
    WHERE EDeptID != 1
    GROUP BY EDeptID;
```

6. 使用表的别名

当在 SQL 语句中联接多个表时，最好使用表的别名作为列的前缀，以减少对 SQL 语句解析的所需要的时间，同时可以减少由列歧义引起的语法错误。

以下代码使用表的别名作为列的前缀：

```
SELECT e.EmployeeName FROM Employee e, Department d
    WHERE (e.EmployeeID = d.ManagerID AND d.DeptName = '人事部');
```

本章小结

Oracle 能够对数据库中发生的一切进行审计。审计的记录可以记录到操作系中，也可以保存到 SYS.AUD$表中。利用审计信息，可以审查可疑的数据库活动，发现非法操作。

Oracle 中值得审计的操作行为主要有三大类：登录尝试、对象存取及数据库动作。在默认设置中，Oracle 审计功能激活后，Oracle 的审计功能把成功和不成功的命令都记录，但实际应用中，常常不需要对两种行为都进行跟踪。

作为数据库的设计和开发人员，为了确保系统运行的性能，必须注意数据库的性能，作为 DBA，也迟早需要面对系统的性能问题，数据库的性能是评价数据库的重要指标。

由于 Oracle 数据库的优化要求技术较高，经验丰富，所以作为一般的开发人员和 DBA，完成 Oracle 优化工作的难度较大，但在 Oracle 10g 中，开发人员和 DBA 可以利用 Oracle 提供的功能强大的工具完成 Oracle 的许多优化工作。

在 Oracle 10g 中，OEM（Oracle Enterprise Manager）的功能进一步加强，OEM 已不再是一个简单的数据库系统管理工具，已成为一个 24×365（全年不休）的 Oracle 专家在线，可以有力地帮助 DBA 管理数据库。

实训 8　审计与优化

1. 目标

完成本实验后，将掌握以下内容：

（1）使用绑定变量。

（2）使用 OEM 中的 ADDM 来优化数据库。

2. 准备工作

在进行本实训前，必须先建立实训用环境。先通过执行练习前创建实训环境的脚本（实训\Ch10\实训练习\建立实训环境.sql）创建相应实训环境。

3. 场景

为了提高系统的运行性能，需要对系统进行各种优化工作。

4. 实验预估时间：90 分钟

练习 1　使用绑定变量

本练习中，将对使用绑定变量和不使用绑定变量的两种 SQL 语句进行对比，以明确使用绑定变量可以较大提高系统的性能，并学习使用绑定变量技术。

绑定变量（bind variable）是查询中的一个占位符。为了不重复解析相同的 SQL 语句，在第一次解析之后，Oracle 将 SQL 语句存放在内存中，这块位于系统全局区域 SGA 的共享池中的内存可以被所有的数据库用户共享。因此，当执行的 SQL 语句与以前执行过的语句完全相同，则 Oracle 就能很快获得已经被解析的语句以及最好的执行效率。

实验步骤：

（1）打开计时功能，在 SQL *Plus 中输入指令 SET TIMING ON。

（2）创建一个测试用的临时表 TimeTest，输入以下指令：

```
CREATE  TABLE  TimeTest
(
    TID  NUMBER
);
```

执行后显示结果为：

表已创建。

已用时间：00: 00: 00.09

其中，已用时间显示创建表用了 0.09 秒。

（3）创建一个使用动态创建 SQL 语句的过程 sp_normal，输入以下指令：

```
CREATE OR REPLACE PROCEDURE sp_normal
AS
BEGIN
  FOR i IN 1 .. 10000
  LOOP
    EXECUTE   IMMEDIATE 'INSERT INTO TimeTest VALUES(' || i || ')';
  END LOOP;
END;
/
```

（4）创建一个使用绑定变量的过程 sp_shareVariable，输入以下指令：

```
CREATE OR REPLACE PROCEDURE sp_shareVariable
AS
BEGIN
  FOR i IN 1 .. 10000
  LOOP
    EXECUTE   IMMEDIATE 'INSERT INTO TimeTest VALUES(:X)' USING i;
  END LOOP;
END;
/
```

（5）输入以下指令执行动态创建 SQL 语句的过程 sp_normal：

```
EXECUTE sp_normal;
```

执行显示的结果为：

PL/SQL 过程已成功完成。

已用时间：00: 00: 28.90

其中，显示使用的时间为 28.90 秒。

（6）输入以下指令执行使用绑定变量的过程：

```
EXECUTE sp_shareVariable;
```

执行结果为：

PL/SQL 过程已成功完成。

已用时间：　00: 00: 00.67

其中显示使用时间为 0.67 秒。

对比以上两个过程的执行时间可以发现，在同一个表中插入 10000 条记录，使用绑定变量所使用的时间比动态创建 SQL 语句方式要大大缩短。

也可以运行实训第 5 章中的"实训答案\练习 1.sql"，完成环境参数的设置。

练习 2　使用 OEM 中的 ADDM 来优化数据库

本练习中，根据本章的内容，同时查询网络相关资源，练习使用 OEM 中的 ADDM 来优化数据库系统。

实验步骤：

本练习请利用各种网络资源，自行完成练习内容。

习　　题

1．Oracle 中值得审计的操作行为主要有哪些类型？如何打开审计功能？

2．列举 4 种以上 SQL 语句编写时应注意的事项，以提高数据库系统性能。

第 11 章　数据库的备份与恢复

本章学习目标

数据库在运行的过程中，难免会出现这样那样的问题，因此数据库的备份与恢复在数据库的应用过程中是非常重要的工作。通过本章的学习，读者应该掌握以下内容：

- 了解数据库备份和还原的概念
- 了解数据库备份的种类
- 掌握备份和还原的策略
- 掌握脱机冷备份和联机热备份的概念
- 掌握脱机冷备份和联机热备份的运用
- 熟练使用企业管理器对数据库实现备份和恢复

保证数据库的数据安全是数据库管理员的重要工作职责。今天，计算机软件、硬件系统的可靠性都有了很大的改善，采用了许多新技术来提高系统的可靠性。但是这些措施并不是万无一失的，数据库在运行期间或多或少会出现一些避免不了的故障，有些故障甚至是灾难性的。例如一个电子商务网站的数据库服务器遭到了破坏性病毒的攻击而宕机，或者是由于操作人员的意外操作，所有用户的资料、交易记录、商务数据统统丢失，那后果是不堪设想的。数据库的备份与恢复就是预防这类灾难的一个十分有效的手段。定期进行数据库备份是保证系统安全的一项重要措施，是数据库管理员的日常工作之一。

11.1　数据库备份概述

数据库管理员要有这样的认识，就是数据库服务器随时都有可能会出现故障。当出现故障以后，数据库管理员的工作就是尽快使数据库重新运行起来。保护数据库并使数据库可用意味着可以将数据库恢复到过去的某一状态或恢复到故障之前的状态。部分或所有数据库被恢复到以前的状态，数据库就又可以正常地运行了。使出现故障的数据库恢复到正常工作状态叫做数据库恢复（Restoration）和数据库还原（Recovery）。要恢复一个数据库，必须保存数据库内容的拷贝，这个拷贝就称为备份。

11.1.1　数据库备份的种类

Oracle 提供了各种各样的备份方法，根据不同的需求可以选择不同的备份方法。下面介绍几种不同的备份方法。

1. 物理备份和逻辑备份

Oracle 的备份可以分为物理备份和逻辑备份。

物理备份指备份数据库的物理文件，这些文件包括数据文件和控制文件，如果数据库运行在归档模式下，也要备份归档日志文件。物理备份又分为脱机冷备份和联机热备份两种。

逻辑备份指把数据库的逻辑对象导出到一个物理文件上，一般使用 Import 或 Export 命令，这两个命令是最常见的逻辑备份命令。Export 命令将模式对象导出到一个二进制文件中，然后用 Import 命令导回到数据库中。

2. 全数据备份和部分数据库备份

全数据库备份是将数据库内的控制文件和所有数据文件备份。全数据库备份是数据库管理经常进行的备份。全数据库备份不要求数据库在归档方式中。在归档和非归档模式下有不同的全数据库备份的方法。归档方式下的全数据库备份有两种类型：一致的备份和不一致的备份。

部分数据库备份指只备份数据库的一部分，如表空间、数据文件、控制文件等。表空间备份是指备份构成表空间的数据文件。例如，USERS 表空间有数据文件 1、2、3，对表空间的备份就包括备份这 3 个数据文件。

3. 一致备份和不一致备份

一致备份是指全数据库或部分数据库备份的所有的数据文件和控制文件是同一个系统改变号（System Change Number，SCN）。数据库在打开或异常关闭时进行备份，因为此时其内部的 SCN 不一致，所以是不一致的备份。

不一致备份是指所有的数据文件和控制文件处在不同的系统改变号下，如果数据库不能关闭，那么只能执行不一致的备份。只有运行在归档模式下才能执行不一致备份，因为不一致备份的数据文件或控制文件的 SCN 号不完全一样，要从不一致的备份中恢复数据库，必须借助归档的日志文件才能使恢复后的 SCN 号一样。

4. 联机和脱机备份

在数据库打开时进行数据库备份叫做联机备份，联机备份的数据库只能运行在归档模式下。使用联机备份时要避免出现数据裂块。所谓数据裂块，就是当 Oracle 写数据库时，有可能一个数据块正在更新，这时如果进行备份，备份出去的这个数据块可能一部分是旧数据，一部分是新数据，导致数据不一致。

而将数据文件或表空间脱机后再执行备份叫做脱机备份。可以使用 ALTER TABLESPACE OFFLINE 命令使表空间脱机，脱机备份能确保备份是一致的备份。

11.1.2　造成数据库损失并需要恢复的各种问题

不管是什么数据库系统，都可能出现这样那样的故障。根据不同的故障，Oracle 提供的处理方法也不一样。有些故障需要数据库管理员进行恢复，有些故障不需要任何用户进行干预。Oracle 的故障包括介质故障、用户或应用程序故障、数据库实例故障、语句故障、进程故障、网络故障等 6 种类型，这些故障都会对数据库数据造成损失。下面简单介绍这 6 种故障。

1. 介质故障

现在存储数据库数据的物理设备一般使用的是硬盘，硬盘的可靠性较高，出现介质故障的可能性较小，但硬盘并不能保证无期限地使用，因为硬盘也是有使用寿命的。介质故障造成的损失往往很大，而用于存储 Oracle 数据的硬盘出现故障的可能性会更大，因为 Oracle 常常会集中读写硬盘的一小块区域，久而久之，这个区域就容易出现坏道。介质故障是数据库安全的最大威胁，Oracle 的许多机制都是为了避免介质故障的，如要求日志文件镜像在不同磁盘中。

介质故障主要有以下几种:

- 磁盘故障。硬盘故障大致可分为硬故障和软故障两大类。硬故障即 PCBA 板损坏、盘片划伤、磁头音圈电机损坏等。由于硬故障维修要求的基本知识及维修条件较高,一般需要专业技术人员才能解决,所以出现这种故障造成的损失非常大。硬盘软故障即硬盘数据结构由于某种原因,例如病毒导致硬盘数据结构混乱甚至不可被识别而形成的故障。硬盘软故障相对于物理故障来说,更容易修复些,而它对数据的损坏程度也比硬盘物理故障来得轻些。

- 存放在硬盘上的数据文件、控制文件、日志文件或归档日志文件被删除、覆盖或损坏。这种情况并不完全是硬盘损坏造成的,有可能硬盘是好的,而这些重要的文件可能遭到病毒破坏或其他的原因被破坏了。

2. 用户或应用程序故障

这类故障是最难避免的,产生这类故障的原因是给用户的权限分配不当,或者被授权的用户不小心删除了不想删除的数据对象或数据。出现这类错误可以要求数据恢复到发生错误前的某时间点。

3. 数据库实例错误

数据库实例运行时因为出现问题而不能继续运行,就出现了实例故障,操作系统出现崩溃也会导致实例故障。

4. 语句故障

Oracle 在处理语句时可能会出现语句故障,例如表的区已经被写满了数据,用户再向这张表插入数据时,将出现语句故障。语句故障的损失较小,如果出现语句故障,数据库会及时发送错误码给用户,同时自动将这个语句执行过的一些修改进行回滚。用户在获知这个错误后,例如发现表中已没有足够的空间存储数据,就增加这个表的存储空间,再重新执行这条语句即可。

5. 进程故障

进程故障指数据库实例中的用户进程、服务器进程或后台进程发生错误。实例运行过程中,后台进程 PMON 会自动检测发生错误的进程并释放进程正在使用的资源。用户进程和服务器进程的失败会自动恢复。但如果后台进程发生错误,实例一般不能正常运行,这时解决的办法就是重新启动实例。

6. 网络故障

Oracle 是分布式的网络数据库,客户端和数据库服务器一般都不在同一台计算机上,而是通过网络连接起来的。出现网络故障后,客户提交的应用可能被中断。这时,后台进程 PMON 会断开这个用户进程和恢复与这个用户进程相连的服务器进程。

11.1.3 数据库备份的内容

在考虑到保护数据库数据时,首先应该知道保护的内容是什么,即有哪些是我们要备份的。保护数据库,着重于保护文件中包含的信息,即相关的数据。数据库中的数据以不同的形式存在:表、索引、视图、PL/SQL 代码、Java 代码等。这些数据都是以文件的形式保存在服务器中的,备份数据库就是要保护这些数据对象,并且可以在需要的时候替换它们。Oracle 数据库备份的内容主要就是这些文件,包括表空间或数据文件、归档日志文件、控制文件等。

（1）数据库里的所有数据都保存在数据文件里，所有的表、索引、视图、PL/SQL 代码、触发器都在数据文件里。即使这些和其他的数据库对象逻辑存储在表空间里，它们事实上也是保存在服务器硬盘上的文件里。这些数据文件是数据库备份的重要内容。

（2）一旦一个联机重做日志文件被填满，Oracle 服务器开始向已有日志文件组里的另一个文件中写入，而被填满的联机重做日志文件的内容将被拷贝到另外一个地方，这时这个重做日志文件称为归档的重做日志文件。这些归档重做日志文件是成功恢复的关键。如果部分数据库丢失或被破坏了，通常需要几个归档文件来修复数据库。归档日志文件必须按照顺序再应用到数据库上。如果其中的一个归档文件丢失，那么其他的归档文件将无法使用。因此要备份好归档日志文件。

（3）Oracle 数据库是相关文件的物理集合，Oracle 数据库通过控制文件来同步和控制它们。控制文件包含组成这个数据库的所有文件的详细记录。控制文件包含了关键的有关数据库和数据库文件的信息。例如，控制文件保存了数据库的名字、所有数据文件的名字、所有数据文件编号、数据库的块尺寸、联机重做日志文件的位置、联机重做文件组的定义、当前数据库的系统更改号、归档日志文件的位置、归档日志文件信息和备份的历史。控制文件对操作数据库非常重要，可以将控制文件备份多个，即使硬盘上丢失了一个控制文件，也可以保护数据库。

一个 Oracle 数据库操作下需要的关键文件是数据文件、联机重做日志文件、归档日志文件和控制文件。归档日志文件并不是必须的，但是数据库一旦出问题，要进行完全恢复时必须使用归档日志文件。

另外，Oracle 中还有初始化参数文件、告警日志文件和跟踪文件、口令文件。这些文件组成了 Oracle 数据库和 Oracle 数据库环境。

11.1.4　数据库的备份模式

根据是否将联机重做日志文件进行归档，可以将 Oracle 数据库的日志操作模式分为 NOARCHIVELOG（非归档）和 ARCHIVELOG（归档）两种类型。建立数据库时，如果不指定日志操作模式，则默认的操作模式为 NOARCHIVELOG。NOARCHIVELOG 是指不保留重做历史记录的日志操作模式，在这种模式下，如果进行日志切换，那么在不保留原有重做日志内容的情况下，日志组的新内容会直接覆盖其原有内容。ARCHIVELOG 则保留重做日志的历史记录。举个财务记账的例子来说明两者的区别：财务在记账时如果采用 NOARCHIVELOG 模式，就是记过账以后，将原始凭据丢弃；而采用 ARCHIVELOG 模式，则将原始凭据保留。可以看出：一旦账本出现问题，ARCHIVELOG 可以根据原始凭据恢复账本的信息，而 NOARCHIVELOG 却不行。

11.1.5　制订备份策略

备份策略是根据 Oracle 可能出现的各种故障制定的，当 Oracle 出现故障时，数据库管理员应根据所出现的故障采取相应的恢复策略。当制定备份策略时，除了要为各种恢复策略提供必要的备份类型之外，还要考虑业务、技术、软件及硬件等各方面的要求。具体要考虑如下情况：

- 数据库是否始终保持运行状态，连续运行的时间是多少？
- 当数据库出现故障宕机时，造成的损失和恢复数据库所用的时间之间的关系如何？

- 当数据库出现故障宕机时，可接受的宕机时间是多少？
- 数据库中数据的重要性如何？用户能够承受多少数据的损失？
- 恢复数据的难易程度有多大？
- 数据库是否有专人维护，维护人员是否受过相应的培训？
- 数据库的大小以及数据库更新的频率。

除此还有许多实际情况需要数据库管理员在制定备份和恢复策略时要考虑，总之要做到有备无患，万无一失。因为根据不同的需求，备份的策略也不一样，所以这里只介绍一些常见的备份策略。

1. 制作重做日志、控制文件的多个副本

这样做的目的是为了防止重做日志以及控制文件遭到破坏，从而提高数据库的安全运行时间。当制作日志以及控制文件的副本时，应该将同一个日志组的不同日志成员或者控制文件的不同副本分别保存在不同的磁盘上，以防止磁盘损坏。

2. 确定日志的操作模式

重做日志记载了 Oracle 数据库的所有事务变化。Oracle 数据库具有 NOARCHIVELOG 和 ARCHIVELOG 两种日志操作模式。日志操作模式不同，采取的备份和恢复的策略也不同。

当数据库处于 ARCHIVELOG 模式时，只有在归档后重做日志才能被覆盖，并且所有事务变化全部被保留在归档日志里。在这种模式下，需要为归档日志分配专门的空间，并且要管理这些归档日志；在这种模式下可以在数据库打开时执行联机备份，而不影响数据库的正常运行；在这种模式下可以使用完全恢复、闪回恢复（Flashback Database）等多种恢复技术。

当数据库处于 NOARCHIVELOG 模式时，重做日志直接被覆盖，过去的变化全部丢失。在这种模式下不能执行联机备份，如果要进行备份，则必须关闭数据库，执行脱机冷备份。在这种模式下不能使用完全恢复、闪回恢复（Flashback Database）等多种恢复技术。

3. 选择备份保留策略

可以通过制定备份保留策略来保留满足需要的备份文件，不能满足备份保留策略的文件称为陈旧文件，这些陈旧文件可以被删除。

4. 归档旧备份

这是因为当恢复数据库时，需要早期备份的数据文件和归档日志文件。

5. 确定备份周期

根据数据库数据的更新频率确定适当的备份周期是非常必要的，频繁地备份数据库需要足够的磁盘空间，备份数据库不及时又可能造成不可挽回的损失。所以备份周期应该根据数据库数据的更新频率来确定，数据库数据更新越频繁，备份的周期就应该越短。

6. 在数据库结构发生改变后要执行备份

当建立或删除表空间、增加数据文件、改变数据文件名称时，数据库的物理结构会发生改变，当数据库的物理结构发生改变时，如果数据库运行在 ARCHIVELOG 模式下应该备份控制文件，当数据库运行在 NOARCHIVELOG 模式下应该进行完全数据库备份。

7. 备份经常使用的表空间

一个 Oracle 数据库往往包含许多表空间，但只有少数表空间被频繁使用。如果表空间数据变化频繁，则应该增加备份的频率，以降低恢复时间；如果表空间数据变化不频繁，则降低备份的频率；而只读表空间因为其数据不会发生变化，所以只需要备份一次即可。

8．避免重做日志的备份

与归档日志不同，重做日志不需要备份。在 ARCHIVELOG 模式下，当重做日志被写满后，其内容将被自动存储到归档日志中；在 NOARCHIVELOG 模式下，因为只能在数据库后进行完全备份，所有数据文件和控制文件处于完全一致的状态，所以在转储备份时也不需要备份重做日志。所以备份重做日志并没有实质用途。但是如果重做日志被破坏了，最有效的办法是制作重做日志的多个副本，并且将同一个日志组的不同成员保存在不同的磁盘。

9．经常测试备份以确保能够有效恢复

这是一个很重要但又常常被忽略的问题。试想当数据库出现故障需要恢复时，却发现备份无效，那造成的损失将是无法挽回的。所以定期模拟运行恢复数据库是有必要的，无论何时实施一种新的备份策略或改进一个当前策略，都有必要测试恢复是否能够在要求的时间内完成。这样也能够保证在数据库出现故障需要恢复时，备份都是有效的。

11.2　脱机冷备份

因为脱机备份需要在数据库关闭或表空间脱机时才能进行，所以也称作冷备份。因为在数据库关闭时，系统更改号一致，所以此时的备份又称为一致性备份。

11.2.1　脱机备份概述

脱机备份时数据库应该运行在非归档模式下，如果想要进行全数据库备份，则数据库应该停止运行，因为只有在数据库关闭的情况下才能保证数据库的一致性。执行这个备份时，用户将无法访问数据库。脱机备份可以备份的内容有全数据库、表空间和数据文件。

11.2.2　脱机备份的操作

在进行脱机备份前首先要确定当前数据库是否运行在 NOARCHIVELOG 模式下。如果数据库运行在 ARCHIVELOG 模式下，则需将其切换到 ARCHIVELOG 模式，切换方法详见 11.3.2 节。

在 SQL *Plus 中运行 select log_mode from v$database 语句可查询当前数据库的运行模式，示例如图 11.1 所示。

图 11.1　运行 select log_mode from v$database 语句查询数据库运行模式

或者运行 archive log list;语句来检查数据库的备份模式，结果如图 11.2 所示。

在 NOARCHIVELOG 模式下，可以对数据库以及表空间和数据文件进行备份。下面分别介绍如何在脱机状态下对这些文件进行备份。

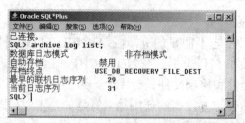

图 11.2　运行 archive log list;语句查询数据库运行模式

1. 全数据库的备份

全数据库备份是指将数据库内的所有数据文件和控制文件备份。所以首先应该确定数据库中有哪些数据文件，并且这些数据文件的物理位置在哪里。在创建数据库时这些信息都有所提示，创建数据库完成后，还可以通过企业管理器（OEM）进行查询，打开企业管理器，正确输入用户名和密码，选择连接身份进入企业管理器后，在"网络"→"数据库"→"（数据库名_服务器名-用户名）"→"存储"中，可以看到所有文件的存储位置。如图 11.3 所示是 system 用户以 normal 身份进入企业管理器所看到的结果。

图 11.3　通过企业管理器查询文件存储位置

注意，在 Oracle10g 以前，安装 Oracle 服务器端时会自动安装企业管理器（OEM）。而在 Oracle 10g 后，只有安装客户端才会安装 OEM。

除了利用企业管理器来查询数据文件的存储地址之外，还可以在 SQL Plus 中通过 SQL 语句进行查询。过程如下：

1）在 SQL *Plus 中用 sysdba 身份登录数据库。

2）输入 SELECT NAME FROM V$DATAFILE;查询数据文件的位置，输入 SELECT NAME FROM V$CONTROLFILE;查询控制文件的位置。输出的结果如图 11.4 所示。

下面介绍在脱机模式下进行全数据备份的步骤。

（1）如果数据库是打开的，需要将数据库关闭后再备份数据文件和控制文件。因为在数据库运行时复制这些文件不能够保证这些文件的 SCN 一致。可以在 SQL *Plus 中用 SHUTDOWN IMMEDIATE; SHUTDOWN TRANSACTIONAL;或者 SHUTDOWN NORMAL; 关闭数据库，如图 11.5 所示。

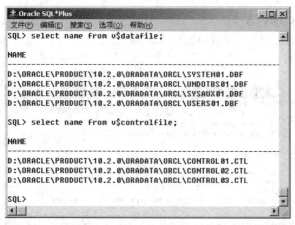

图 11.4　通过 SQL *Plus 查询数据文件和控制文件位置

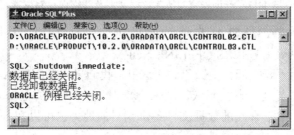

图 11.5　用 SHUTDOWN IMMEDIATE;语句关闭数据库

（2）在操作系统中选择这些文件，并将这些文件复制到备份的目的地。

（3）将 X:\oracle\product\10.2.0\db_1\NETWORK\ADMIN 目录中的 listener.ora、sqlnet.ora、tnsnames.ora 三个文件也进行备份。其中 X 为 Oracle 安装的盘符。

（4）使用 startup 命令重新启动数据库，如图 11.6 所示。

图 11.6　用 startup 命令启动数据库

2. 表空间和数据文件的备份

在数据库运行时，仍然可以执行脱机备份，这时针对的是个别表空间和数据文件的备份。使个别表空间脱机后，其他的表空间仍可以正常使用。对表空间和数据文件的脱机备份步骤如下：

（1）首先查询待备份的表空间属于哪个数据文件以及该数据文件的物理存储地址。例如要备份 USERS 表空间，使用如下 select 语句进行查询：

SQL>SELECT TABLESPACE_NAME,FILE_NAME

　　　　FROM DBA_DATA_FILES

　　　　WHERE TABLESPACE_NAME='USERS';

结果如图 11.7 所示。

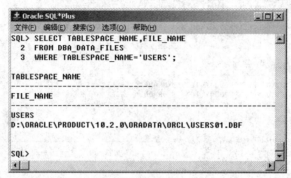

图 11.7　查询表空间所属数据文件及其物理存储位置

（2）使用 ALTER TABLESPACE 命令使 USERS 表空间脱机。具体语句如下：

ALTER TABLESPACE USERS OFFLINE NORMAL;

运行结束后，显示"表空间已更改"。在这里，我们采用 NORMAL 选项是因为这样脱机的表空间在联机时不需要进行表空间恢复。

（3）将步骤（1）中查询到的数据文件备份到目的地。也可以在 SQL*Plus 中使用命令进行备份，如下：

　　　　host copy D:\ORACLE\PRODUCT\10.2.0\ORADATA\RISINGSOFT\USERS01.DBF

　　　　E:\backup\user01.bak

注意：使用 host copy 命令复制文件要确保所在目录必须存在，如果目录不存在，host copy 命令不会自动创建这个目录。

（4）备份完成后，我们还要将脱机的表空间联机，命令为：

ALTER TABLESPACE USERS ONLINE;

11.2.3　脱机备份的特点

冷备份发生在数据库已经正常关闭的情况下，当正常关闭时会提供给我们一个完整的数据库。冷备份时将关键性文件拷贝到另外的位置。对于备份 Oracle 信息而言，冷备份是最快和最安全的方法。冷备份具有以下优点：

● 　是非常快速的备份方法（只需拷贝文件）。

● 　容易归档（简单拷贝即可）。

● 　容易恢复到某个时间点上（只需将文件再拷贝回去）。

● 　能与归档方法相结合，做数据库"最佳状态"的恢复。

● 　低度维护，高度安全。

但冷备份也有如下不足：

● 　单独使用时，只能提供到"某一时间点上"的恢复。

● 　在实施备份的全过程中，数据库必须要做备份而不能做其他工作。也就是说，在冷备份过程中，数据库必须是关闭状态。

- 若磁盘空间有限，只能拷贝到磁带等其他外部存储设备上，速度会很慢。
- 不能按表或按用户恢复。

11.3　联机热备份

联机备份就是指在数据库运行的状态下进行相关数据的备份，因为不关闭数据库，所以也称为热备份。

11.3.1　联机备份概述

联机备份是不一致的数据库备份，因为备份时数据库还在运行，所以备份的数据文件和控制文件的 SCN 号可能不一样。数据库恢复时要使用归档日志文件执行恢复操作，所以进行联机备份须在归档的模式下进行。

11.3.2　使数据库运行在存档模式

（1）在前例中数据库经查询运行在 NOARCHIVELOG 模式下，须将其切换到 ARCHIVELOG 模式。因为改变数据库日志操作模式只能在 MOUNT 状态下进行，所以必须首先关闭数据库，然后再重新装载数据库。注意，关闭数据库须在 sysdba 的身份下进行。示例如图 11.8 所示。

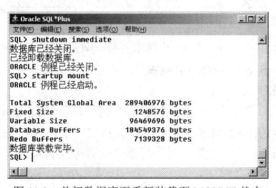

图 11.8　关闭数据库再重新装载至 MOUNT 状态

（2）改变日志操作模式，然后打开数据库。再次查询日志模式，此时，数据库已经切换到 ARCHIVELOG 模式。示例如图 11.9 所示。

图 11.9　改变日志操作模式

11.3.3　联机备份的操作

使数据库运行在归档模式下后，对数据库备份的步骤如下：

（1）使用命令查询当前数据库所有的数据文件和控制文件的名称和位置，命令如下：

SQL>SELECT NAME FROM V$DATAFILE

　　UNION

　　SELECT NAME FROM V$CONTROLFILE;

输出的结果如图 11.10 所示。

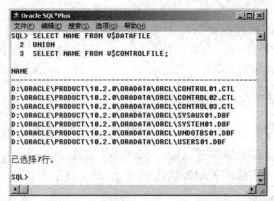

图 11.10　查询数据库数据文件和控制文件的名称和位置

（2）将数据库置为备份模式，这样数据库文件头在备份期间不会改变。命令如下：

SQL>ALTER DATABASE BEGIN BACKUP;

运行结果显示"数据库已更改"。

（3）使用操作系统命令将步骤（1）列出的数据文件复制到备份目的地。命令如下：

SQL>ALTER DATABASE BACKUP CONTROLFILE TO 'E:\BACKUP\CONTROLBAK.CTL';

运行结果显示"数据库已更改"，而此时在 E 盘的 BACKUP 文件夹中生成了一个名为
CONTROLBAK.CTL 的备份文件。

（4）数据文件和控制文件备份完毕后，要结束数据库的备份状态。同时还应对当前的日
志文件组归档。命令如下：

SQL>ALTER DATABASE END BACKUP;

SQL>ALTER SYSTEM ARCHIVE LOG CURRENT;

运行结果如图 11.11 所示。

图 11.11　结束备份并对日志文件归档

11.3.4 联机备份的特点

热备份具有以下优点：
- 可在表空间或数据库文件级备份，备份的时间短。
- 备份时数据库仍可使用。
- 叮达到秒级恢复（恢复到某一时间点上）。
- 可对几乎所有数据库实体做恢复。
- 恢复是快速的，在大多数情况下，数据库仍工作时也可恢复。

热备份具有以下不足：
- 不能出错，否则后果严重。
- 若热备份不成功，所得结果不可用于时间点的恢复。
- 因难于维护，所以要特别仔细小心，不允许以失败告终。

11.4 使用 Oracle 企业管理器的备份管理进行备份操作

Oracle 10g 以前的版本，在安装 Oracle 软件的同时已经安装了图形化客户端企业管理器（OEM）。但在 Oracle 10g 中，安装数据库服务器之后直接附带的 OEM 已更新为基于 Internet 的管理工具，通过浏览器实现，如果需要图形化客户端企业管理器，则需要另行安装。

11.4.1 使用 Oracle 企业管理器备份管理前的准备

使用企业管理器（OEM）可以备份各种对象，如数据库、数据文件、表空间和归档日志，或者制作数据文件和当前控制文件的映像副本。OEM 的备份向导逐步执行选择对象的过程，该对象是要备份的对象或要制作映像副本的对象。然后，通过 OEM 提交备份作业，完成整个操作。在准备使用备份向导之前，要确保满足以下要求：
- 要备份的 Oracle 目标数据库是版本 8 或更高版本。
- 应用程序已连接 Management Server。
- 首选身份证明是 SYSDBA，或已创建备份配置并覆盖了首选身份证明的设置。
- 作业和事件系统功能完备。
- 将在目标数据库（准备备份的数据库）的 tnsnames.ora 文件中为目标数据库创建一个条目相匹配。
- 如果准备制作映像副本，备份配置库中将出现一个映像副本备份配置。

11.4.2 使用备份管理进行备份

使用 Oracle 企业管理器进行备份时分为两种情况，一种是数据库运行在 NOARCHIVELOG 模式下，一种是数据库运行在 ARCHIVELOG 模式下。如何查看数据库运行在何种模式下以及对其进行切换在前文中已经有详细说明。现在分别介绍一下在这两种模式下，如何使用 OEM 对数据库进行备份。

1. 数据库运行在 NOARCHIVELOG 模式下

（1）用 sys 用户以 SYSDBA 的身份进入 OEM，在"维护"中选择"调度备份"，如图 11.12 所示。因为数据库运行在 NOARCHIVELOG 模式下，所以此时只能执行数据库完全备份。如果数据库处于 NOARCHIVELOG 模式，并且在备份时是打开的，则它将在备份过程中被关闭，接着以"装载"模式启动，然后进行备份。

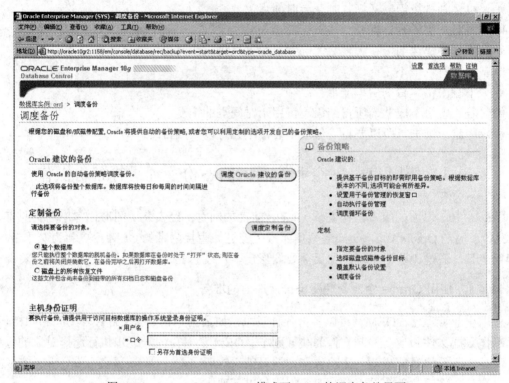

图 11.12   NOARCHIVELOG 模式下 OEM 的调度备份界面

（2）使用调度备份向导的"策略"页可选择 Oracle 建议的备份策略或定制备份策略；前者是自动的，且基于磁盘、磁带或磁盘和磁带的配置，而后者则允许您使用高级选项制定策略。另外，还可以使用此页指定备份目标（磁盘、磁带或二者）。

采用"Oracle 建议的备份"策略时，只需进行最少的配置即可安排每日的备份作业。备份策略取决于用户准备使用的备份设备。对于 Oracle 10g 数据库而言，如果计划备份到磁盘上，则在采用 Oracle 建议的备份策略时，要求进行"恢复区域"设置。在版本低于 Oracle 10g 数据库的数据库中，没有"恢复区域"。

"定制备份"策略则提供了高级备份选项，使您可以更加灵活地安排自己的备份作业。定制的备份作业将受到数据库配置的影响，您可以在"备份设置"属性工作表上查看此配置。通过使用"覆盖设置"页，还可以覆盖这些设置。覆盖设置的备份作业将始终按指定的设置运行。

在这里，选择"Oracle 建议的备份"，在输入主机身份验证的用户名和口令前，需要检查操作系统的本地安全策略，即是否为主机用户指派了批处理作业的权限，如果没有，则须为主机用户添加权限，以 Windows 2000 Server 系统为例，如图 11.13 所示。

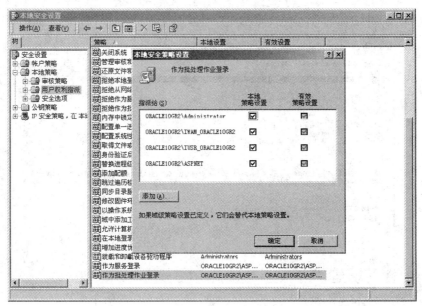

图 11.13　为主机用户添加批处理作业权限

（3）在主机身份证明的用户名中输入正确的用户名和口令，然后选择"Oracle 建议的备份"策略，单击"调度 Oracle 建议的备份"策略。Oracle 建议的备份共分为"目标"、"设置"、"调度"、"复查" 4 个步骤。这时出现的界面是调度 Oracle 建议的备份的步骤 1，如图 11.14 所示。在这里，需要选择备份的目标介质。

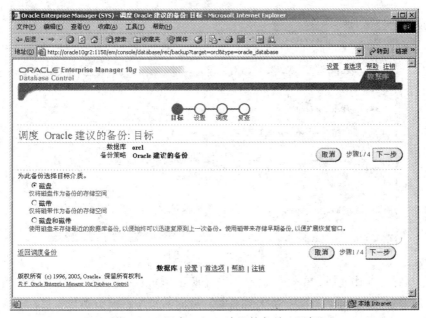

图 11.14　调度 Oracle 建议的备份：目标

（4）在"设置"这一步，可以看到在 Oracle 建议的备份过程中的一些设置，如图 11.15 所示。

（5）在"调度"这一步设置每日备份的时间，界面如图 11.16 所示。

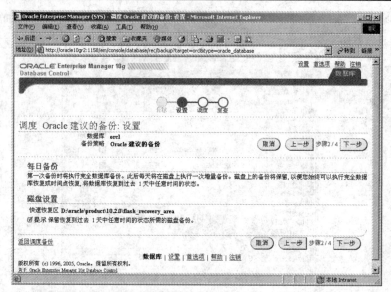

图 11.15　调度 Oracle 建议的备份：设置

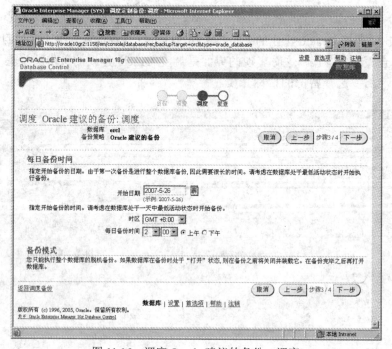

图 11.16　调度 Oracle 建议的备份：调度

（6）最后在提交作业后，单击"确定"按钮即可。Oracle 将在步骤（5）中设置的时间开始进行备份。到了设置的时间时，数据库开始备份，此时数据库将被关闭并装载，以执行此作业。

定制备份同样是 4 个步骤，在介绍 ARCHIVELOG 模式下使用 OEM 进行定制备份时还将详细说明。

2. 数据库运行在 ARCHIVELOG 模式下

（1）用 sys 用户以 SYSDBA 的身份进入 OEM，在"维护"中选择"调度备份"，如图 11.17

所示。在这里,"Oracle 建议的备份"的操作步骤与前文介绍的步骤基本相同,所以这里选择
"定制备份"。在输入主机身份验证的用户名和口令前,同样需要检查操作系统的本地安全策
略,即是否为主机用户指派了批处理作业的权限,如果没有,则须为主机用户添加权限。

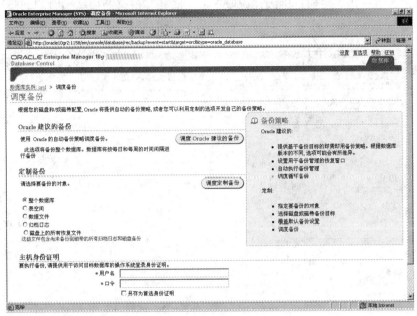

图 11.17　ARCHIVELOG 模式下 OEM 的调度备份界面

（2）在定制备份中可以选择备份整个数据库、表空间、数据文件和归档日志等。在定制备
份中,Oracle 分为"选项"、"设置"、"调度"、"复查" 4 个步骤。在这里选择备份整个数据库。
在输入主机身份证明的用户名和口令后,进入到"调度定制备份:选项",如图 11.18 所示。

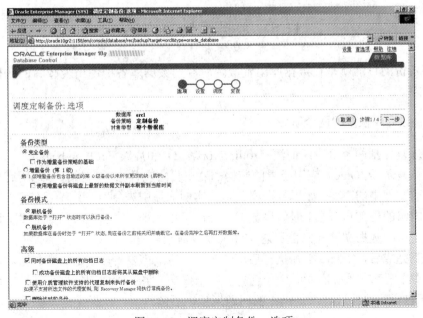

图 11.18　调度定制备份:选项

在这里，需要对备份类型和备份模式进行选择。

（3）对备份类型和备份模式进行选择后，单击"下一步"按钮。在"设置"这一步，需要选择备份目标，并且可以查看默认设置或覆盖设置。

（4）单击"下一步"按钮，进入"调度"页，选择备份自动调度的时间间隔，如图 11.19 所示。

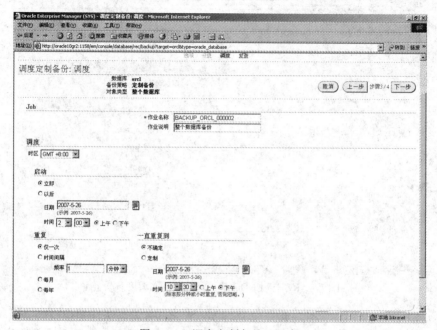

图 11.19 调度定制备份：调度

（5）单击"下一步"按钮，进入"复查"页，复查完毕后，提交作业。

11.5 数据库恢复概述

数据库备份的目的就是在数据库出现故障时利用数据库备份使出现故障的数据库恢复到正常工作状态。

11.5.1 数据库恢复的两个阶段

数据库恢复包括两个阶段：前滚（rolling forward）和后滚（rolling back）。

在前滚恢复阶段，Oracle 应用必要的归档的联机日志文件去重新执行一遍所有已提交的不在数据库当前文件中的事务。如果数据库只是从实例崩溃中恢复时，所有必不可少的日志文件都在联机日志组的当前集合中。但如果数据库经历了更为严重的损失如介质损失，这时可能还需要使用已备份的数据文件和归档日志文件来完成前滚恢复。

前滚恢复完成后，Oracle 必须执行后滚恢复。在后滚恢复阶段，Oracle 利用数据库回滚段中的信息去"撤销"在系统崩溃时由任何打开（未提交）事务所做的数据库改动。后滚恢复完成后，数据库包含到迫使进行恢复操作的问题发生以后的最后一次提交的事务为止所做的全部工作。

11.5.2　实例——崩溃恢复与介质恢复

实例和崩溃恢复（instance and crash recovery）用于数据库从突然断电、应用程序错误等导致的数据库实例、操作系统崩溃等情况下的恢复。这时的 Oracle 实例不能正常关闭，而且当崩溃发生时，服务器可能正在管理许多修改过数据库信息的打开着的事务。而且，数据库来不及执行一个数据库检查点以确保服务器缓冲区高速缓存中所有修改过的数据块被安全地写回到了数据库的数据文件。这样，数据库数据文件中的数据很可能是不一致的，甚至丢失了由已提交事务所做的改动。

实例和崩溃恢复只需要联机日志文件和当前的联机数据文件，不需要归档日志文件。

实例和崩溃恢复的最大特点是 Oracle 系统在下一次数据库启动时自动应用了日志文件，进行了数据库的恢复，无须用户的参与。可能系统崩溃后要花更长的时间来启动数据库，但是崩溃恢复是完全透明的，在启动时 Oracle 是否进行崩溃恢复对用户而言没什么区别，就好像没有发生一样。

介质恢复（media recovery）主要用于发生介质损失时的恢复，即对受损失数据文件或控制文件的恢复。与崩溃和实例恢复一样，介质恢复需要维护数据库各个部分的一致性。但介质恢复又有其独特的特点，如下所示：

- 对受损的数据文件的复原备份施加记录下的变化。
- 只能在归档模式下进行，如果不选用归档模式，那么数据库就不可能从介质故障中恢复。
- 既使用联机日志文件又使用归档日志文件。
- 需要由用户发出明确的命令来执行。
- Oracle 系统不会自动检测是否有介质损失，即系统不会自动进行介质恢复。
- 恢复时间完全由用户指定的策略决定（例如，备份的频率、并行恢复的参数等），而不是由 Oracle 内部机制决定。

如果有任何一个联机的数据文件需要介质恢复，数据库就不能打开。另一方面，一个有了介质损失的数据文件在进行介质恢复之前，是不能联机的。在如下一些情况下，介质备份是必要的：

- 复原一个数据文件的备份。
- 复原一个控制文件的备份。
- 数据义件在脱机时没有用到 OFFLINE NORMAL 选项。

11.5.3　完全恢复与不完全恢复

介质恢复可以将一个数据库的备份更新到当前时刻或某一个指定的时刻。当进行介质恢复时，可以恢复整个数据库、某个表空间或一个数据文件。在任何情况下都可以使用一个复原的数据库备份来进行恢复操作。

按介质恢复的内容，可以将介质恢复分为完全恢复（complete recovery）和不完全恢复（incomplete recovery）。

完全恢复就是恢复所有已提交的事务，即将数据库、表空间或数据文件的备份更新到最近的时间点上。"完全"的意思就是在 Oracle 施加了所有的日志文件（包括归档日志文件和联机日志文件）记录下的重做变化（redo changes）。应用完全恢复的典型情况是在数据文件或控制文件遭受介质损失之后。

完全恢复操作包括数据库恢复、表空间恢复和数据文件恢复。

如果对整个数据库进行完全恢复，可进行以下几步操作：

（1）登录数据库。

（2）确保要恢复的所有文件都联机。

（3）将整个数据库或要恢复的文件进行恢复。

（4）施加联机日志文件和归档日志文件。

如果对一个表空间或数据文件进行完全恢复，则可进行以下几步操作：

（1）如果数据库已打开，则将要恢复的表空间或数据文件置于脱机状态。

（2）将要恢复的数据文件进行复原。

（3）施加联机日志文件和归档日志文件。

不完全恢复使用数据库的备份来产生一个数据库的非当前版本，即将数据库恢复到某一个特定的时刻。在这种情况下，并不是使用最近一次备份后的所有的重做日志记录，而是只应用有限数量的重做日志记录来恢复某些已提交事务。通常在如下情况下需要进行不完全恢复：

● 介质损失破坏了联机日志文件的部分或全部记录。

● 用户操作错误造成了数据损失，例如一个用户不经意间错误地删除了一个表。

● 由于丢失了归档日志文件，不能进行完全恢复。

● 丢失了当前的控制文件，必须使用控制文件的备份来打开数据库。

为了进行不完全介质恢复，必须将所有的数据文件从要复原的特定时刻之前的备份进行复原操作，当恢复操作结束时以 RESETLOGS 选项打开数据库。RESETLOGS 选项的打开操作创建了一个数据库的新的"化身"，换句话说，即数据库的日志序列是一个新序列，其序列号从 1 开始，Oracle 联机日志文件中的当前数据不再需要恢复。

Oracle 支持 4 种类型的不完全恢复：基于时间的恢复（time-based recovery）、基于更改的恢复（change-based recovery）、基于取消的恢复（cancel-based recovery）和日志序列恢复（log sequence recovery）。

● 基于时间的恢复：也可称为时间点恢复，它将数据库中已提交的事务工作恢复到某个时间点为止。

● 基于更改的恢复：将数据库中已提交的事务工作恢复到一个特定的系统修改序列号（SCN）为止。Oracle 为每一个提交的事务都分配了惟一的 SCN，如果知道在数据库恢复中包括的最后一个事务的 SCN，就可以执行基于更改的恢复。

● 基于取消的恢复：将数据库中已提交的事务工作恢复到某个特定日志组的应用为止。为了能够执行基于取消的恢复，必须能够指出用作恢复部分的最后的日志序列。

● 日志序列恢复：将数据库恢复到指定的日志序列号。

11.6 用 SQL 命令手工进行数据库恢复操作

用手工进行数据库恢复操作主要包括复原数据库备份和恢复两个部分。一般可分为以下 4 个基本步骤：

（1）确认遭到损失的文件，将数据库置于适宜的状态来进行复原和恢复操作。例如，只有几个数据文件而不是数据库遭到破坏，就应该打开数据库，将受到影响的表空间置于脱机状态。

（2）利用操作系统的命令来复原文件。

（3）复原所有必需的归档日志文件。

（4）使用 SQL 命令 RECOVER 对数据文件进行恢复操作。

11.6.1　进行自动介质恢复

使用 SQL 命令手工恢复数据库的最简单的办法是进行自动恢复。自动恢复操作能够自动利用默认的日志文件进行恢复操作，而无须手工应用各个单独的归档日志。

可用以下两种方法来自动应用默认的归档日志文件进行恢复操作：

- 在发出 RECOVER 命令前执行 SET AUTORECOVER ON 命令。
- 在执行 RECOVER 命令时指定 AUTOMATIC 选项。

11.6.2　进行完全介质恢复

进行完全介质恢复就是将数据库备份更新到当前的 SCN。可以一次恢复整个数据库，也可以恢复某个单独的表空间或数据文件。完全恢复之后，再次打开数据库时不必使用 RESETLOGS 选项。

完全介质恢复可以分为以下两种类型：

- 在关闭了的数据库上进行完全恢复操作。
- 在一个打开的数据库上进行数据文件的恢复操作。

1. 在关闭了的数据库上进行完全恢复操作

在关闭了的数据库上进行完全恢复操作，包括以下 3 个阶段：

（1）准备工作。关闭实例，并检查引起问题的介质磁盘驱动器。

如果数据库处于打开状态，则使用 ABORT 选项把数据库关闭，

SQL>SHUTDOWN　ABORT;

（2）复原必要的遭到破坏的或丢失的文件。

1）首先确定需要进行恢复操作的数据文件，可以通过查询数据字典的动态视图 V$RECOVER_FILE 来确定需要进行介质恢复而要进行复原操作的文件。这个视图列出了所有需要进行恢复操作的义件并解释了需要进行恢复操作的原因。

2）如果文件已被永久性地损坏了，就应该找到受损文件最近的备份。只需要复原介质损失的数据文件，不必复原任何未被损坏的数据文件或联机日志文件。

3）用操作系统命令将文件复原到默认地点。

（3）恢复数据库。

1）以管理员身份登录 SQL*Plus 连接数据库，以 MOUNT 选项启动数据库，但不打开数据库，命令如下：

SQL>STARTUP MOUNT;

2）查询 V$DATAFILE 视图，列出所有数据文件的状态，确保数据库所有的数据文件都处于联机状态。

3）根据实际需要，输入适当的 RECOVER 命令来恢复数据库。

恢复整个数据库的命令：

SQL>RECOVER DATABASE;

恢复某个表空间的命令：

SQL>RECOVER TABLESPACE 表空间;

恢复一个数据文件的命令：

SQL>RECOVER DATAFILE 文件号或数据文件名称;

4）如果没有选择自动应用归档日志文件，就应该对 Oracle 提示的日志文件选择接受或拒绝。如果选定了自动介质恢复，则 Oracle 会自动应用所有必要的日志文件。

5）最后 Oracle 会提示介质恢复成功执行。

6）在完全恢复结束后，就可以打开数据库使用了。

SQL>ALTER DATABASE OPEN;

2. 在一个打开的数据库上进行数据文件的恢复操作

完全可以在数据库打开时进行介质恢复，此时让未被破坏的数据文件保持联机状态，则仍可使用。Oracle 自动将受到损坏的数据文件置于脱机状态，但不会自动将包含受损数据文件的表空间置于脱机状态。而如果受损的是 SYSTEM 表空间的数据文件，则 Oracle 会自动关闭，这里应用的完全介质备份将不适用了。

具体的操作可分为以下 3 个步骤：

（1）准备工作。如果数据库在打开时发现需要进行恢复操作，须将所有包含受损数据文件的表空间置于脱机状态。执行命令如下：

SQL>ALTER TABLESPACE 表空间 OFFLINE;

（2）复原受损或丢失的文件。

1）如果文件已经被永久地损坏了，就应该找到受损文件最近的备份。只需要复原介质损失的数据文件，不必复原任何未被损坏的数据文件、控制文件或联机日志文件。

2）如果复原一个或多个受损的数据文件到可选的地点，则需要在数据库的控制文件中重新命名数据文件。可以利用 ALTER DATABASE RENAME FILE 命令实现重命名。

（3）在一个打开的数据库中恢复脱机表空间。

1）首先以管理员权限连接登录数据库。

2）对包含受损数据文件的表空间（已处于脱机状态）进行恢复操作。

SQL>RECOVER TABLESPACE 表空间;

3）Oracle 通过应用必要的日志文件（包括归档的和联机的）来重建复原的数据文件。Oracle 一直进行这种恢复操作，直到所有需要的归档日志文件都已被应用到复原的数据文件。然后，联机日志文件被自动应用到复原的数据文件来完成介质恢复。

4）当受损的表空间被恢复到介质损失发生的那一刻时，即完成介质恢复后，就要将表空间设置成联机状态。

SQL>ALTER TABLESPACE 表空间 ONLINE;

11.6.3　进行不完全介质恢复

不完全介质恢复与完全介质恢复的区别在于 RECOVER 命令使用了 UNTIL 子句，其余的操作大致相同。

不同的 UNTIL 子句可以制定不同类型的不完全恢复。

- UNITIL CANCEL：指定一个基于取消的不完全恢复。
- UNITIL TIME 时间：指定一个基于时间的不完全恢复。
- UNITIL CHANGE 数字：制定一个基于更改的不完全恢复。

1. 基于取消的不完全恢复

在基于取消的恢复中，恢复过程不断用建议的归档日志的文件名来提示用户。当用户指定 CANCEL 而不是文件名时，恢复进程终止。如果想要控制采用哪一条归档日志记录来终止恢复，就应该使用基于取消的恢复。例如，如果只是知道从日志序列 1223 以后的日志记录全部丢失了，就可以应用基于取消的不完全恢复直到日志记录 1222，然后否定恢复过程。

基于取消的不完全恢复与 11.4.2 节中完全恢复的操作基本相同，也是由准备工作、复原数据文件的备份、执行不完全恢复 3 个步骤构成，区别主要是在第三步的恢复操作。

下面给出如何执行基于取消的恢复操作：

（1）以系统管理员的权限连接数据库。

（2）以 MOUNT 选项启动数据库，但不打开。

SQL>STARTUP MOUNT;

（3）执行如下命令来开始恢复操作：

SQL>RECOVER DATABASE UNTIL CANCEL;

如果是使用一个备份的控制文件来进行不完全备份，则应在恢复命令中指定 USING BACKUP CONTROLFILE 选项。

SQL>RECOVER DATABASE UNTIL CANCEL USING BACKUP CONTROLFILE;

（4）Oracle 应用一些必要的日志文件来重建已复原的数据文件，系统将不断地从 LOG_ARCHIVE_DEST_1 指定的日志文件位置找到日志文件，并要求用户从停止（CANCEL）或继续应用日志文件中做出选择。

（5）继续应用日志文件一直到最后一条日志被应用到复原的数据文件，然后通过执行 CANCEL 命令来取消恢复。

SQL>CANCEL;

Oracle 会返回一条信息提示恢复过程是否成功。如果用户在所有数据文件都已被恢复到一个相互一致的 SCN 之间就取消了恢复，那么打开数据库时就会得到一个 ORA-1113 的错误，表示需要更多的恢复。可以查询 V$RECOVERFILE 视图来确定是否需要更多的恢复。

（6）用 RESETLOGS 模式打开数据库。

SQL>ALTER DATABASE OPEN RESETLOGS;

2. 基于时间的不完全恢复

基于时间的不完全恢复主要适用于想将数据库恢复到一个指定的时刻的恢复操作。其操作也是分为 3 个阶段，与基于取消的不完全恢复相同，区别主要在于执行 RECOVER 命令的不同选项。

例如，想将数据库恢复到 2007 年 1 月 1 日 09:00:00 这个时刻，可执行下列 RECOVER 命令：

SQL>RECOVER DATABASE UNTIL TIME '2007-01-01:09:00:00';

如果使用了控制文件的备份，则可在 RECOVER 命令中加入 USING BACKUP CONTROLFILE 选项。

SQL>RECOVER DATABASE UNTIL TIME '2007-01-01:09:00:00' USING BACKUP CONTROLFILE;

随后，Oracle 会不断地施加日志文件，直到到达指定的时刻为止，此时停止恢复操作。Oracle 会给出一个提示信息，表示是否成功执行了恢复操作。

如果操作成功，则可使用 RESETLOGS 模式打开数据库。

3. 基于更改的不完全恢复

基于更改的不完全恢复主要用于将数据库恢复到一个指定的 SCN。其执行步骤也与基于取消、基于时间的不完全恢复相同，不同的地方只是 RECOVER 命令的不同选项。例如，将数据库恢复到 SCN12001，可执行下列命令：

SQL>RECOVER DATABASE UNTIL CHANGE 12001;

Oracle 会不断地施加日志文件，直到到达指定的 SCN 为止，此时自动停止恢复操作。Oracle 会给出一个提示信息，表示是否成功执行了恢复操作。

如果操作成功，则可使用 RESETLOGS 模式打开数据库。

11.6.4 在非存档模式下恢复数据库

如果一个非归档模式下的数据库遭受了介质损失，由于没有归档日志文件，所以就不能进行介质恢复，通常惟一能做的就是复原整个数据库最近的备份。在这里就能看出使用非归档模式的弊端，它只能将数据库恢复到最近的一次备份而不能恢复到发生介质损失的那一瞬间，而归档模式下的介质恢复可以将数据库完全恢复到发生损失的一刻或部分恢复到用户指定的任意一个时刻。如果用户可以手工多次输入从最近一次备份到发生介质损失期间执行的变化，在非归档模式下的数据库还是可以完全恢复的，但这通常是不可能做到的。

下面是在非归档模式下进行数据库恢复操作的主要步骤：

（1）如果数据库是打开着的，则应立即关闭数据库。

SQL>SHUTDOWN IMMEDIATE;

（2）用操作系统命令将整个数据库复原到最近的一次备份。注意要复原所有的数据文件和控制文件，而不只是受损的文件。

（3）由于联机日志文件没有被备份，不能与数据文件和控制文件一起作用。Oracle 为了将联机日志文件复位，必须进行类似不完全恢复的操作。

SQL>RECOVER DATABASE UNTIL CANCEL;

SQL>CANCEL;

（4）用 RESETLOGS 模式打开数据库。

SQL>ALTER DATABASE OPEN RESETLOGS;

RESETLOGS 模式使联机日志文件内的所有重做记录都失效，复原了一个整个数据库的最近的备份并重置了日志文件，这样，从数据库最近一次备份的时间到出现介质损失期间的变化就全部丢失了。

11.7 使用 Oracle 企业管理器的备份管理进行恢复操作

使用 Oracle 企业管理器的备份管理可以恢复数据库、表空间、数据文件、归档日志或闪回表或取消删除对象。用 sys 用户以 SYSDBA 的身份进入 OEM，在"维护"中选择"执行恢复"，如图 11.20 所示。从图中可以看到，Oracle 的企业管理器提供了整个数据库的恢复以及对象级别的恢复。在整个数据库恢复中，又包含 3 种类型。而对象级别恢复中，对象类型有表空间、数据文件、归档日志及表。

与使用企业管理器进行备份相同，在输入主机身份验证的用户名和口令前，需要检查操作系统的本地安全策略，即是否为主机用户指派了批处理作业的权限，如果没有，则需为主机用户添加权限。

图 11.20 OEM 中执行恢复的界面

恢复整个数据库需要关闭数据库，而恢复表空间、数据文件、归档日志等则不需要关闭数据库。下面以恢复整个数据库为例进行介绍：

（1）选择要恢复的对象，如果数据库正在运行并处于 ARCHIVELOG 模式，恢复整个数据库 Oracle 会关闭数据库并且置于 MOUNTED 状态，单击"执行整个数据库恢复"。在出现的界面中，Oracle 会提示如下信息："Oracle 数据库当前处于 OPEN 状态和 ARCHIVELOG 模式。要执行整个数据库恢复，数据库首先关闭，然后进入 MOUNTED 状态。是否确实要立即关闭数据库?"选择"是"。在等待 Oracle 关闭数据库并重新装载后，单击"刷新"。

（2）在出现的界面中单击"执行恢复"，这时需要进行身份证明，输入主机身份验证的用户名和口令。

在接下来的界面中需要用户 sys 以 SYSDBA 的身份登录数据库。

（3）然后再执行整个数据库恢复，以复原所有数据文件为例，单击"执行整个数据库恢复"，如图 11.21 所示。

图 11.21　执行整个数据库恢复

（4）在出现的界面中指定用于还原文件的备份，如图 11.22 所示。

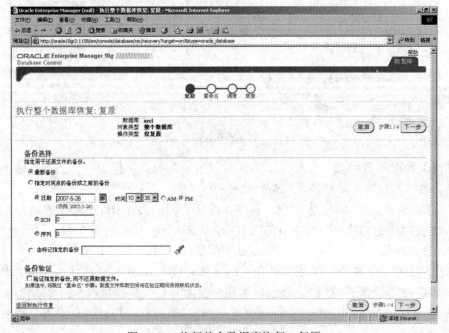

图 11.22　执行整个数据库恢复：复原

（5）单击"下一步"按钮，选择是否需要将文件还原到另一个位置，如图 11.23 所示。

图 11.23　执行整个数据库恢复：重命名

（6）单击"下一步"按钮，在出现的界面中单击"提交"按钮即可。在执行整个数据库恢复的过程中，该操作无法取消，即使关闭了浏览器窗口，该操作仍将继续。当数据库恢复完成后，将提示"操作成功"，如图 11.24 所示。

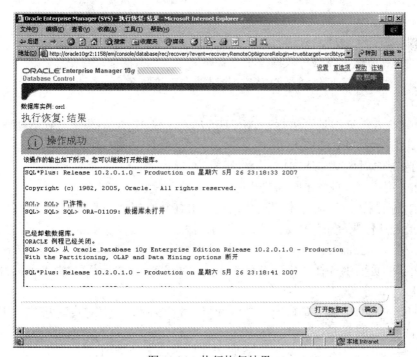

图 11.24　执行恢复结果

执行对象级别的恢复与以上步骤大致相同，主要是在每一步中选择好自己需要的设置。

本章小结

本章主要介绍了 Oracle 数据库备份和恢复的机制。首先，介绍了 Oracle 数据库备份的种类。根据不同的需求可以选择不同的备份方法。接着介绍了造成数据库损失并需要恢复的各种问题。数据库可以运行在非归档模式和归档模式下，对两者进行了比较，然后又比较详细地介绍了数据库备份和恢复的策略。

接下来比较详细地介绍了脱机冷备份和联机热备份。并且详细地介绍了如何使用企业管理器（OEM）进行数据库的备份和恢复。

实训 9　数据库的备份与恢复

1．目标

完成本实验后，将掌握以下内容：使用企业管理器对数据库进行备份和恢复。

2．准备工作

要求安装 Oracle 10g 的服务器端，已创建好数据库（如 orcl），配置好监听，可以在 IE 中运行 OEM。

3．场景

东升软件公司的人事管理系统数据库，在系统日常运行过程中，可能会因为各种原因而被损坏，为了保证数据库系统在出现异常情况后，能快速地恢复到正常状态，需要对数据库进行备份，并确定恢复方案。

4．实验预估时间：90 分钟

练习 1　使用企业管理器对数据库进行备份

本练习中，将用 sys 身份登录 OEM，并对数据库进行备份。

实验步骤：

（1）首先查看数据库是否运行在 ARCHIVELOG 模式下，如果运行在 NOARCHIVELOG 模式下，将其切换为 ARCHIVELOG 模式。

（2）用 sys 的用户以 SYSDBA 的身份登录 OEM。

（3）在"维护"选项中的"备份/恢复"中选择"调度备份"。

（4）在"控制面板"的"本地安全设置"中打开"本地策略"，在"用户权利指派"中查看"作为批处理作业登录"中是否为主机用户添加了批处理作业的权限，如果没有则添加，一般主机用户为 administrator。

（5）在新的页面中选择"定制备份"中的"备份整个数据库"，输入主机身份证明的用户名和口令后，单击"调度定制备份"。

（6）在新的页面中的"备份类型"中选择"完全备份"，在"备份模式"中选择"联机备份"，然后单击"下一步"按钮。

（7）在新的页面中选择"磁盘"，然后单击"下一步"按钮。

（8）在新的页面中选择"立即"，其他选项默认，然后单击"下一步"按钮，在此步骤，请同学们体会其他选项的作用。

（9）在新的页面中，"启动"项选择"立即"，"重复"项选择"仅一次"，"一直重复到"选择"不确定"，然后单击"下一步"按钮。

（10）在出现的界面中选择"提交作业"。此时显示当前状态"已成功提交作业"，此时单击"查看作业"可以查看作业状态，单击"确定"按钮则返回到 OEM 的"维护"页面。

（11）等待备份完成后（大约数分钟），在"维护"选项中的"备份/恢复"中查看"备份报告"，将显示备份的结果，包括备份名、开始时间、所用时间、状态等信息。

练习 2　使用企业管理器对数据库进行还原

本练习中，在完成练习 1 的基础上，对数据库进行还原。

实验步骤：

（1）用 sys 的用户以 SYSDBA 的身份登录 OEM。

（2）在"维护"选项中的"备份/恢复"中选择"执行恢复"。

（3）在出现的页面中选择"整个数据库恢复"选项的"恢复到当前时间或过去的某个时间点"，Oracle 将根据需要从最新的可用备份复原数据文件。此时输入主机身份证明，单击"执行整个数据库恢复"。

（4）在出现的页面中要求确认"数据库当前处于 OPEN 状态和 ARCHIVELOG 模式。要执行整个数据库恢复，数据库首先关闭，然后进入 MOUNTED 状态。是否确实要立即关闭数据库?"，选择"是"。

（5）等待操作完成，单击"刷新"，此时页面转换到 OEM 的"维护"页面。

（6）在"维护"选项中的"备份/恢复"中选择"执行恢复"，此时有可能要求输入数据库的用户名和口令，即用 sys 用户以 SYSDBA 的身份登录，然后要求输入主机身份证明，输入正确的主机身份的用户名和口令，然后单击"继续"按钮。

（7）出现的页面显示了当前数据库的状态为 MOUNT，在页面中选择"整个数据库恢复"选项的"恢复到当前时间或过去的某个时间点"，输入正确的主机身份证明后单击"执行整个数据库恢复"。

（8）在出现的页面中时间点选项中选择"恢复到当前时间"，然后单击"下一步"按钮。

（9）在出现的页面中选择"否。将文件复原到默认位置。"，然后单击"下一步"按钮。

（10）在出现的页面中单击"提交"，此时将执行数据库恢复，恢复操作无法取消，即使关闭了浏览器窗口，该操作仍将继续。

（11）当 Oracle 执行恢复操作结束后，将提示"操作成功"，此时单击"打开数据库"，将打开数据库。

习　　题

一、填空题

1．在数据库打开时进行数据库备份叫做_____，执行此备份时数据库只能运行在_____下。

2．数据库可以运行在两种备份模式下：_____模式和_____模式。

3．Oracle 的故障包括_____、_____、_____、_____、_____、_____

等 6 种类型。

    4．按介质恢复的内容，可以将介质恢复分为_____和_____。

    5．Oracle 支持 4 种类型的不完全恢复：_____、_____、_____和_____。

二、简答题

    1．为什么要对数据库进行备份？

    2．数据库备份有哪些种类和特点？

    3．制定备份策略时要考虑哪些情况？

    4．简述在脱机模式下进行全数据备份的步骤。

    5．试比较脱机冷备份和联机热备份的优点和不足。

    6．简述数据库恢复的两个阶段。

第12章 课程设计——人事管理信息系统数据库

在本章中，将应用本书前面各部分所述的知识和技术，完成东升软件股份有限公司人事管理信息系统数据库的设计，请读者结合本章的内容进行实践，最终完成数据库的设计和开发。本章将主要关注数据库的基本设计内容和程序代码的开发，部分高级议题请读者完成相关技术学习后自行完成。

东升软件股份有限公司是从事软件开发的中小型公司，公司目前共有员工 200 人，其组织机构如图 12.1 所示。

图 12.1　东升软件股份有限公司组织机构

公司员工共分为：总经理、部门经理、普通员工三类，公司所有员工的薪金、考勤、业绩评定等由人事部经理及其他人事部员工完成。公司为了高效、准确地完成各种人事管理事务，确定开发一套人事管理信息系统，以实现办公自动化，本章将完成其数据库的设计与开发。

12.1　系统需求分析

根据项目的基本要求，首先需要对系统的需求进行分析和确认。在对东升软件股份有限公司进行全面的调查和了解后，结合一般软件公司的组织结构和工作流程，对其日常工作流程也进行全面的分析和跟踪，了解各项业务的处理流程以及各流程的操作过程中需要处理的数据和处理的结果，得出系统的《需要规格说明书》，其内容结构请参见相关国家或企业标准。

12.1.1　系统需求

根据对东升软件技术有限公司人事管理系统的系统需求进行分析，类比公司日常的人事管理事务及处理流程，东升人事管理信息系统的功能组成如图 12.2 所示，在初步形成功能总体要求的基础上，以功能组成图为基础和公司各部门相关人员进一步进行交流，以确定功能组成的正确性和完整性。

在东升人事管理系统功能总体组成分析的结果上，进一步对各模块进行分析，把功能模块进一步细分，分解成各种具体的功能。对功能进行分析时，要求对各种功能的拆分必须确保每个功能与其他功能的相关性不能太强，功能流程不太复杂，并能确定各功能实现时的流程，明确各事务处理流程的步骤以及各步骤的参与人员，各步骤的输入和输出，要求保存的数据必须被明确地记录在分析文档中。

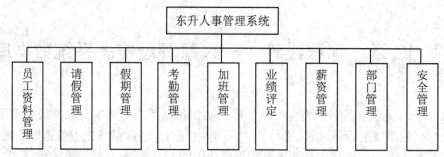

图 12.2   东升人事管理系统功能模块图

以下分别对图 12.2 中的各功能模块进行拆分。

1. 员工资料管理

员工资料管理包括员工对自身信息的操作和人事部门对员工资料的管理两部分。员工对自身信息操作包括详细住处的查询、修改自我介绍、修改自身登录密码以及查询和搜索其他同事的相关信息。人事部门对员工信息的管理主要包括添加、修改和删除员工信息、按任意条件搜索员工信息、打印员工报到单。

员工在查询自身详细信息时，被查询的数据包括员工编号、姓名、电子邮件信箱、部门名称、部门经理姓名、分机号码和自我介绍。

员工能修改的数据被限制在修改员工自己的自我介绍以及登录密码。

员工能查询和搜索其他同事的基本信息，其中包括员工编号、姓名、电子邮件信箱、部门名称、部门经理姓名、分机号码和自我介绍。

人事部门对员工信息的管理数据包括员工编号、姓名、电子邮件信箱、所属部门、分机号码、自我介绍以及初始的员工登录密码。

2. 请假管理

请假管理主要包括员工申请及请假的审核。

员工一年共有 10 天年假，其中包括春节假期，员工请假时间不能超过规定的小时数。员工请假前，必须通过系统提交请假申请。其中包括的具体功能为：显示员工本人已用年假小时数、当前可用小时数、查看员工本人某段时期内的请假记录、请假申请及其批准状态等数据。

员工请假审核由员工所属部门经理完成。员工提交请假后，部门经理必须对该申请进行审核和批复。在显示请假申请时要求显示申请人姓名、请假的时间段。为方便对所有员工的请假状态进行管理，部门经理登录系统后，能够显示所有下属员工名单，并显示某段时间内所有或部分所属员工的请假记录汇总情况，显示所有等待批准的请假申请，并能对申请进行批复，在批复时，可以同意申请也可以拒绝申请。

3. 假期管理

假期管理只能在人事部门员工登录后有效。人事部门员工可以查看公司所有员工的请假记录，详细列出某个员工在某段时期内的所有请假记录，同时可以设定国家法定节假日。

4. 考勤管理

系统要求对所有员工的考勤信息进行管理，对员工的考勤管理将由外购的一套考勤管理设备进行，员工上下班时，将利用工卡进行电子打卡，电子打卡机能自动地把员工考勤信息保存到数据库，其中包括员工编号、上班时间、下班时间。员工通过人事管理系统能查看自身的考勤记录，部门经理也能查看所属员工的考勤记录，并能查到某段时间内迟到和缺勤次数最多的人员列表。人事部可以修改、删除、查询员工的考勤记录，显示当日迟到和缺勤明细，统计某段时间内迟到、缺勤人数汇总信息。

5. 加班管理

员工在加班前需要先提出申请并得到部门经理的同意，同时，公司对员工的加班要求记录加班信息，并以加班记录为依据，对员工进行补偿。

6. 业绩评定

员工每个月评定一次业绩，业绩评定的流程是先由员工填写业绩报告单，业绩报告单包括工作总结、上阶段目标完成情况、自我评分和下阶段目标设定。员工在其部门经理对其进行业绩评定前，可以修改其填写的业绩报告单，并在部门经理对其进行业绩评定后，查看其最终的业绩评分及历史业绩报告。部门经理根据员工的各种记录和员工的业绩报告单评定该员工的业绩。部门经理自身不需要填写业绩报告单。

7. 薪资管理

员工薪资管理包括人事部对员工薪资数据的管理、员工薪资的自动计算以及员工查看其自身薪资信息。

员工入职后，由人事部经理指定和修改其基本薪水，人事部员工负责每月根据员工的加班记录和考勤记录，利用系统自动完成所有员工的薪资计算，打印公司员工薪水月汇总表，并能查看所有员工薪水历史记录。

员工能通过系统查看其自身的历史薪水记录，其中包括每月薪资组成部分及计算标准。

8. 部门管理

部门管理主要用于人事经理添加、删除或更改部门设置，人事部员工可以更改员工的所属部门，查看和打印部门人数汇总及明细信息。部门信息主要包括部门名称、部门编号、部门经理姓名以及部门主要责任。

9. 安全管理

由于人事管理系统要求对公司数据进行保护，系统要求具备系统事件记录功能，对于重要操作必须保存到数据库，并能查询系统重要操作记录，保存的数据包括操作者、操作时间、操作种类。

安全管理要求系统登录者必须进行有效的身份验证，人事部经理可以添加、删除人事部人员，人事部员工可以设定和员工登录的初始密码，员工可以修改自身的登录密码。

12.1.2　数据流图

对需求分析后得到的功能需求中各具体流程和操作，确定各数据流图，在制定数据流图时，先从单个的功能业务流程分析和绘制开始，然后和流程的相关人员进行讨论，确定数据流程和数据中所涉及的数据项以及数据项的组成内容，如果数据项中的内容还可以再进行细分，则对数据项的内容进一步细分，确定数据项中内容的完整性和不可再划分。

12.1.3　数据字典

在确定数据流图中流程和数据项正确完整的基础上，把数据流图中的各数据项通过数据字典确定下来，并填写如表 12.1 所示数据字典。

表 12.1 数据字典

数据项名称	类型	长度（字节）	范围

把需求分析的结果填写到相应的《东升人事管理系统需求规格说明书》中，同时填写《东升人事管理系统数据库设计说明书》，其格式请参见相关国家标准或企业标准。

12.2 概念设计

完成需求分析后，进行数据库的概念设计，在概念设计过程中，主要进行系统的 E-R 图设计。

在设计系统的 E-R 图时，一般遵循从局部到总体的原则，主要关注实体的表现，然后结合需求分析中确定的各实体之间的各种联系，添加完联系后，立即确定两实体间联系的细节，确定联系的属性以及实体属性的设计是否正确和合理。然后根据数据库规范化理论对数据库进行规范化，在进行规范化时，最高只需要进行第三范式的规范化。由于数据的概念设计结果在完成规范化以后，可以根据程序开发的要求，对数据库概念设计的结果进行非规范化，数据库设计的结果可以有许多种，只要能完成系统所需信息的管理即可。

系统中 E-R 图的设计请参见相关资料内容自行完成，并填写《东升人事管理系统数据库设计说明书》。

12.3 逻辑设计

概念设计的结果得到的是与计算机软硬件具体性能无关的全局概念模式，概念结构无法在计算机中直接应用，需要把概念结构转换成特定的 DBMS 所支持的数据模型，逻辑设计就是把上述概念模型转换成为某个具体的 DBMS 所支持的数据模型并进行优化。

逻辑结构设计一般分为三部分：概念转换成 DBMS 所支持的数据模型、模型优化以及设计用户子模式。

在进行逻辑设计时，要特别注意联系转化的方法，转化得到数据库的数据表，按表 12.2 所示格式制定所有数据库表，完成数据库逻辑设计。

表 12.2　数据表（表名）

字段	类型	可否为空	备注

主键：主键名：主键字段名

外键：外键名：外键字段名

将本系统所需各数据表添加到《东升人事管理系统数据库设计说明书》。

12.4　物理设计

　　数据库的物理设计是指对数据库的逻辑结构在指定的 DBMS 上建立起适合应用环境的物理结构。

　　在关系型数据库中，确定数据库的物理结构主要指确定数据的存储位置和存储结构，包括确定关系、索引、日志、备份等数据的存储分配和存储结构，并确定系统配置等工作。

　　确定数据的存储位置时，要区分稳定数据和易变数据、经常存取部分和不常存取部分、机密数据和普通数据等，分别为这些数据指定不同的存储位置，分开存放。实现时，要先根据稳定数据和易变数据的不同，设置相应的表空间，再把对应的表放置到对应的表空间，在本系统的物理设计中，考虑到一般读者的应用、实验环境一般只有一块硬盘，而且采用 Windows 操作系统，所以对于数据文件的放置位置不便进行控制，数据文件也只能放在同一硬盘，物理设计不做优化。

　　确定数据的存储结构时，主要根据数据的自身要求，选择顺序结构、链表结构或树状结构等。

　　确定数据的存取方法时，主要确定数据的索引方法和聚簇方法的选择和确定。

　　数据库的物理设计得优秀与否，将影响数据库系统的响应速度和效率，但就本系统的目前状况，只要设置好表空间，把表设置到对应的表空间，并把表空间的数据文件指定到不同的硬盘，则基本能保证。对于部分的存储过程需要设置在对应的包中。

　　设定数据库的相关参数后，把参数写入《东升人事管理系统数据库设计说明书》。

12.5　数据库实施

　　数据库完成设计之后，需要进行实施，以建立真实的数据库。建立数据库结构时，主要应用选定的 DBMS 所支持的 DDL 语言，把数据库中需要建立的各组成部分建立起来。在本系统中，由于选择 Oracle10gR2 作为数据库管理系统，所以建立数据库系统的 DDL 语言确定为 PL/SQL。

在实施数据库时，根据物理设计的结果，把各数据库表和表之间的关系应用 PL/SQL 语言编写成相应的 SQL 脚本，再导入数据库管理系统。

在实施时，也可以运用企业管理器进行，但通过 SQL 脚本的方法将更为方便并更好管理，数据库实施过程中的数据库编程将单独在下一节中完成。

12.6   数据库编程

在完成数据库的建立之后，根据系统的功能需求，结合数据库逻辑设计的结果，同时考虑应用程序开发的便利性和模块之间的相关性，需要为数据库设计一些视图、存储过程和触发器。

以下列出需要进行开发的视图、存储过程和触发器。

1. 视图

数据库中视图的设计以视图需要完成的功能列出。

- 查看员工加班申请信息

作用：通过内连接员工加班表、员工表和加班类型表，得到员工加班表中的加班申请信息和加班申请批准人姓名及加班折算成假期类型的名称。

建立视图的代码为：

```
CREATE OR REPLACE VIEW viewSubmittedOTReq
AS
SELECT OvertimeID, t1.EmployeeID, SubmitTime, StartTime, EndTime, t1.Type, Reason, Hours, Status,
ApproverID, t2.EmployeeName as ApproverName, t3.EmployeeName as EmployeeName, t4.Description as
TypeName
FROM Overtime t1 INNER JOIN Employee t2 ON t1.ApproverID=t2.EmployeeID INNER JOIN Employee t3
ON t1.EmployeeID = t3.EmployeeID INNER JOIN OvertimeType t4 ON t1.type=t4.type
WHERE t1.Status ='已提交';
/
```

以下为其余视图，请读者结合本书第 8 章的内容自行完成脚本文件。

- 查看员工基本信息

作用：通过左外连接员工和部门表得到了员工的详细信息，其中包括员工的基本信息、员工的部门信息和员工经理信息。视图需要包含的数据项为：员工编号、员工姓名、员工电子邮件信息、员工电话、员工登录名、员工报到日期、员工所属部门编号、员工自我介绍、员工剩余假期和所属部门名称。

- 查看员工考勤情况

作用：通过员工编号内连接员工考勤表和员工表，得到员工的姓名、员工所属部门编号和考勤情况。通过这个视图可以按部门编号查到整个部门员工的缺勤情况。

- 查看员工请假申请信息

作用：通过内连接员工请假表和员工表，得到员工的请假申请信息和请假批准人姓名。

- 查看部门信息

作用：通过访问此视图可以达到与直接访问部门表相同的效果。

● 查看假期的具体日期

作用：通过此视图可以查询到所有的假期的具体日期。

● 查看部门经理信息

作用：此视图通过内连接部门表和员工表，得到经理的所有基本信息。

● 查看已提交的请假申请信息

作用：通过内连接员工请假表和员工表，得到所有已提交的请假申请的详细信息、请假员工姓名和请假审核者姓名。

● 查看已提交的加班申请信息

作用：此视图通过内连接员工加班表和员工表，得到所有已提交的加班申请的详细信息、请求加班员工的姓名和加班申请的审核者姓名。

● 查看员工薪资历史信息

作用：此视图通过内连接员工薪资表和员工表，左外连接部门表，得到员工薪资历史信息。

● 查看员工业绩评定信息

作用：通过此视图可以得到员工业绩评定表中的详细信息。

● 查看员工业绩评定中的子项目

作用：通过内连接员工业绩评定表和业绩评定子项目表，得到员工业绩评定中每个项目信息。

● 查看员工信息和所属部门名称

作用：通过内连接表员工表和部门表，得到员工的详细信息和员工所属部门的名称。

● 查看员工考勤信息

作用：此视图内连接员工考勤表和员工表，得到员工考勤信息。

● 查看员工请假信息

作用：此视图通过内连接员工请假表和员工表，得到员工请假信息和请假员工姓名。

● 查看员工加班信息

作用：此视图通过内连接员工加班表、加班类型表和员工表，得到员工加班记录的详细信息。

● 查看员工基本薪资

作用：此视图从员工表中得到员工编号、员工姓名和员工基本薪资。

2. 存储过程与函数

存储过程和函数是一个被命名的存储在数据库服务器上的 PL/SQL 语句和可选控制流语句的预编译集合，它以一个名称存储并作为一个单元处理。存储过程是封装重复性工作的一种方法，存储过程和函数支持用户声明的变量、条件执行和其他有用的编程功能。

在数据库中设计以下存储过程和函数：

● 插入一条新员工信息

作用：新员工入职时，根据员工的信息插入新的记录到员工信息表。表 12.3 是用到的存储过程参数表。

表 12.3　存储过程参数表

字段	类型
员工姓名	字符串
登录名	字符串
密码	字符串
Email	字符串
部门编号	数值
基本工资	数值
头衔	字符串
电话	字符串
入职日期	日期型
自我介绍	字符串
假期时间	数值
员工级别	数值

以下为本存储过程的代码：

```
CREATE OR REPLACE PROCEDURE sp_InsertEmployee
(
    vEmployeeName VARCHAR2,
    vELoginName VARCHAR2,
    vEPassword VARCHAR2,
    vEEmail VARCHAR2,
    vEDeptID NUMBER,
    vEBasicSalary NUMBER,
    vETitle VARCHAR2,
    vETelephone VARCHAR2,
    vEOnBoardDate DATE,
    vESelfIntro VARCHAR2,
    vEVacationRemain NUMBER,
    vEmployeeLevel NUMBER
)
AS
BEGIN
    INSERT INTO Employee(EmployeeID, EmployeeName, ELoginName, EPassword, EEmail,
                    EDeptID, EBasicSalary, ETitle, ETelephone, EOnBoardDate, ESelfIntro,
                    EVacationRemain, EmployeeLevel)
        VALUES(Employee_sequence.NEXTVAL, vEmployeeName, vELoginName, vEPassword, vEEmail,
                    vEDeptID, vEBasicSalary, vETitle, vETelephone, vEOnBoardDate, vESelfIntro,
                    vEVacationRemain, vEmployeeLevel);

    EXCEPTION
        WHEN PROGRAM_ERROR THEN
```

```
        ROLLBACK;
    WHEN OTHERS THEN
        ROLLBACK;

END sp_InsertEmployee;
/
```

以下过程和函数请结合第 6 章的内容自行完成。

● 插入一条提交的请假申请

作用：向员工请假表插入一条已提交的请假申请。

● 插入一条已提交的加班申请

作用：向员工加班表插入一条已提交的加班申请。

● 提交一条要求复查的考勤记录

作用：通过更新员工考勤表的请求重新审核字段来提交要求复查一条考勤记录的信息。

● 取消一条请假申请

作用：此存储过程用来取消员工请假表中的一条请假申请。

● 取消一条加班申请

作用：此存储过程用来取消员工加班表中的一条加班申请。

● 更新一条请假申请记录的状态

作用：此存储过程更新员工请假表中的一条请假申请记录的状态，并输入更新的理由。

● 更新一条加班申请记录的状态

作用：此存储过程更新员工加班表中的一条加班申请记录的状态，并输入更新的理由。

● 汇总部门员工考勤信息

作用：通过此存储过程，可以按指定部门编号和指定的时间段汇总本部门的员工考勤信息。

● 汇总部门员工已批准的请假信息

作用：通过此存储过程，可以按指定部门编号和指定的时间段汇总本部门员工已批准的请假信息。

● 汇总部门员工已批准的加班信息

作用：通过此存储过程，可以按指定部门编号、指定时间段和指定加班类型汇总本部门员工已批准的加班信息。

● 根据员工登录名获取员工编号

作用：根据员工登录名得到员工编号。

● 根据员工登录名获取员工登录密码

作用：根据员工登录名得到员工登录密码。

● 根据员工编号获取员工登录密码

作用：根据员工编号得到员工登录密码。

● 根据员工编号更新员工登录密码

作用：根据员工编号更新员工表中的员工登录密码。

● 根据员工编号更新员工自我介绍信息

作用：根据员工编号更新员工表中的员工自我介绍信息。

- 添加业绩评定子项目

作用：根据输入的参数信息先确定要添加的业绩评定子项目所属的业绩评定是否存在，如果不存在，就先在员工业绩评定表中添加一条业绩评定信息，然后再在业绩评定子项目表中添加要加入的业绩评定子项目。

- 删除一条业绩评定子项目

作用：从业绩评定子项目表中删除一条指定记录。

- 汇总部门员工薪资信息

作用：按部门得到指定时间段内的员工薪资汇总信息。

- 更新员工业绩评定表

作用：根据传入的参数信息来更新员工业绩评定表。

- 更新业绩评定子项目

作用：根据业绩评定子项目编号，更新业绩评定子项目表中的子项目内容。

- 查询员工考勤信息

作用：根据指定的时间段查询员工考勤信息。

- 更新员工部门编号

作用：根据员工编号和员工所属部门字段，来更新员工表中的员工部门编号。

- 添加一个新部门

作用：向部门表添加一条新部门信息的记录。

- 删除一个指定部门

作用：从部门表中删除一个指定的部门，在删除前先判断该部门是否还有员工，如有员工则不删除该部门并返回，如无任何员工，则删除该部门。

- 删除一个员工

作用：根据指定的员工编号从员工表中删除一条员工记录。

- 删除一条请假申请记录

作用：根据指定的请假申请编号，从员工请假表中删除一条请假申请记录。

- 获取部门员工详细信息

作用：根据部门名称从视图查看员工信息和所属部门名称（Win）中得到本部门员工的详细信息。

- 获取部门员工请假信息

作用：根据部门编号得到本部门员工的请假信息。

- 汇总指定员工的请假信息

作用：汇总指定员工的请假信息。

- 获取所有部门的部门编号和部门名称

作用：从部门表中得到所有部门的部门编号和部门名称。

- 获取部门员工的详细信息

作用：得到指定部门名称的部门的所有员工的详细信息。

- 实现员工在部门间的转移

作用：完成把一个员工从一个部门转移到另一个指定部门。

- 拒绝一条请假申请

作用：通过此存储过程可以拒绝一条请假申请。

● 更新业绩评定子项目中的自我评分

作用：根据业绩评定子项目编号，更新业绩评定子项目表中的自我评分。

● 更新业绩评定子项目的经理评分

作用：根据业绩评定子项目编号，更新业绩评定子项目表中的经理评分。

● 按指定的年份和季度汇总部门业绩评定

作用：按指定的年份和季度汇总指定部门的业绩评定详细信息。

● 按指定部门和年份汇总部门员工业绩评定信息

作用：按指定部门汇总指定年份的本部门员工的业绩评定信息。

● 汇总部门员工加班信息

作用：按部门名称汇总本部门的员工加班信息。

● 标记一条员工业绩评定为已审核

作用：把员工业绩评定表中的状态字段更新为 1，表示此条记录已经审核。

● 获取指定员工的基本薪资信息

作用：根据员工编号从员工表中查询得到此员工的基本薪资信息。

● 汇总指定员工的薪资历史记录

作用：通过连接员工表和员工薪资表，按指定员工编号汇总员工薪资的历史记录。

● 设置员工基本薪资

作用：此存储过程用来设置员工的基本薪资。

● 获取指定时间段内的系统事件

作用：此存储过程从系统事件表中获取指定时间段内的系统事件。

● 更新用户密码

作用：此存储过程根据登录名和旧密码来更新密码。

● 添加一条新的系统事件记录

作用：此存储过程向系统事件表添加一条新的系统事件记录。

● 更新绩效考核子项目的项目内容

作用：此存储过程根据绩效考核子项目编号，更新该子项目的项目内容。

3．触发器

触发器是一种特殊类型的存储过程，它在试图更改触发器所保护的数据时自动执行。触发器与特定的表相关联。

触发器的主要作用是能够实现由主键和外键所不能保证的复杂的参照完整性和数据的一致性。当使用 UPDATE、INSERT 或 DELETE 中的一种或多种数据修改操作在指定表中对数据进行修改时，触发器会生效并自动执行。

在系统中，由于员工请假申请记录入库时，已把员工的年假时间进行了更新，其总的可用年假时间已经被减少了，但是，当员工的请假申请被否决后，原有被扣除的年假数量就相应地增加原被扣除的年假时间。

触发器的代码为：

```
CREATE OR REPLACE TRIGGER tRejectRequest
AFTER UPDATE
```

```
ON Leave
FOR EACH ROW
DECLARE
   vstatus VARCHAR2(200);
   vleaveTime NUMBER;
   vleaveTimeToAdd NUMBER := 0;
   vempID NUMBER;
BEGIN


    IF (:new.Status <> :old.Status) THEN
     vempID := :old.EmployeeID;
        vstatus := :new.Status;


        IF vstatus = '已否决' THEN
           vleaveTime := :old.EndTime - :old.StartTime;
           WHILE (vleaveTime > 24) LOOP
              vleaveTimeToAdd := vleaveTimeToAdd + 8;
              vleaveTime := vleaveTime - 24;
           END LOOP;

           IF (vleaveTime < 24 AND vleaveTime > 8) THEN
              vleaveTimeToAdd := 8;
           ELSE
              vleaveTimeToAdd := vleaveTime;
           END IF;


           UPDATE Employee
           SET EVacationRemain = EVacationRemain + vleaveTimeToAdd
           where Employee.EmployeeID = vempID;
        END IF;
      END IF;


End tRejectRequest;
/
```

    至此，东升人事管理系统数据库的设计基本完成，在此基本上完成应用程序的代码开发，即可完成东升人事管理系统的主要开发工作。

    由于数据库开发的结果是不确定的，所以可能设计的结果与本书作者的设计结果并不一致，只要能确保系统各业务流程所处理的数据能被正确地保存和访问，能较高效率地完成各种数据操作功能即是好的数据库设计。

    本系统的参考设计结果可通过相关脚本（实训\Ch12\实训答案\建立参考答案.sql）建立，供读者参考。

参考文献

[1] [美]Thomas Kyte．Oracle 9i & 10g 编程艺术：深入数据库体系结构．苏金国，王小振等译．北京：人民邮电出版社，2006

[2] [美]Scott Urman，Ron Hardman，Michael McLaughlin．Oracle Database 10g PL/SQL 程序设计．王辉译．北京：清华大学出版社，2005

[3] [美]Kevin Loney，Marlene Theriault 等．Oracle9i DBA 手册．蒋蕊，王磊，王磊等译．北京：机械工业出版社，2002

[4] 路川，胡欣杰等编著．Oracle 10g 宝典．北京：电子工业出版社，2006

[5] 赵元杰编著．Oracle 10g 系统管理员简明教程．北京：人民邮电出版社，2006

[6] 萨师煊，王珊主编．数据库系统概论．北京：高等教育出版社，2004

[7] 盖国强著．深入浅出 Oracle DBA 入门、进阶与诊断案例．北京：人民邮电出山版社，2005

[8] 盖国强等编著．Oracle 数据库性能优化．北京：人民邮电出版社，2006

[9] 赵伯山，郭飞宇编著．Oracle 10g 系统管理员简明教程．北京：人民邮电出版社，2006

[10] 袁福庆编著．Oracle 数据库管理与维护手册．北京：人民邮电出版社，2006

[11] 东方人华主编．Oracle 10g 入门与提高．北京：清华大学出版社，2005

[12] 龚涛等编著．Oracle10g 数据库管理．北京：中国水利水电出版社，2005